高等教育课程改革创新教材
高等教育课程思政立体化教材

有机化学实验

YOUJI HUAXUE SHIYAN

主　编：雷　文
副主编：张　曙　牛雁宁

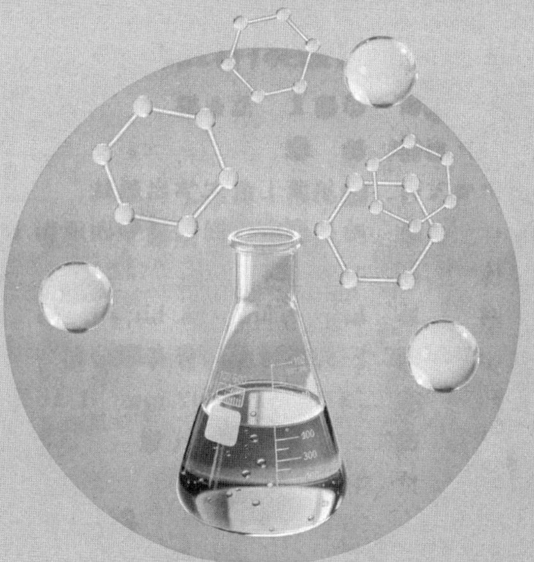

哈爾濱工業大學出版社
HARBIN INSTITUTE OF TECHNOLOGY PRESS

内容简介

本书首先介绍了有机化学实验的一般知识，包括有机化学实验室安全注意事项及常规实验仪器设备等；接下来分4个章节，列入了代表性、典型性实验42个，涉及基本技能训练、有机合成实验、天然产物提取实验等多个方面；附录中列出了与有机化学实验相关的一些资料，特别是为了便于学生进一步巩固有机化学实验学习的效果、满足学生参加各类化学实验竞赛的需要，列出了有机化学实验的相关习题。

本书适合综合性大学、工科院校、师范院校以及农林、医药类院校高分子材料与工程、材料化学、应用化学、林产化工、生物化工、环境工程、医学等专业本科教学使用，也可供相关专业人员和研究人员参考。

图书在版编目(CIP)数据

有机化学实验 / 雷文主编. -- 哈尔滨 ：哈尔滨工业大学出版社，2025. 8. -- ISBN 978-7-5767-2269-7

Ⅰ. O62-33

中国国家版本馆 CIP 数据核字第 2025VG2645 号

HITPYWGZS@163.COM

艳|文|工|作|室 13936171227

策划编辑　李艳文　范业婷

责任编辑　杨　硕

出版发行　哈尔滨工业大学出版社

社　　址　哈尔滨市南岗区复华四道街10号　邮编150006

传　　真　0451-86414749

网　　址　http://hitpress.hit.edu.cn

印　　刷　三河市海新印务有限公司

开　　本　787 mm×1 092 mm　1/16　　印张　16　　字数　370千字

版　　次　2025年8月第1版　　2025年8月第1次印刷

定　　价　46.80元

前　言

有机化学实验是连接理论与实践的核心环节，其目的是通过实验，训练学生掌握有机化学实验的基本技能，培养学生观察问题、分析问题和解决问题的能力，以及提高学生的动手能力，使学生养成严肃认真、实事求是的科学态度，理论联系实际、严谨细致的工作作风，勇于探索的创新精神和良好的科学素养，为进一步应用化学知识和实验技术开展科学研究或解决生产实践问题打下坚实的基础。

本书共分 4 章。第 1 章有机化学实验的一般知识，主要介绍化学实验的基本要求，实验室安全、事故预防与处理，常规实验仪器设备，常用仪器的清洗、干燥和保养等。同时介绍了实验预习、实验记录和实验报告的撰写等方面的内容。第 2 章有机化学实验的基本操作，包括萃取与洗涤，旋光度、折光率、沸点、熔点等的测定，水蒸气蒸馏、减压蒸馏，重结晶，柱色谱和薄层色谱等。第 3 章有机合成实验，以经典的和有代表性的有机化学反应类型为主线，在加强合成实验训练、强化分离和纯化操作的指导思想下，根据无毒化、绿色化和实用化选编了 26 个实验。大部分实验都将反应、合成、分离、提纯、物性的测定和波谱鉴定等环节串联成一体。第 4 章天然产物提纯实验，选编了 6 个具有代表性的天然产物提取实验。书后附录部分列出了进行各类实验可能需要参考的各类数据，以便查阅。另外，为了便于学生进一步巩固有机化学实验的学习效果，满足学生参加各类化学实验竞赛的需要，附录部分还选编了有机化学实验练习题，包括选择题、判断题和填空题各 100 道。

本书编写过程中，参阅了大量兄弟高校的同名教材及其他相关教材，同时也参考了一些网络知识，汲取了许多宝贵的内容和精华。本书出版得到了南京林业大学第四批优质教材建设项目的支持，南京林业大学化学基础教学实验中心杨洁博士更是针对本书存在的不足给出了具体的修改建议，在此一并表示感谢。

由于编者水平有限，在编写过程中，难免存在差错和疏漏，恳请读者批评指正，提出宝贵意见。

编　者

2025 年 5 月

目　　录

第 1 章　有机化学实验的一般知识 …… 1
1.1　有机化学实验的目的及基本要求 …… 1
1.2　实验室安全、事故预防与处理 …… 3
1.3　常规实验仪器设备 …… 15
1.4　常用仪器的清洗、干燥和保养 …… 34
1.5　实验预习、实验记录和实验报告 …… 37
第 2 章　有机化学实验基本操作 …… 40
实验 1　溶液中物质的萃取与洗涤 …… 40
实验 2　旋光度的测定 …… 46
实验 3　液体有机物折光率的测定 …… 50
实验 4　蒸馏及沸点的测定 …… 56
实验 5　有机混合液的水蒸气蒸馏 …… 60
实验 6　减压蒸馏 …… 64
实验 7　简单分馏 …… 69
实验 8　熔点的测定及温度计校正 …… 74
实验 9　苯甲酸的重结晶提纯 …… 79
实验 10　色谱法 …… 85
第 3 章　有机合成实验 …… 98
实验 11　环己烯的制备 …… 98
实验 12　1-溴丁烷的制备 …… 100
实验 13　对氯甲苯的制备 …… 103
实验 14　2-甲基-2-丁醇的制备 …… 106
实验 15　相转移催化法合成苯甲醇 …… 109
实验 16　正丁醚的制备 …… 112
实验 17　环己酮的制备 …… 115
实验 18　苯乙酮的合成 …… 119
实验 19　二苄叉丙酮的合成 …… 122
实验 20　己二酸的制备 …… 124
实验 21　苯甲酸的制备 …… 126
实验 22　苯甲酸和苯甲醇的制备 …… 128

实验 23　肉桂酸的制备 …… 131
实验 24　乙酰水杨酸的制备 …… 133
实验 25　扁桃酸的制备 …… 136
实验 26　乙酸乙酯的制备 …… 138
实验 27　乙酸正丁酯的制备 …… 144
实验 28　苯甲酸乙酯的制备 …… 146
实验 29　乙酰乙酸乙酯的制备 …… 149
实验 30　甲基橙的制备 …… 152
实验 31　对甲苯胺的制备 …… 155
实验 32　乙酰苯胺的制备 …… 158
实验 33　1-苯乙醇的制备 …… 162
实验 34　查尔酮的制备 …… 164
实验 35　聚醋酸乙烯乳液的制备 …… 166
实验 36　抗癫痫药——苯妥英的制备 …… 168
第 4 章　天然产物提取实验 …… 172
实验 37　从茶叶中提取咖啡因 …… 172
实验 38　槐花米中芸香苷的提取及槲皮素的制备与检识 …… 176
实验 39　β-胡萝卜素和番茄红素的提取分离与测定 …… 180
实验 40　从黄连中提取黄连素 …… 182
实验 41　油料作物中粗油脂的提取 …… 185
实验 42　从果皮中提取果胶 …… 187
附录 …… 189
附录 1　常用元素的元素符号及其相对原子质量 …… 189
附录 2　水在不同温度下的蒸气压 …… 190
附录 3　常用有机物的物理常数 …… 191
附录 4　常用酸碱溶液的质量分数和相对密度(d_4^{20}) …… 194
附录 5　部分溶剂、试剂的性质与制备纯化 …… 195
附录 6　有机实验中一些常用试剂的配制 …… 206
附录 7　有机实验中的加热和冷却 …… 210
附录 8　有机实验中的干燥和干燥剂的使用 …… 213
附录 9　有机实验常用仪器、试剂词汇中英文对照表 …… 219
附录 10　有机化学实验报告(示例) …… 225
附录 11　有机化学实验练习题 …… 229
参考文献 …… 249

第1章　有机化学实验的一般知识

1.1　有机化学实验的目的及基本要求

(一)有机化学实验的目的

有机化学是一门以实验为基础的学科。有机化学的理论、原理和方法都是在实践的基础上产生,又依靠理论与实践的结合而发展的。实验是探索未知有机世界的重要途径,因而学习有机化学必须做好有机化学实验。通过有机化学实验,可以启发学生的智力,培养学生的工作能力。通过本课程的学习,可使学生掌握蒸馏及沸点的测定、熔点的测定、重结晶等基本操作,全面训练有机化学实验的基本技能,能根据实验课题设计合理的实验方案,正确选择仪器,安装实验装置,应用理论课知识解决实验中遇到的问题,合理解释实验现象。同时,通过实验验证巩固课堂上所学的理论知识,培养学生理论联系实际的工作作风,培养学生发现问题、分析问题、解决问题的能力,以形成实事求是的科学态度、严谨治学的科学素养、细致整洁的科学习惯、勇于开拓的科学精神,为以后进一步的学习工作和科研打下扎实的基础。有机化学实验知识和相关技能是化学、化工、材料及相关专业学生必备的基本素质之一,是培养21世纪高素质应用型人才的重要组成部分。

(二)有机化学实验的基本要求

1. 实验前

(1)预习

预习是做好实验的前提和保证,在进行实验之前必须做好预习,认真阅读实验教材、有关参考书及参考文献,明确实验目的和要求,了解实验基本原理,了解实验的大致内容,了解实验过程中可能出现的安全问题及常用仪器设备的性能和使用方法,在头脑中勾勒出整个实验过程的轮廓,避免实验过程中手忙脚乱,盲目操作。在预习的基础上写出预习报告,主要包括实验目的、方法原理、实验装置、操作步骤,并绘制好记录实验现象及实验数据的表格等。

(2)清点仪器

实验开始前,应清点并准备好实验所需的仪器,如发现有缺失或破损的玻璃仪器,应及时报告并补充,以免在实验过程中因玻璃仪器的缺失而中断实验。

2. 实验中

在指定的实验台前正确并规范地操作,不在实验室内随意走动,保持安静,仔细观察实验过程,对实验现象积极思考。边实验边记录是科研工作者的基本素质之一。为此,应做到以下几点:

(1)认真记录

在实验过程中，要及时、认真且详细地记录实验现象以及相关的质量、体积、温度等数据与结果。学生在实验课中一定要养成这一良好习惯，切忌事后凭记忆或纸片上的零星记载来补做实验记录。实验记录中一般包括以下内容：

①每一步操作所观察到的现象，如是否吸放热、有无颜色变化、有无气体产生、分层与否等，以及温度、时间。尤其是与预期相反或与教材、文献资料所述不一致的现象，更应如实记载。

②实验中测得的各种数据，如沸程、熔点、密度、折光率、称量数据(质量或体积)等。

③产品的色泽、晶形等。

④实验操作中的失误，如抽滤中的失误、粗产品或产品的意外损失等。

实验记录要求实事求是，文字简明扼要，字迹整洁。实验结束后交指导老师审阅签字。

(2)认真操作

有机化学实验所用的试剂一般具有挥发性、易燃易爆性、强腐蚀性，甚至毒性。实验过程中操作不认真，不但得不到理想的实验结果，而且可能导致意外事故的发生。所以，实验过程中必须仔细操作，主要注意以下几点：

①正确搭建实验装置，包括选择恰当规格型号的玻璃仪器，正确连接，确保气密性等；

②由于玻璃仪器属于易碎品，整个实验过程中，取用、摆放玻璃仪器必须做到轻拿轻放。对于装置上安装的玻璃仪器，必须连接牢固，防止掉落摔碎；

③取用药品时，瓶盖应倒置在台面上，试剂瓶的标签应朝向手心，量取完应及时盖好瓶盖。由于大多数有机化合物液体具有一定的挥发性，取用时应在通风橱中进行。

(3)保持台面、地面整洁、干燥

实验过程中应保持实验台面整洁、干燥，玻璃仪器有序摆放。对于暂时不用的玻璃仪器，应及时放入实验柜中，不要堆放在实验台面上。同时，地面也应保持整洁、干燥，若有污渍，应及时清理。

(4)注意安全

有机化学实验中，必须将安全问题放在首位，包括用电安全、防火、防毒等。在安全方面应遵循“三不要”原则，具体如下：

①药品取用的“三不要”原则：不要用手接触药品；不要把鼻孔凑到容器口闻药品的气味；不要尝任何药品的味道。

②化学实验剩余药品的“三不要”原则：不要将实验剩余的药品放回原瓶；不要随意丢弃(所有废弃物应分类放入废液缸或废物桶中，不能随意丢入水槽或下水道中)；不要拿出实验室。

③人身防护的“三不要”原则：不要伤害别人；不要被别人伤害；不要伤害自己。

(5)遵守纪律

实验过程中，严格遵守实验纪律，穿好实验服、戴好防护镜、束起长发，在自己的操作台面安静有序地进行实验，不得随意串岗，不得大声喧哗。称量药品要在指定的地方有序进行(此时，应注意自己台面上有无正在进行的实验，若有，须征求老师同意后方可离开自己台面去指定位置称样)。严禁为了图省事而将公用试剂随意挪动位置，更不允许拿着公用试剂在实验室里随意走动。

(6)意外事故处理

实验过程中若发生意外事故，应及时报告给老师，并积极采取补救措施。当事故较严重，可能威胁人身安全时，应立即撤离。

3. 实验后

(1)拆除装置

在断水断电并确保受热玻璃仪器冷却至接近室温的情况下，方可进行实验装置的拆卸。拆除玻璃仪器时，应先行拆除没有固定的部件，以免其悬空脱落摔碎。

(2)清洗仪器

实验结束后，大多数有机化学实验用玻璃仪器不需要清洗，但对于一些在实验过程中被污染的玻璃仪器，例如过度加热导致结垢的蒸馏烧瓶，在装置拆除完毕后，应用烧瓶刷等器具进行清洗，清洗后用自来水冲洗干净。

(3)仪器归位

实验完成后，应将玻璃仪器、加热套等实验器材根据老师要求整齐摆放至实验柜内或操作台上。对于需要干燥的玻璃仪器，应放入烘箱中或气流烘干器上进行干燥。

(4)打扫卫生

将仪器清洗归位后，学生应及时做好自己实验台面的清洁卫生，检查水电气是否关闭。值日生应将公用试剂、器材等整理好并整齐摆放，清洗水槽，拖洗地面，清倒废物缸，检查整个实验室的水电气及门窗是否已全部关闭。

(5)实验记录签字确认

实验完成后，应计算产率，然后将记录本、样品交给老师检查并签字确认。

1.2 实验室安全、事故预防与处理

进行有机化学实验时，所用药品往往是有毒、易燃、具有腐蚀性或爆炸性的，所用仪器大部分是易碎玻璃制品，实验中常使用水、电或煤气，也经常需要在高温、高压或低温、负压等条件下操作。因此，在有机化学实验中，必须严格按照实验规程操作，如果违背实验操作规程、疏忽一些实验细节问题，就容易发生意外事故，如烧伤、烫伤、割伤、中毒、火灾或爆炸等。安全在于防范，只要重视安全问题，实验中严格按实验操作规程进行，加强安全措施，大多数事故是可以避免的。有些事故发生后，如果及时正确地处理，就会减小损失。下面介绍实验室安全守则和实验室事故预防和处理的常用知识。

(一)实验室安全守则

(1)初次进入实验室，须熟悉并牢记消防器材、急救箱、洗眼器和冲淋器等的位置和使用方法，熟悉紧急情况下的应对方法和逃离路线，牢记救援电话110(警情)、119(消防)、120(急救)。如果发生意外，切勿慌张，应立即采取必要的措施并及时向老师汇报。

(2)实验开始前应认真检查仪器是否完整无损、搭建的实验装置是否正确稳妥，熟悉

实验所用的化学药品的特性和可能存在的危险，对实验中可能出现的问题做到心中有数。必要时在征求老师同意之后，再开始实验。

(3)实验过程中必须穿工作服，戴防护镜，必要时，须戴手套进行操作；长发须束起，不得穿背心、拖鞋、露趾凉鞋等进入实验室；未经实验室管理人员批准，不准携带非实验人员进入实验室。

(4)实验过程中保持实验室门和通道畅通无障碍，保持地面干燥，不得擅自离开实验现场；取用化学药品时，应尽可能在通风橱中进行，取样时避免将药品滴洒在衣物、皮肤、实验台面或地面上，若不慎滴洒，应及时冲洗并擦拭干净；取样完毕，及时盖好试剂瓶盖，并保持标签清晰、朝外；实验时，需严密监控实验进程，观察实验现象是否异常，经常检查密封装置有无漏气、仪器有无破损。实验过程中遇到疑问，应及时向老师反映，不得盲目操作。

(5)严禁在实验室内喝水、进食，实验室内不允许储存食品、饮料等个人生活用品。不得在实验室内、走廊、电梯间等实验室区域吸烟，未经允许且未采用必要的防护措施时，严禁动用明火。实验结束后要及时用自来水将手洗干净。

(6)实验室内不得储存大量易燃易爆化学品，易燃易爆物品应远离火源。化学药品不得储存在通风橱内，装有腐蚀性液体的容器应摆放在尽可能低的位置，并在其底部摆放收集盘，以防倾洒引起安全事故；彼此间可能发生化学反应的药品、不稳定的化学药品、腐蚀性化学药品、毒性化学药品、有机过氧化物、易燃品和放射性物质等均应分开存放。

(7)实验结束后，应妥善关闭水电气开关，及时打扫卫生，整理实验台面。实验过程中产生的废液须倒入废液桶，不得直接倒入水池或下水道，废液、废渣及废弃的化学药品须交由专门机构收集处理。

(8)在晚上、周末、节假日进行实验时，室内不得少于两人，以确保实验安全。

(9)不准将化学试剂带离实验室。

(二)实验室事故的预防和处理

1. 火灾

大多数常用的有机化学试剂，如烃类、醚类等，都具有易燃性，表1.1列出了部分常见的有机液体的沸点、闪火点和自燃点。其中，闪火点又称闪点，是有机液体与外界空气形成混合气与火焰接触时发生闪火并立刻燃烧的最低温度，表示有机液体的蒸发倾向和受热后的安定性，闪火点越低，引起火灾的危险性越大。自燃点又称发火温度，是指可燃物质在助燃性气体中加热且没有外来火源的条件下起火燃烧的最低温度。

表1.1　常见有机液体的沸点、闪火点和自燃点　℃

有机液体名称	沸点	闪火点	自燃点
乙醚	34.5	−40	180
石油醚	40～60	−45	240
甲醇	64.5	12.22	385
乙醇(95%)	78	12	400

续表

有机液体名称	沸点	闪火点	自燃点
异丙醇	82.5	11.7	460
丙酮	56	−17	538
苯	80	−11	555
甲苯	111	4.5	550
乙酸	118	43	425
二硫化碳	4	−30	400
甲胺(30%水溶液,闭口)	−6.3	−17.8	430
乙酸乙酯	76.5～77.5	−4	425
二乙胺	55	−15	312.2

(1)防火的基本原则

有机化学实验中使用的有机溶剂大多易挥发且易燃,若处置不当,极易引起火灾,甚至发生爆炸。为防止火灾事故的发生,应遵循以下防火原则:

①不得采用烧杯或敞口仪器盛装、加热或蒸除易挥发、易燃的溶剂,试剂瓶盛装液体不能过满。易燃的化学药品应摆放在较低的试剂架上并远离火源,在满足实验需要的前提下,尽可能减少易燃化学药品的储存量。

②在满足使用要求的前提下,应尽量避免使用明火加热,尽可能采用电热套替代电炉或酒精灯进行加热,也可使用油浴或水浴进行加热。在反应过程中添加或转移易燃溶剂时,应暂时熄灭或远离火源,并在倾倒完毕后及时盖上瓶盖。

③实验中,应确保密封实验装置不漏气,防止易燃蒸气泄漏。液体加热过程中应防止局部过热和暴沸,一般不得在密闭的容器中加热液体。

④应尽量在没有火源且通风良好的地方(如通风橱内)使用易燃的有机溶剂。

⑤严禁将易燃液体倒入水槽或下水道,应将有机溶剂倒入指定的回收容器,若容器已满,应及时向老师汇报。

⑥使用金属钠、氢化锂铝和电石等药品时,应注意避水使用和存放,避免与水接触发生剧烈反应、燃烧甚至爆炸。

⑦回流或蒸馏液体时,应提前放入沸石,且保持实验过程中冷凝水畅通。宜缓慢加热,严禁直接加热。若实验过程中发现未加沸石,应切断热源,使反应液降温后方可补加沸石。用油浴加热时,严禁冷凝水溅入油浴中,以防油珠飞溅到热源上引起火灾。蒸馏接收装置的尾气出口应远离火源。

(2)火灾发生应急处理

实验室一旦起火,千万不要慌张,应沉着冷静,并积极采取以下处理措施:

①立即切断火源,关闭煤气开关和通风装置,移走未燃烧的易燃物。

②若少量溶剂着火,火势较小、着火面积不大时,可用湿抹布、石棉布或黄沙盖熄,切

忌用嘴吹;火势较大、着火面积较大时,可用灭火器、灭火毯等予以扑灭。表 1.2 列出了有机化学实验室常用的几种灭火器及其适用范围。

表 1.2 有机化学实验室常用的灭火器及其适用范围

灭火器类型	药液成分	适用范围	使用方法
二氧化碳灭火器	液态 CO_2	精密仪器、小范围的油类、忌水的化学品等引起的火灾	手握喇叭筒根部喷射,防止冻伤
干粉灭火器	以磷酸铵盐或碳酸氢钠等盐类为基料,添加防腐剂等	易燃液体(如石油)、可燃气体(如甲烷)、带电设备引起的火灾	保持直立,拔销后对准火源根部喷射,须占据上风口

③针对不同燃烧情况,可采取各种具体的扑灭方法:

• 油类着火:千万不能用水灭火,应采用沙子或二氧化碳灭火器灭火,也可以撒固体碳酸氢钠粉末。

• 电器着火:应立即切断电源,使用二氧化碳灭火器灭火,绝不能使用水或泡沫灭火器。

• 衣物着火:切勿奔跑。应就地躺倒,滚动将火压熄,或用厚外衣或防火毯裹紧着火处,使火焰因隔绝空气而熄灭。

• 地面或桌面着火:如火势不大,可用淋湿的抹布灭火;反应瓶内着火,可用石棉布覆盖瓶口,使瓶内缺氧灭火。

灭火时,应该从火的四周向中心扑灭,并及时拨打 119 电话通报火情。另外,着火时,无关人员应及时撤离,让出灭火通道,切勿围观。

2. 爆炸

实验室经常会接触到一些易燃易爆的物质,如氢气、乙烯、乙醚、过氧化物、重金属乙炔化物、叠氮化物、干燥的重氮盐、硝酸酯、三硝基甲苯等,使用这些物质时必须谨慎操作,以避免受热或受震动而引发爆炸。另外,一些可燃性气体和可燃性液体的蒸气在一定范围内与空气混合后,遇明火也会发生爆炸。表 1.3 列出了一些易燃有机物质蒸气在空气中的爆炸极限。

表 1.3 易燃有机物质蒸气在空气中的爆炸极限(体积分数) %

物质名称	爆炸极限	物质名称	爆炸极限
甲烷	5.0~15.0	乙烷	2.9~12.5
乙炔	3.0~82.0	苯	1.2~8.0
甲苯	1.2~7.0	甲醇	6.7~36.5
乙醇	3.3~19.0	丙醇	2.1~13.5
乙醚	1.9~36.5	乙醛	4.0~57.0
丙酮	2.5~12.8	二硫化碳	1.0~44.0

对爆炸事故,应以预防为主。对上述易燃易爆的物质,须严格按照操作规程进行实验。发生险情时,首先要镇静,采取措施积极排除险情,并第一时间向老师报告或拨打119报警。险情较大时,应及时撤离,确保人身安全。

为了防止爆炸事故的发生,应注意以下几点:

(1)保持室内通风良好,以防止可燃性气体或蒸气在室内空气中累积。切勿使易燃易爆气体接近火源,应避免汽油、醚类等有机溶剂的蒸气与空气混合,否则,一个热的表面、火星、电火花都可能导致爆炸的发生。

(2)强氧化剂和强还原剂必须分开存放,使用时轻拿轻放,远离热源。剩余的金属钠切勿投入水中,否则会发生剧烈反应,可能引起燃烧甚至爆炸。

(3)常压操作时,切勿在密闭体系中进行反应或加热,应使装置与大气相通;减压蒸馏时,应使用具有一定耐压能力的玻璃仪器,比如圆底烧瓶或梨形瓶,而不能使用锥形瓶、平底烧瓶或薄壁试管等,否则会发生炸裂;进行高压反应时,一定要使用特制的高压反应釜,禁止用普通的玻璃仪器进行高压反应。

(4)乙醚等醚类化合物久置后可能产生过氧化物,当过氧化物浓度较高时,加热会引起爆炸。所以,在使用前,必须使用硫酸亚铁除去过氧化物后方可使用。另外,使用乙醚时应在通风良好处或通风橱内进行,且周围不能有明火。蒸馏此类化合物时,切忌蒸干。

(5)对于叠氮化物、重金属乙炔化物、三硝基甲苯、苦味酸重金属盐等易爆炸的固体药品,操作时必须轻拿轻放,避免重压或撞击。使用后,其残渣必须在老师指导下妥善处理后方可丢弃。

3. 割伤、烫伤和灼伤

(1)注意事项

有机化学实验室常用各种类型的玻璃仪器,玻璃仪器脆性大,碎裂时容易导致割伤;实验过程中常用加热装置,部分玻璃仪器、介质的温度较高,操作不当或不小心,可能会导致烫伤;另外,有机实验室使用的强酸、强碱、液氮、强氧化剂、溴、磷、苯酚、醋酸等物质,都会灼伤皮肤。为防止割伤、烫伤或灼伤,应注意以下几点:

①切割玻璃棒或玻璃管时,应注意将切口处理好(如用火烧钝化切口),以防切口割伤身体;将温度计、玻璃棒、玻璃管等插入橡皮塞时,须谨慎操作,两手间的距离不能太远,操作不能急于求成,有条件时,可在玻璃器材外表面裹上一层布再进行操作,以防玻璃器材断裂而引起割伤。

②在实验过程中,若一不小心打碎了玻璃仪器,应及时将实验台面和地面上的玻璃碎片清理干净,避免残存的碎片可能引起的割伤。

③开启有机化学药品的瓶盖时,必须先让试剂瓶充分冷却后再进行开启。开启时,瓶口不能对人,以防液体喷溅造成伤害。如果瓶盖较难打开,必须注意瓶内物品的性质,切不可贸然用火加热或敲击瓶盖等。

④实验过程中,切勿让身体的任何部位直接接触加热的玻璃仪器或介质,实验完毕拆卸装置时,必须确保各种玻璃仪器的温度已降至室温方可操作,避免烫伤。

⑤实验过程中，应防止有机溶剂泼洒到皮肤上或溅入眼中，以免对皮肤或眼睛产生灼伤。

(2)割伤、烫伤或灼伤的处理方法

如果不小心发生了割伤、烫伤或灼伤，必须进行妥善处理：

①如果发生了轻微割伤，可及时挤出污血，并用已消毒的镊子从伤口处取出玻璃碎片，用蒸馏水清洗伤口后，再涂上碘酒，必要时，在伤口处包扎上绷带；如果割伤较严重，应立即用绷带在伤口上部约 10 cm 处扎紧止血，并立即送医院进行进一步的处理救治。

②如果发生轻微的高温烫伤，应先用大量自来水冲洗，然后在患处涂以油膏或鞣酸软膏、烫伤膏。但如果烫伤严重，必须尽快送医院进行救治。

③皮肤被酸液灼伤，须立刻用大量流动清水冲洗(皮肤被浓硫酸沾污时切忌先用水冲洗，以免硫酸水合时强烈放热而加重伤势，应先用干抹布吸去浓硫酸，然后再用清水冲洗)，然后用 3%～5%碳酸氢钠溶液或肥皂水洗涤后，再用水洗，最后涂上油膏。切忌未经大量流水彻底冲洗就用碱性药物在皮肤上直接中和，这样会加重皮肤的损伤。眼睛里溅入酸液，在现场立即就近用大量清水或生理盐水彻底冲洗，冲洗时可使用洗眼器，或将头置于水龙头下，使冲洗后的水自伤眼的颞侧流下，这样既避免水直接冲眼球，又不至于使带酸的冲洗液进入好眼，冲洗时应拉开上下眼睑，使酸不至于留存眼内和下穹隆中。如无冲洗设备，可将眼睛浸入盛清水的盆内，拉开下眼睑，摆动头部洗掉酸液，切忌因疼痛而紧闭眼睛。经上述处理后立即送医院眼科治疗。

④皮肤被碱液灼伤，须立刻用大量水冲洗至皂样物质消失，然后用 3%硼酸溶液或 1%～2%醋酸溶液进行进一步冲洗，再用水洗，最后涂上油膏。眼睛溅入碱液，应先拭去眼外的碱液，然后用流动的清水冲洗。伤员也可把面部浸入到充满流动水的器皿中，张大眼睛，摆动头部，转动眼球进行清洗，再用饱和硼酸溶液或 1%醋酸溶液洗涤。

⑤溴灼伤时，先用大量自来水冲洗，然后用乙醇、石油醚等洗去溴，再涂上甘油或烫伤膏油。

4. 中毒

除乙醇外，绝大多数有机化学药品都有不同程度的毒性，如表 1.4 所示。

表 1.4　有机化学药品的毒性

编号	化学品	毒性	中毒现象	LD_{50}	工作场所最高允许浓度/($mg \cdot m^{-3}$)
1	丙酮	低毒类	急性中毒主要表现为对中枢神经系统的麻醉作用，出现乏力、恶心、头痛、头晕、易激动。重者发生呕吐、气急、痉挛，甚至昏迷	5 800 mg/kg(大鼠经口)；20 000 mg/kg(兔经皮)	400(皮)
2	乙酸乙酯	低毒类	对眼、鼻、咽喉有刺激作用。高浓度吸入可能出现咳嗽，咽痛，胸闷，呼吸困难，急性肺水肿，肝、肾损害。持续大量吸入，可致呼吸麻痹	5 620 mg/kg(大鼠经口)；4 940 mg/kg(兔经口)	400

续表

编号	化学品	毒性	中毒现象	LD_{50}	工作场所最高允许浓度/($mg \cdot m^{-3}$)
3	二氯甲烷	低毒类	具有麻醉性，大量吸入引起急性中毒，头痛、呕吐等。液体与皮肤接触可引起皮炎。与明火或灼热的物体接触生成剧毒的光气	1 600～2 000 mg/kg（大鼠经口）	1 740（美国）
4	氯仿	中等毒类	作用于中枢神经系统，并造成肝肾损害	909 mg/kg（兔经口）	120（美国）
5	氯苯	中等毒类	损伤中枢神经和内脏	1 100 mg/kg（大鼠经口）	250（美国）
6	四氯化碳	中等毒类	对心、肝、肾有严重损害，吸入或皮肤吸收也能中毒	2 350 mg/kg（大鼠经口）	25
7	正溴丁烷	毒性比同类氯代烃大	对眼睛、皮肤有刺激、灼伤作用，吸入其蒸气能引起呼吸困难，甚至麻醉	6 680 mg/kg（大鼠腹腔）	—
8	石油醚	中毒类	其蒸气或雾对眼睛、黏膜和呼吸道有刺激性。中毒表现为有烧灼感、咳嗽、喘息、喉炎、气短、头痛、恶心和呕吐。该物质可引起周围神经炎。对皮肤有强烈刺激性	40 mg/kg（小鼠静脉）	1 760
9	环己烷	低毒类	对中枢神经有抑制作用。不会形成血液中毒	5 500 mg/kg（兔经口）	100
10	环己烯	低毒类	毒性与环己烷相同	—	670～1 000
11	二甲苯	低毒类	毒性低于甲苯，高浓度蒸气可导致出血性肺水肿	2 000～4 300 mg/kg（大鼠经口）	100
12	甲苯	低毒类	吸入、皮肤吸收、误服等均会引起不适。具有麻醉作用，对皮肤有刺激作用。可引起疲惫、恶心、头痛、白细胞减少、贫血等	7 000 mg/kg（大鼠吸入）；1 640 mg/kg（腹腔注射）	100
13	苯甲醛	微毒类	对眼睛和上呼吸道黏膜有一定刺激作用，对皮肤有脱脂作用	1 300 mg/kg（大鼠经口）	—

续表

编号	化学品	毒性	中毒现象	LD_{50}	工作场所最高允许浓度/$(mg \cdot m^{-3})$
14	乙醚	微毒类	具有麻醉作用。长期吸入会造成慢性中毒	3 560 mg/kg（大鼠经口）	500
15	四氢呋喃	吸入为微毒类，经口属低毒类	蒸气具有麻醉性，纯品的毒性比丙酮低	1 650 mg/kg（大鼠经口）	590
16	三乙胺	中等毒类	对皮肤和黏膜刺激性强	460 mg/kg（大鼠经口）	100
17	苯胺	中等毒类	口服、吸入蒸气、皮肤吸收可引起中毒。对血液和神经的毒性强烈，症状为头痛等	442 mg/kg（大鼠经口）；950 mg/kg（吸入）	5
18	对甲苯胺	中等毒类	经皮肤吸收可引起中毒，可引起神经障碍，刺激膀胱产生炎症和血尿	336 mg/kg（大鼠经口）	5
19	正丁醇	低毒类	对人的毒性较乙醇大三倍	4 360 mg/kg（大鼠经口）	200
20	甲醇	中等毒类	作用于神经系统。甲醇排出缓慢，具累积性	10 mL/kg（兔经口）	50

备注：国家标准 GB 13690—2009 规定，经口半致死量固体 $LD_{50} \leqslant 500$ mg/kg，液体 $LD_{50} \leqslant 2\ 000$ mg/kg 为有毒品。

表 1.5 为有机化学实验过程中常见毒物及其中毒防治要点。

表 1.5　有机化学实验过程中常见毒物及其中毒防治要点

物质	中毒症状	防护要点和急救法
三酸：硫酸、盐酸、硝酸	接触其蒸气或烟雾，可引起急性中毒，出现眼结膜炎，鼻及口腔黏膜有烧灼感，引起鼻衄、齿龈出血、气管炎等。误服可引起消化道灼伤、溃疡，有可能引起胃穿孔、腹膜炎等。 慢性影响：长期接触可引起慢性鼻炎、慢性支气管炎、牙齿酸蚀症及皮肤损害	(1)遵守安全规程，加强个人防护 (2)皮肤被烧伤，应立即用水或 5% 的苏打水冲洗，如果有水泡出现，需再涂油膏和甲紫溶液 (3)鼻、眼、咽喉受到蒸气刺激，可用温水或 5% 苏打水冲洗或含漱

续表

物质	中毒症状	防护要点和急救法
两碱：氢氧化钠和氢氧化钾	对皮肤、黏膜有腐蚀作用，其后果比酸更严重。 口服中毒者，口腔黏膜呈红色或棕色，有水肿、溃疡。口腔、食管、胃有烧灼痛及坏死性溃疡形成，声音沙哑，反复呕吐，呕吐物呈血性。腹部绞痛甚至消化道穿孔。 溅入眼内可引起怕光、流泪、视力模糊、异物感，致结膜充血、水肿，角膜溃疡、白斑形成，重者可致失明。 皮肤接触可导致严重化学烧伤。局部充血水肿、糜烂，形成溃疡，向深处发展。创面白色、剧痛、周围红肿。形成的痂皮软、易碎，与正常组织分界不清，脱落后形成的溃疡易出血，难愈合，且愈合后留瘢痕。大面积灼伤可引起体液丢失而发生休克。 机体吸收大量强碱后可致碱中毒，可有剧烈头痛、头晕、手足抽搐等，严重者可休克、昏迷，发生肝肾损伤危及生命。强碱中毒早期症状多为休克、出血及喉头水肿，随病情发展可并发吸入性肺炎、胸膜炎、心包炎等，数周后可发生感染性肺炎、胃及食管狭窄	碱灼伤时应立即用大量的清水冲洗 30 min 以上，然后用 3%硼酸溶液或 2%醋酸溶液持续湿敷，以中和剩余碱液。切忌在冲洗前使用中和剂，以免产生中和热加重灼伤。涂上油膏，并包扎好。 灼伤眼睛时，应擦去溅在眼睛外面的碱，再用水冲洗，并立即送往医院治疗，不允许用其他试剂进行冲洗。 碱溅在衣服上时，先用水清洗，然后用 10%醋酸溶液洗涤，再用氨水中和多余的醋酸，最后用水冲洗
氢氟酸及氟化物	急性中毒少见。由呼吸道或皮肤侵入人体，主要作用于骨骼、造血、神经系统及牙齿、皮肤、黏膜等。氢氟酸接触皮肤会引起灼伤，起初疼痛不显著，数小时后剧痛，透入组织形成深部溃烂。吸入其散发的蒸气能引起肺水肿，同时氢氟酸蒸气溶于眼球内的液体会对人的视力造成持久破坏	(1)严格遵守使用规程，戴好橡皮手套操作 (2)吸入：移离危险区，若停止呼吸，则应进行人工呼吸，若呼吸困难，则提供氧气，使伤患充分休息并保持温暖，立即送医治疗 (3)皮肤接触：先用水冲洗，再用 5%小苏打溶液清洗，然后浸泡在冷的饱和硫酸镁溶液中 30 min，最后敷上特制膏药(20%硫酸镁、18%甘油、1.2%盐酸普鲁卡因、水) (4)眼睛接触：拉开眼睑，用清水冲洗至少 15 min，立即送眼科就医

续表

物质	中毒症状	防护要点和急救法
氢氰酸及氰化物	急性中毒：轻者黏膜刺激、头痛、眩晕、恶心、呕吐、气喘、瞳孔放大等。重者呼吸困难、昏迷、痉挛、血压下降，甚至死亡。如果食入高量氰化物可能喘不过气、呼吸短促、昏厥、失去意识或死亡。 皮肤接触后会有溃烂、皮肤刺激及红斑；眼睛接触后会有刺激、烧伤、视力模糊，过量或延时性接触会造成眼睛永久性伤害	(1)必须专人保管 (2)使用时戴好劳保用品，用后洗手 (3)工作场所要通风良好 (4)禁止在酸性介质中使用氰化物，废液必须专门处理，不准倒入下水道 (5)对于口服中毒给予解毒疗法后，用温水或1/1 000高锰酸钾洗胃，洗胃后再注入甘露醇 50～100 g导泻。对皮肤灼伤可用高锰酸钾溶液洗涤，然后再用硫代硫酸钠溶液洗涤。急性中毒时，立即抬出现场，脱掉工作服，进行人工呼吸，送医院抢救
硫化氢	轻度中毒时主要是刺激症状，表现为流泪、眼刺痛、流涕、咽喉部灼热感，或伴有头痛、头晕、乏力、恶心等症状。中度中毒者黏膜刺激症状加重，出现咳嗽、胸闷、视物模糊、眼结膜水肿及角膜溃疡，有明显头痛、头晕等症状，并出现轻度意识障碍。重度中毒则呼吸短促、心悸，并可使意识突然丧失、昏迷，以致死亡	(1)工作场所应设有通风设备。尽量不用或少用本品 (2)呼吸系统防护：空气中浓度超标时，佩戴过滤式防毒面具（半面罩）。眼睛防护：戴化学安全防护眼镜。身体防护：穿防静电工作服。手防护：戴防化学品手套。其他：工作现场严禁吸烟、进食和饮水。工作毕，淋浴更衣。及时换洗工作服。作业人员应学会自救互救 (3)紧急事态抢救或撤离时，建议佩戴氧气呼吸器或空气呼吸器 (4)中毒时立即离开现场，吸入新鲜空气或给氧，送医院治疗 (5)眼部受刺激时，立即用 2% 苏打水冲洗至少 15 min，或用硼酸水湿敷，用激素软膏点眼；接触的皮肤用肥皂水和清水清洗（后期按化学性烧伤处理）
氨	接触氨后，眼睛有辛辣感和流泪。室内低浓度长期接触，可引起喉炎，声音嘶哑；高浓度大量吸入，可引起支气管炎和肺炎，兴奋中枢神经系统，出现惊厥、抽搐、嗜睡和昏迷。 吸入极高浓度的氨可以反射性引起心搏骤停、呼吸停止。 浓氨水溅入眼内，可使角膜表层溃疡和穿孔	(1)加强室内通风 (2)操作高浓度氨时，戴好防毒面具 (3)将中毒者迅速搬到空旷地方，使其静卧，保持其身体的温度，强迫其饮大量的水，及时施以人工呼吸 (4)氨水溅入眼内必须立即用清水清洗，并用 3% 硼酸溶液或稀醋酸溶液洗涤后，滴可的松、氯霉素眼药水，再涂金霉素软膏

续表

物质	中毒症状	防护要点和急救法
氯	主要通过呼吸道、皮肤和黏膜使人体中毒。眼睛受刺激后，眼酸、流泪；鼻咽黏膜受到刺激会发炎，呼吸道吸入会引起咳嗽、窒息感，大量吸入可能引起喉头痉挛、肺水肿、昏迷	(1)工作场所通风良好，操作时戴好口罩 (2)眼部或皮肤污染时，立即用清水或生理盐水彻底冲洗，给予抗生素眼药水；皮肤酸灼伤用2%～3%碳酸氢钠溶液湿敷 (3)中毒者立即离开现场，重者应输氧、注射强心剂
溴	直接侵害皮肤或吸入中毒均可发生各种皮疹。吸入溴蒸气立即引起喉咙发干、疼痛、咳嗽、黏膜发红、流泪、胀痛、畏光、视物模糊等症状	(1)配制饱和溴水及应用时，要在通风橱中进行或人站在上风处 (2)戴好防护用品，防止与皮肤接触。皮肤被溴灼伤时，伤处立即用石油醚或乙醇冲洗，然后用2%的 $Na_2S_2O_3$ 溶液冲洗，最后用蘸有甘油的棉花擦干并敷上烫伤膏 (3)急性中毒者，应立即离开现场，吸入新鲜空气，严重者输氧，送医院治疗
甲醇	对神经系统有害，能引起视神经病变，一般5～10 mL即可引起严重中毒，最低7～8 mL即可引起失明，致死量30 mL左右	由于外观和气味很像乙醇，故不能混用。使用时，最好在通风橱内进行，严禁口服，中毒时应送医院急救。尽量用其他试剂代替
正丁醇	具有刺激，在角膜浅层形成半透明的空泡，引起流泪、晚间视物模糊，重者有角膜炎症状；头痛、头晕和嗜睡；手部可发生接触性皮炎、皮肤损害，会轻度发红和刺痛	(1)工作场所通风良好，操作时戴好防护眼镜 (2)中毒者应立即离开现场，如结膜或角膜受刺激，立即用大量流动清水或生理盐水冲洗，分别按结膜炎或角膜炎处理
三氯甲烷	是一种强效的心脏血管抑制剂，对肝脏、肾脏也有毒性，可能造成肝脏的肿大和坏死。同时，它对中枢神经系统会产生抑制作用。由呼吸道侵入，急性中毒时会刺激黏膜，导致淌泪和流涎；慢性中毒则会引起消化不良，体重减轻	(1)工作场所通风良好 (2)急性中毒者应移往新鲜空气处休息，视情况进行人工呼吸或输氧，严重者送医院治疗 (3)三氯甲烷遇紫外线和高热可变为光气，有剧毒
四氯化碳	是典型的肝脏毒物，高浓度时，首先是中枢神经系统受累，随后累及肝、肾；而低浓度长期接触则主要表现肝、肾受累。乙醇可促进四氯化碳的吸收，加重中毒症状。四氯化碳可增加心肌对肾上腺素的敏感性，引起严重心律失常	(1)工作场所通风良好 (2)急性中毒时，应将患者迅速移出现场，脱去被污染的衣物。皮肤、眼睛受污染时可用清水或2%碳酸氢钠溶液冲洗15 min以上。口服中毒者必须及早洗胃，洗胃前，先用液状石蜡或植物油溶解四氯化碳。严重者送医院治疗 (3)四氯化碳遇紫外线和高热可变为光气，有剧毒

续表

物质	中毒症状	防护要点和急救法
乙醚	由呼吸道吸入人体，刺激黏膜，引起头痛、头晕，具有麻醉作用	(1)工作场所通风良好 (2)吸入体内引起症状者，应移往新鲜空气处休息
苯及同系物	致癌物。急性中毒：轻者如酒醉状，重者可出现恶心、呕吐、站立不稳及昏迷，甚至肌肉痉挛、抽搐、血压下降、呼吸衰竭。慢性中毒：主要影响造血系统和神经系统。造血系统表现为齿龈出血、鼻腔出血、皮肤黏膜出血，女性会月经过多，大便带血等。神经系统表现为头痛、头晕无力	(1)工作场所通风良好 (2)尽量用其他无毒或低毒的溶剂替代 (3)急性中毒者立即输氧。全身性苯中毒可用10%硫代硫酸钠溶液注射，内服和注射大量维生素C，送医院治疗
四氟乙烯和聚四氟乙烯的热解产物	吸入有机氟气体时，有呼吸道、眼黏膜的刺激症状，并有微弱的麻醉作用，高浓度吸入可引起肺水肿。中毒轻者表现为发热和“感冒样”症状；重者出现呼吸道刺激症状，出现化学性支气管炎、肺炎，甚至发生肺水肿及心肌损害等。长期低浓度接触其热解产物者，常出现头痛、头晕、失眠、噩梦、记忆力减退、乏力、腰酸背痛等。由于高温裂解时还会产生剧毒的副产物氟光气和全氟异丁烯等，所以要特别注意安全防护并防止聚四氟乙烯接触明火。聚四氟乙烯加热至380 ℃以上，吸入烟尘后发生寒战、发热等症状，称为“聚合烟尘热”	加强通风，对剧毒品种须进行隔离式操作，严格控制聚四氟乙烯受高热分解，防止聚四氟乙烯接触明火

有毒化学药品可通过呼吸道、消化道和皮肤进入人体而发生中毒现象。为了预防中毒，应做到以下几点：

(1)称量药品时应使用工具，不要将化学药品洒落到其他地方，不得直接用手接触药品，尤其是氰化钠、砒霜等剧毒药品，会渗入皮肤引起中毒。操作时，必须戴上乳胶手套进行防护，且不要用手接触口、眼、鼻等或伤口部位，实验结束后，应立即用流动的自来水洗手。

(2)尽量少接触各种有机物质的蒸气，特别是有毒化合物的蒸气。使用和处理有毒或有腐蚀性物质时，应在通风橱中进行或加装气体吸收装置，并戴好防护用品，严禁用嘴吸吸量管、抽滤瓶等。

(3)处理废液前，一定要确定废液中是否含有有毒组分，若含有有毒物质，应集中收集起来，交由老师进行后续处理；如果实验过程中使用的滤纸或硅胶等沾有有毒组分，不要随意丢弃，同样须交由老师进行统一处理。

(4)发生中毒现象，应立即将中毒者转移到通风良好的地方，并根据不同的中毒情况进行应急处理，随后及时送往医院就诊。若毒物不小心溅入口中，如果尚未吞下，则应立即吐出，并用大量水反复漱口。如果已吞下，则应采取相应的措施，其中，若吞下酸，先饮大量的水，然后服用鸡蛋白、牛奶等；若吞下碱，先饮大量的水，然后服用醋、酸果汁、鸡蛋白、牛奶等；若吞下刺激性或神经性毒物，先服用牛奶或鸡蛋白使毒物冲淡缓和，再吞下30 g左右的硫酸镁催吐，或用手指伸入喉咙中促使呕吐。

5. 安全用电

有机实验过程中经常需要使用加热套、电炉等进行加热、搅拌、减压、干燥等操作，且大多装置需要使用冷凝水。因而，电器设备故障或自来水滴洒，都可能导致触电事故的发生，从而严重危害生命和财产安全。所以，在实验过程中，必须高度重视，小心操作，防止触电，为此应做到以下几点：

(1)使用电器前，应检查电器设备是否完好，电线有无破损，所用电源是否正确。若有电器设备故障、电线破损、电源不正确等现象发生，应及时更换电器设备，或向老师汇报，修复后方可使用。

(2)实验过程中，不要将冷凝、洗涤等操作用水洒落到电器设备上，手要干燥，且严禁手与裸露的电线、电源插头等直接接触。

(3)修理或安装电器时，应先切断电源，并在老师监督和指导下进行，不可擅自操作。

(4)电源裸露部分应有绝缘装置，电器外壳应接地线。

(5)使用前必须将电源线完全展开，不可让电源线绕在加热设备周围。不能用低压试电笔去试高压电。

(6)一旦有人触电，应首先切断电源，并及时进行抢救。

1.3 常规实验仪器设备

(一)有机化学实验常用的玻璃仪器

1. 常用的玻璃仪器及其应用范围

表1.6列出了有机化学实验常用到的各种玻璃仪器及其应用范围。

表1.6 常见的玻璃仪器及其应用范围

玻璃仪器名称	玻璃仪器图片	应用范围	备注
平底烧瓶	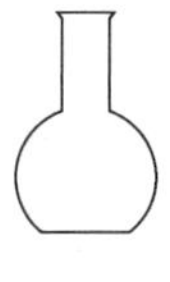	用于配制溶液或用作反应器，广泛应用于有机合成和无机制备的实验中，多用于需长时间反应的有机实验中。常用于装配气体发生器	平底烧瓶由于底部较平，加热时会受热不均匀，因此一般不用作加热的反应器。加热时，平底烧瓶要垫上石棉网。瓶内液体量不应超过烧瓶体积的1/2，防止沸腾时溅出或是瓶内压力太大而爆炸

续表

玻璃仪器名称	玻璃仪器图片	应用范围	备注
单口圆底烧瓶		是一种化学实验中常用的加热与反应容器，用于反应、回流加热及蒸馏	可以进行加热，但使用时一般要垫上石棉网，与铁架台等夹持仪器配合使用
双口圆底烧瓶	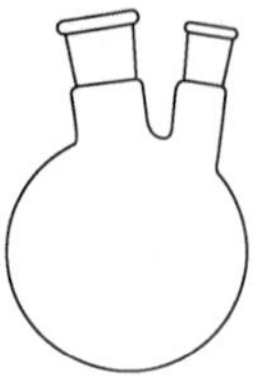	用于反应，可用于长时间强热使用。根据需要，瓶口分别安装搅拌器、温度计、滴液漏斗、回流冷凝管等	加热时烧瓶应放置在石棉网上，不能用火焰直接加热。实验完毕后，若有导管等，一律先撤去导管，防止倒流，再撤去热源，静置冷却后，再进行废液处理、洗涤等工作
三口圆底烧瓶	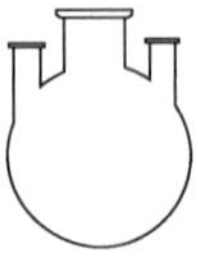	用于反应。根据需要，瓶口分别安装搅拌器、温度计、滴液漏斗、回流冷凝管等	加热时烧瓶应放置在石棉网上，不能用火焰直接加热；实验完毕后，若有导管等，一律先撤去导管，防止倒流，再撤去热源，静置冷却后，再进行废液处理、洗涤等工作
四口圆底烧瓶	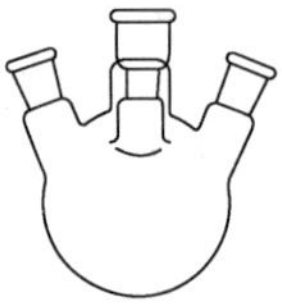	用于反应，特别适用于合成反应。根据需要，瓶口分别安装搅拌器、温度计、滴液漏斗、回流冷凝管等	加热时烧瓶应放置在石棉网上，不能用火焰直接加热；实验完毕后，若有导管等，一律先撤去导管，防止倒流，再撤去热源，静置冷却后，再进行废液处理、洗涤等工作
梨形烧瓶		用于反应，特别适用于减压蒸馏、旋转蒸发等减压浓缩系统	梨形烧瓶的内表面小，容易暴沸
克氏蒸馏烧瓶	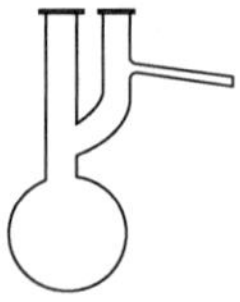	适用于加热时易起泡沫、暴沸的液体和高沸点有机化合物，以及在常压下易受热而分解的物质的分馏或分离	用于真空减压蒸馏时，常与冷凝管、韦氏分馏管、弯形接管、水银减压计、抽气管等仪器配套使用
蒸馏烧瓶	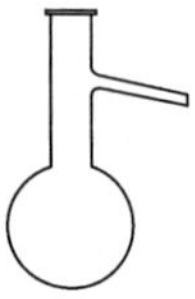	用于液体蒸馏或分馏物质，也可用作少量气体发生装置	常与冷凝管、接液管、接液器配套使用。也可装配气体发生器。蒸馏完毕必须先关闭活塞后再停止加热，防止倒吸
锥形瓶 （三角烧瓶）		用于有机溶剂的重结晶操作，或有固体产物生成的合成实验中，也用作常压蒸馏实验的接收器、中和滴定反应器、装配气体发生器	不能用作减压蒸馏实验的接收器

续表

玻璃仪器名称	玻璃仪器图片	应用范围	备注
广口瓶		储存固体药品，也可用作收集气体的集气瓶	不能直接加热，避免存放碱性物质
细口瓶		储存溶液或液体药品	不能直接加热，储存见光易分解或不太稳定的液体应选用有色瓶
b形管（提勒管）	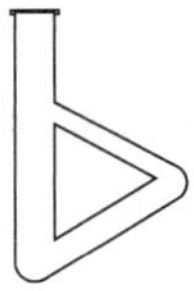	b形管为化学实验中测量固体样品熔点时用的玻璃仪器，形状如字母b，配合熔点管使用	将样品装于熔点管后，用橡皮筋与温度计绑于一起，穿过带孔的软木塞，放入b形管中，熔点管的有样品部分和温度计水银球置于环状部位的左侧，加热环状部位的右侧，进行热浴
抽滤瓶		抽滤瓶的外形酷似锥形瓶，只是在管口处多开了一个侧向的连接口，用来接上塑胶管再接到水流抽气帮浦（水流抽气泵）上。当抽滤瓶口放上漏斗进行过滤时，水流抽气帮浦开始抽气，使抽滤瓶内的空气压力降低；若漏斗上的滤纸内有任何的溶液存在，由于大气压力和重力的作用，这些溶液将会经过滤纸流入下方的抽滤瓶中，残余的固体则留在滤纸上，而达到过滤的目的	通常使用瓷漏斗置于其上，不能用锥形玻璃漏斗
布氏漏斗	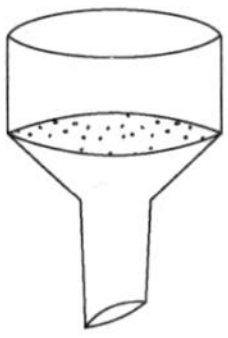	与吸滤瓶共同用于减压过滤	不宜用于过滤胶状或颗粒太小的沉淀（胶状易透过滤纸，太小颗粒易形成一层密实的沉淀，溶液不易透过）
保温漏斗	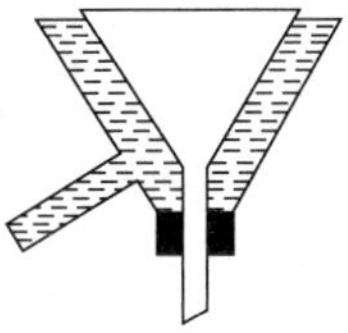	也称热滤漏斗，用于需要保温的过滤。它是在普通漏斗的外面装上一个铜质的外壳，外壳中间装水，用煤气灯加热侧面的支管，以保持所需要的温度	—

续表

玻璃仪器名称	玻璃仪器图片	应用范围	备注
长颈玻璃漏斗	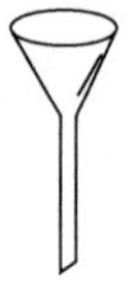	主要用于固体和液体在锥形瓶中反应时添加液体药品、过滤液体	在使用时，注意漏斗的底部要在液面以下，这是为了防止生成的气体从长颈漏斗口逸出，起到液封的作用
无颈玻璃漏斗		用于热过滤，取无颈漏斗（普通玻璃漏斗除去漏斗颈）置于水浴装置上方用蒸汽加热，然后进行过滤	—
砂芯漏斗		采用优良硬质高硼玻璃组成，具有较高的理化性能。适用于化学分析、卫生检验、石油工业、制药工业、染料工业等方面	(1)使用时注意滤板两面的正负压差不得大于 9.8×10^{4} Pa(1 kgf/cm^{2}) (2)滤器在加热或冷却时应注意缓慢进行 (3)玻璃滤器在使用时不宜过滤氢氟酸、热浓磷酸、热或冷的浓碱液。G1～G4 号砂芯漏斗使用后滤板上附着沉淀物时，可用蒸馏水冲净，必要时可根据不同的沉淀物选用适当的洗涤液先做处理，再以蒸馏水冲净，烘干
球形分液漏斗		用于分离能分层但不混溶的两种液体，也用于制备装置中加液	使用前应进行密封性检查。长期不用，应在活塞面夹一纸条防止粘连，并用一橡皮筋套住活塞，以免失落
梨形分液漏斗		在漏斗颈有一个玻璃旋塞，可随时控制液体的加入量，所以常用于制备装置中加液。但分液漏斗最初是用于分液操作，也就是将能分层但不混溶的两种液体分开	使用前应进行密封性检查。长期不用，应在活塞面夹一纸条防止粘连，并用一橡皮筋套住活塞，以免失落

续表

玻璃仪器名称	玻璃仪器图片	应用范围	备注
滴液漏斗		颈较长,多用作制气装置中滴加液体的仪器	使用前应进行密封性检查。长期不用,应在活塞面夹一纸条防止粘连,并用一橡皮筋套住活塞,以免失落
恒压滴液漏斗		是分液漏斗的一种。和其他分液漏斗一样,都可以进行分液、萃取等操作。与其他分液漏斗不同的是,恒压分液漏斗可以保证内部压强不变,一是可以防止倒吸,二是可以使漏斗内液体顺利流下,三是减小增加的液体对气体压强的影响,从而在测量气体体积时更加准确	使用前应进行密封性检查。长期不用,应在活塞面夹一纸条防止粘连,并用一橡皮筋套住活塞,以免失落
空气冷凝管		主要是蒸出产物时使用(包括蒸馏和分馏),当蒸馏物沸点超过 140 ℃时,一般使用空气冷凝管,以免直形冷凝管通水冷却导致玻璃温差大而炸裂	—
直形冷凝管	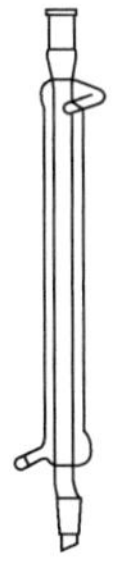	由内外组合的直玻璃管构成,多用于蒸馏操作中蒸气温度小于 140 ℃的情况,不可用于回流	进水口处的水温较低,被蒸气加热过后的水温度较高,较热的水因密度降低会自动往上流,有助于冷却水的循环

续表

玻璃仪器名称	玻璃仪器图片	应用范围	备注
球形冷凝管		主要用于回流，蒸汽冷凝后又流回反应体系，冷凝面积较直形冷凝管大，冷凝效率稍高	—
蛇形冷凝管	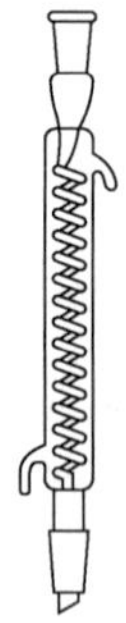	主要用于冷凝收集沸点偏低的蒸馏产物，也适用于沸点低的液体回流	—
蒸馏头	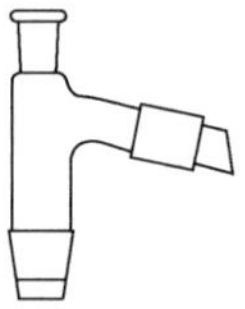	在有机合成中连接烧瓶与蒸馏管的标准口玻璃仪器，有玻璃弯头、具支试管蒸馏头（可以在反应中测量气体温度）、减压蒸馏头（可以用于减压蒸馏并测量蒸气温度）等	在使用前应进行对磨口涂抹凡士林等密封工作
克氏蒸馏头	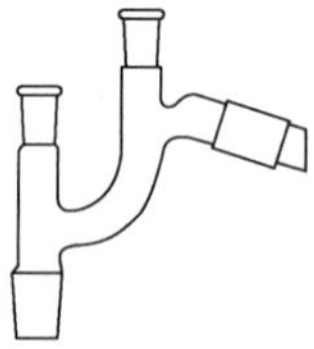	主要用途是做减压蒸馏的蒸馏头，便于同时安装提供微量气体（汽化中心）的毛细管和温度计，并防止减压蒸馏过程中液体因剧烈沸腾而冲入冷凝管	事实上，在蒸馏液体量较少的减压蒸馏过程中，也可不使用克氏蒸馏头而使用普通蒸馏头，仅安装温度计即可。这是因为克氏蒸馏头的管路较长，少量液体的挂壁损失非常明显
韦氏分馏柱		又称刺形分馏柱。每隔一段距离就有一组向下倾斜的刺状物，且各组刺状物间呈螺旋状排列	较同样长度的填充柱分流效率低，适合于分离少量且沸点差距较大的液体。若要分离沸点相距很近的液体化合物，则必须使用精密分馏装置

续表

玻璃仪器名称	玻璃仪器图片	应用范围	备注
弯管	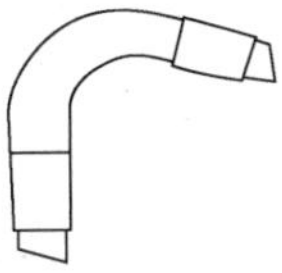	弯管主要起导气、冷凝回流及气体干燥作用	—
Y 形接管	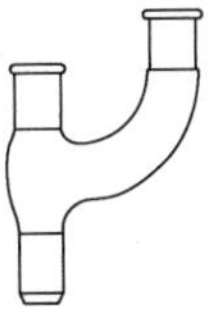	也称二口连接管，可用于单口烧瓶上，代替二口烧瓶，或与蒸馏头配合做分馏头用	—
承接管	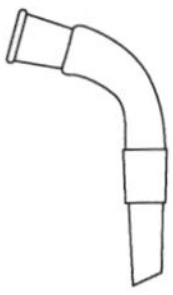	做承接之用，收集馏出的馏分	—
具支试管	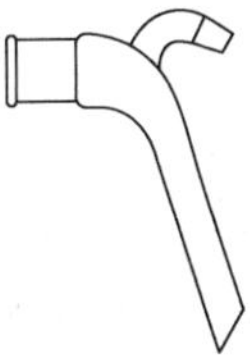	是在普通试管的基础上安一个支管，一个密封的具支试管相当于一个有单孔塞的普通试管	实验室常用气体通过多个具支试管与液体同时反应，可以清楚地看到液体与气体发生的化学变化，从而判定气体的化学性质
真空承接管	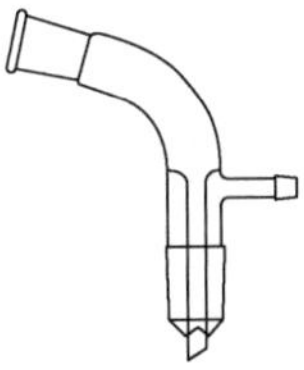	用于减压蒸馏等实验装置中的馏分收集	—
三叉燕尾管	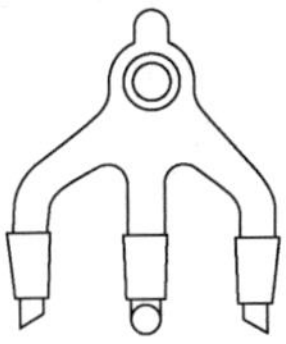	当要接收多组馏分时可采用此类多股接引管	—
温度计套管		用于玻璃口与一般直型实验室温度计相连接的工具，相当于传统的橡胶塞，一般有螺口、汞封等几种。由于汞封的诸多不便，现已不用	连接时应注意密封性、长度等，以免造成密封不良、温度计破损等
搅拌器套管	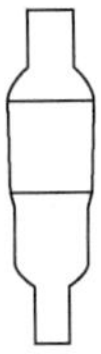	用于连接搅拌仪器与搅拌棒	—

续表

玻璃仪器名称	玻璃仪器图片	应用范围	备注
变口塞(大变小)	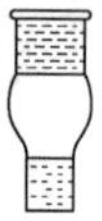	用于玻璃仪器的接口处,调整口径大小不一的仪器	
变口塞(小变大)		用于玻璃仪器的接口处,调整口径大小不一的仪器	
磨口塞(空心塞)		磨口的玻璃塞	一般不需要再使用凡士林涂抹,但在减压蒸馏时需要涂抹
油水分离器	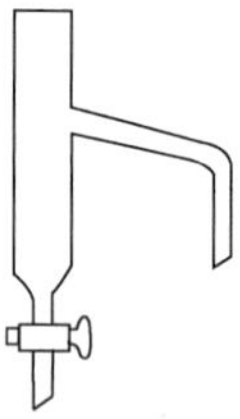	用于实验中油相与水相的分离	
烧杯	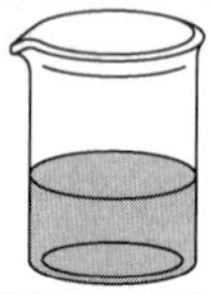	配制溶液、承接滤液、蒸发、浓缩、水浴加热、称量易潮解或具有腐蚀性的物质	搅拌时不能触杯底和杯壁,避免受热不均而引起破裂,配制溶液时体积≤1/2
量筒	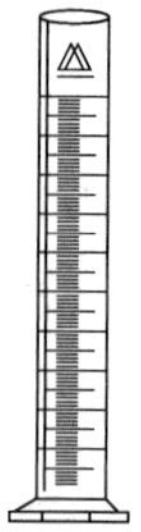	粗略量取液体体积	不能加热,不能作反应容器,不能用于稀释溶液,不能量取热溶液
量杯		粗略量取液体体积	不能加热,不能作为反应容器,不能用于稀释溶液,不能量取热溶液
蒸发皿		蒸发液体、浓缩溶液或结晶	体积≤2/3,取、放用坩埚钳,蒸发或浓缩时用玻璃棒搅拌,剩余少量溶液时停止加热
表面皿		用于盖在烧杯或蒸发皿上防尘、盛放少量固体或液体试剂、承载 pH 试纸观察颜色、作为称量容器或气室反应器	加热时底部需放置石棉网

续表

玻璃仪器名称	玻璃仪器图片	应用范围	备注
温度计		测液体或蒸气的温度	所测温度不能超过最高量程，不能用作搅拌器，不能骤冷水银球的位置
干燥管	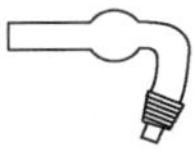	是化学实验中用于干燥气体或除去气体中杂质的一种设备。通常两端有连接口用于连接导管，中间盛有固体干燥剂或除杂剂	气体从一端流入干燥管时，气体中的水或者其他杂质与干燥剂或除杂剂发生化学反应，使水或杂质与气体分离，相对纯净的气体从另一端流出

2. 标准接口玻璃仪器

标准接口玻璃仪器是具有标准磨口或磨塞的玻璃仪器，均按国际通用的技术标准制造。每个部件在其口、塞的上或下显著部位均具有烤印的白色标志，表明规格。常用的有10、12、14、16、19、24、29、34、40 等。表 1.7 列出了常用的标准接口玻璃仪器的编号与大端直径。

表 1.7　标准接口玻璃仪器的编号与大端直径　　mm

编号	10	12	14	16	19	24	29	34	40
大端直径	10	12.5	14.5	16	18.8	24	29.2	34.5	40

有的标准接口玻璃仪器有两个数字，如 10/30，其中 10 表示磨口大端的直径为 10 mm，30 表示磨口的长度为 30 mm。

由于口塞尺寸的标准化、系统化，磨砂密合，凡属于同类规格的接口，均可任意对接，各部件能组装成各种配套仪器。当某个部件损坏时，可以选配。

当不同类型规格的部件无法直接组装时，可使用变径接头连接。使用标准接口玻璃仪器既可免去配塞子的麻烦，又能避免反应或产物被塞子沾污；口塞磨砂性能良好，密合性可达较高真空度，对蒸馏尤其减压蒸馏有利，对于毒物或挥发性液体的实验较为安全。

3. 使用普通玻璃仪器的注意事项

(1)在剪切或加工玻璃管或玻璃棒时，必须戴上防割手套。玻璃管或玻璃棒折断口需用锉刀锉光滑或用喷灯熔一下，使其断面圆滑，避免使用人员在使用过程中被割伤。

(2)玻璃管与橡胶管连接或将温度计插入橡胶管时，应用水、甘油或润滑剂等对玻璃管或温度计进行润滑，操作时要均匀用力，小心操作，防止玻璃管或温度计折断伤人。

(3)在洗涤烧杯、烧瓶时，不要局部用力过猛或撞击水池边、操作台等位置，避免破裂伤人。

(4)在使用玻璃仪器前须先检查玻璃仪器完好无损，在组装实验装置时，玻璃仪器的夹持要用力恰当，避免夹得过松导致玻璃仪器摔落造成破损，也应避免夹持过紧造成玻璃仪器破损。

(5)使用玻璃仪器时,应避免骤冷骤热、局部加热。一般情况下,不允许给密闭的玻璃仪器加热。

(6)由于厚壁的玻璃瓶和量筒导热性差,不可用其配制溶液,以免配制溶液时放热损坏仪器。

(7)薄壁的玻璃仪器往台面上放置时或进行搅拌操作时易碎,操作时必须小心,且不能用于加压或抽真空过程。

(8)加热后的玻璃仪器必须充分冷却后方可接触、冲洗,不能将滚烫的玻璃仪器直接放进实验柜中。

(9)对于量筒、容量瓶等一些带刻度的玻璃仪器,为了保持刻度的准确性,严禁对其进行加热操作。

(10)一旦有玻璃仪器破碎,应立即清理并将碎片倒入垃圾桶中。

4.使用标准接口玻璃仪器注意事项

(1)标准口塞应保持清洁,使用前宜用软布揩拭干净,但不能附上棉絮。

(2)使用前一般无须涂润滑剂,以免对反应体系造成污染,并可防止润滑剂黏附有反应物或产物。但是,如果反应体系中需要使用强碱,则应在磨砂口塞表面涂以少量真空油脂或凡士林,以免磨口连接处因碱腐蚀而黏结在一起,无法拆开。另外,在进行减压蒸馏时,也应涂上真空油脂或凡士林,以增强磨砂接口的密合性。

(3)装配时,把磨口和磨塞轻微地对旋连接,不宜用力过猛,不能装得太紧,只要达到润滑密闭要求即可。

(4)用后应立即拆卸洗净。长期不使用时最好在磨口和磨塞之间夹入纸片,否则对接处常会粘牢,以致拆卸困难。此种情况,可用热水煮或用热风吹黏结处,使其膨胀而脱落,也可用木槌轻轻敲打黏结处,促使其松动。

(5)装、拆时应注意相对的角度,不能在有角度偏差时强行扭转。

(6)磨口套管和磨塞应该配套使用,不得随意调换。

(二)有机化学实验常用的金属器具

有机化学实验中除了使用各种玻璃仪器外,还需要使用一些金属器具作为夹持、托举等用途的辅助工具,常用的金属器具如表1.8所示。

表1.8 有机化学实验中常用的金属器具

金属器具名称	金属器具图片	应用范围	备注
铁架台	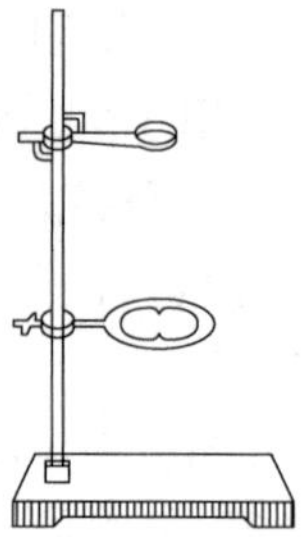	用于固定和支持各种仪器,铁圈可代替漏斗架使用。一般常用于过滤、加热、滴定等实验操作。常与酒精灯配合使用	在结构调整上一般先固定铁圈,需要加热的实验应注意铁圈的高度,便于安放酒精灯、电炉等热源

续表

金属器具名称	金属器具图片	应用范围	备注
烧瓶夹		适用于蒸馏、在三脚架上加热等实验过程中固定烧瓶等玻璃仪器	不可夹非烧瓶的其他玻璃仪器
冷凝管夹		用于固定各类冷凝管	内壁有海绵层,可以防止将敏感的玻璃仪器夹碎裂
三脚架		用于在其上加热烧瓶、坩埚等进行反应	使用时,应在其圆环上垫上石棉网
坩埚钳	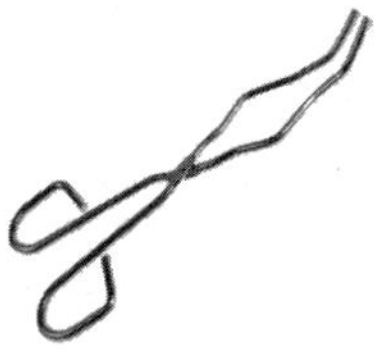	夹持坩埚加热,或往热源(煤气灯、电炉、马弗炉)中取放坩埚	使用时必须用干净的坩埚钳。用坩埚钳夹取灼热的坩埚时,必须将钳尖先预热,以免坩埚因局部冷却而破裂,用后钳尖应向上放在桌面或石棉网上
升降台	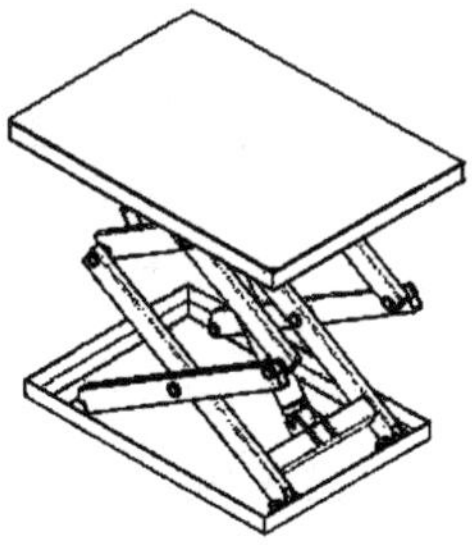	用于调节物体或仪器位置高度	—
弹簧止水夹		夹持乳胶管,阻止流体流动	—
钻孔器		用于在木塞、橡皮塞上穿孔	选择一个比要插入橡皮塞的玻璃管口径略粗一点的钻孔器,因为橡皮塞有弹性,孔道钻成后由于收缩会使孔径变小

续表

金属器具名称	金属器具图片	应用范围	备注
滴定台		可以固定酸式或者碱式滴定管(即一般用的铁架台,只是在柱子上加上滴定管的夹子)	(1)滴定管夹持在滴定夹上时,务必保持滴定管垂直于滴定台。台面保持清洁 (2)若无滴定台时,则可在铁架台上配滴定夹或固定 2 个烧瓶夹代替,滴定时,锥形瓶下最好衬上白纸
镊子(药匙)	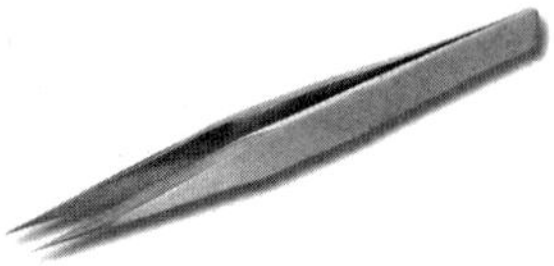	用于拿取实验药品	使用后的药匙或镊子应立即用干净的纸擦干净
三角锉刀 (圆锉刀)		三角锉用来锉内角、三角孔和平面;半圆锉用来锉凹弧面和平面;圆锉用来锉圆孔	(1)不准用新锉刀锉硬金属 (2)不准用锉刀锉淬火材料 (3)有硬皮或粘砂的锻件和铸件,须在砂轮机上将其磨掉后,才可用半锋利的锉刀锉削 (4)锉削时,要经常用钢丝刷清除锉齿上的切屑 (5)锉刀不可重叠或者和其他工具堆放在一起

(三)有机化学实验其他常用仪器设备

1. 电子天平

图 1.1　电子天平

电子天平(图 1.1)是指利用电磁力平衡被称物体重力的天平,其特点是称量准确可靠、显示快速清晰,并且具有自动检测系统、简便的自动校准装置以及超载保护等装置。电子天平是有机化学实验中称量试剂常用的一种工具,尤其在微量、半微量实验中经常使用。电子天平是一种比较精密的仪器,使用时应将天平置于稳定的工作台上,避免振动、气流及阳光照射,并保持机壳和称量台的清洁,以确保称量的准确性。称量易挥发和具有腐蚀性的物品时,要盛放在密闭的容器中,以免洒落在天平上,腐蚀和损坏电子天平。利用电子天平称量时,先要观察天平自带的水平仪,确保水平仪的水泡处于中心位置,同时应确保所称物质不要超过天平的量程。使用完毕,应及时关闭电源,并拔下插头。

2. 电动搅拌器

电动搅拌器(图 1.2)是有机实验过程中用于液体混合搅拌或含有固体的反应体系进行混合的一种实验设备。它在电机的驱动下,带动搅拌棒转动,从而使液体均匀混合或反应在均匀状态下进行。其电机的运行状态控制一般采用数控触摸式无级调速器,调速方便。在开动搅拌器之前,应先手工转动搅拌棒,观察搅拌棒转动是否灵活,若不灵活,应分析原因并排除后方可使用。搅拌过程中,观察搅拌棒是否有摆动现象,如果存在摆动或不稳定转动,应及时将转速调至0,然后调整搅拌棒和反应容器的相对位置,使搅拌棒垂直,直至搅拌棒在转动时能够稳定均匀转动为止。当搅拌黏稠液体时,应注意电机的功率,以免超负荷运转而烧坏电机。

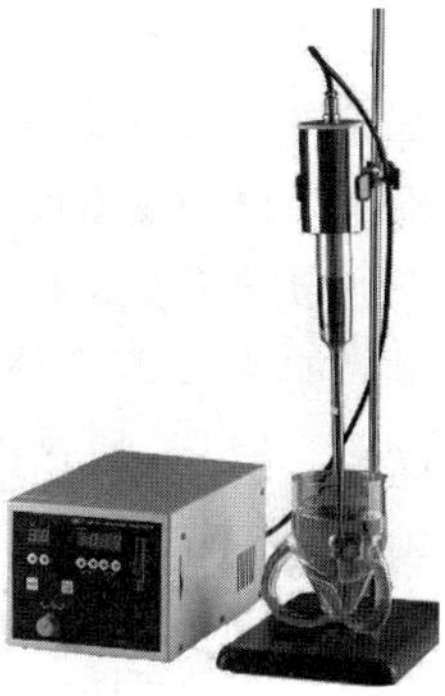

图 1.2 电动搅拌器

3. 磁力搅拌器

磁力搅拌器(图 1.3、图 1.4)利用了磁场和漩涡的原理,将液体放入容器中后,将搅拌子同时放入液体,当底座产生磁场后,带动搅拌子呈圆周循环运动从而达到搅拌液体的目的,适用于搅拌或加热搅拌同时进行,适用于体积小、黏稠度不是很大的液体或者固液混合物。使用时,将装有待混合物质的反应装置固定在磁力搅拌器托盘的中央,然后将用聚四氟乙烯包覆的转子放到反应器中,接通电源,慢慢调节调速旋钮,控制转子以适当的速度转动即可。使用过程中,应避免转子发生跳动。加热时间一般不宜过长,间歇使用可延长寿命,不搅拌时不加热。使用完毕应切断电源,所有旋钮应恢复到零位。

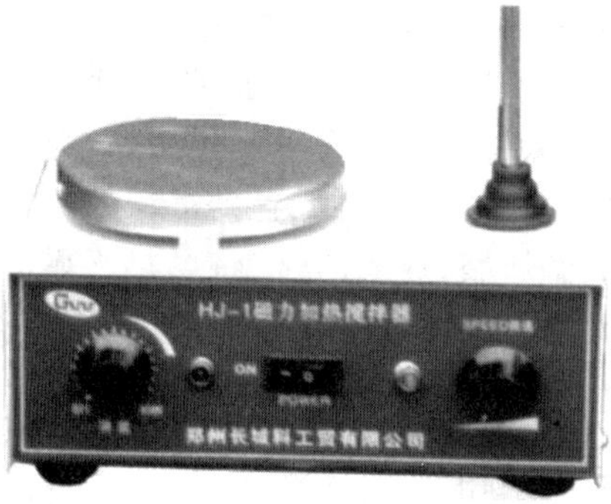

图 1.3 磁力搅拌器

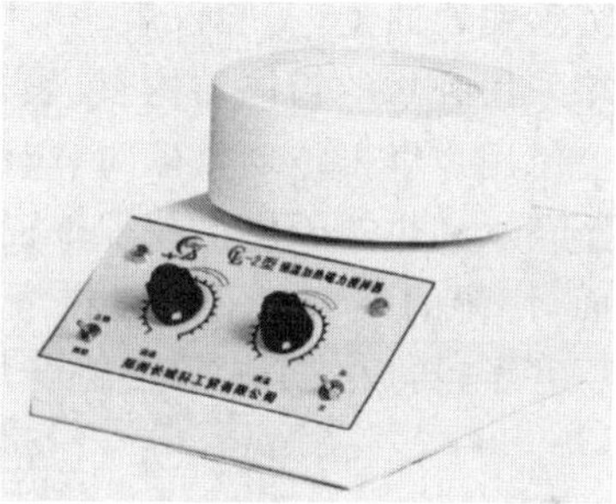

图 1.4 带电热套的磁力搅拌器

4. 电炉

电炉是有机化学实验室常用的加热设备,是利用电热丝将电能转化成热能的装置,通过调节其中的电阻可以有效控制电炉的加热温度。在使用电炉过程中应注意以下事项:

(1)电源电压应与电炉本身规定的电压相符;

(2)连接电炉的电源线应满足电炉最大电流的要求,使用电炉加热时,应将电源线展开,不能缠绕在电炉上;

(3)采用电炉加热时,应在电炉和烧瓶等玻璃容器之间垫上一层石棉网,不要使用电炉直接加热玻璃仪器;

(4)耐火泥炉盘的凹槽要保持清洁,如果发现其中存在烧灼残留的焦煳物,在使用前应及时清除,以保持电热丝导电良好;

(5)电热丝应保持间距均匀,平整地放在炉盘的凹槽中,电热丝的上缘应不超过凹槽上部的水平面,以防局部接触被加热容器或物体,造成局部过热;

(6)电炉连续使用时间不宜过长,时间过长会缩短电热丝的使用寿命;

(7)电炉使用时，不能放在抗热能力差的桌面上，应和试剂架及装有试剂的容器或其他易燃物之间保持一定的安全距离。

5. 电热套(电热帽)

电热套(图 1.5)是用玻璃纤维包裹电热丝编织成套状的一种加热器。加热或蒸馏易燃有机物时，由于它不是明火，所以不易引起火灾，热效率也较高，加热温度可用与之相连的调压变压器控制，最高温度可达400 ℃左右。由于其可以密切地贴合在烧瓶周围，因而加热较为均匀，是有机实验中常用的一种简便、安全的加热装置。电热套的大小为 50～3 000 mL，其体积一般与所用的烧瓶体积相一致，主要用作回流加热的热源。使用过程中，不可用来加热空烧瓶，否则会烧坏电热套；不要将药品等洒落在电热套中，以免加热时药品挥发对环境产生污染，同时可避免电热丝被腐蚀而断开；用完后，应放在干燥的地方，以免吸湿降低其绝缘性能。

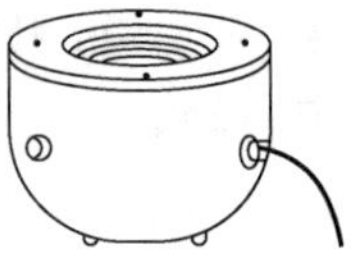

图 1.5 电热套

6. 电热恒温鼓风干燥箱

电热恒温鼓风干燥箱(图 1.6)是用来干燥玻璃仪器和无腐蚀性、热稳定性好的药品的常用设备。它具有控温保护、数字显示的微电脑温度控制器，带有定时功能，同时，具有能在高温下连续运转的风机和合适风道，工作室内温度均匀，控温精确可靠。电热恒温鼓风干燥箱分立式和卧式两种，其中，立式鼓风干燥箱采用长方体落地式结构，一般是直接放置在实验室地面上，实验仪表一般统一安装在干燥箱的上边或下边，便于操作。台式鼓风干燥箱采用卧式的箱体结构，仪表位于箱体的一侧，箱体小巧便于移动，一般是放置在实验台上使用。烘干玻璃仪器时，应沥干玻璃仪器的水分后，再放置到干燥箱中。为防止潮湿仪器滴水到烘热干燥的仪器上而引起玻璃仪器炸裂，放置时，应将烘热干燥的仪器放置在上面，潮湿的玻璃仪器放置在下面。带旋塞或具塞的玻璃仪器，在放入干燥箱之前，应先取下塞子，再放入干燥箱中进行烘干。

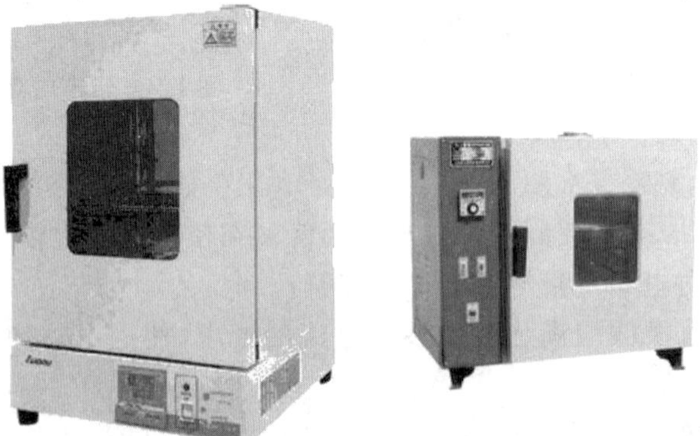

图 1.6 电热鼓风干燥箱

7. 真空干燥箱

真空干燥箱(图 1.7)主要用来干燥热敏性、易分解和易氧化的实验药品，是一种将干燥物料处于负压条件下进行干燥的箱体式干燥设备。它利用真空泵进行抽气抽湿，使工作室内形成真空状态，降低水的沸点，加快干燥的速度，因而特别适合干燥熔点较低或在高温下容易分解的化学药品。

8. 数显恒温水浴锅

数显恒温水浴锅(图 1.8)内部水平放置有管状不锈钢加热器,水槽的内部放有带孔的铝质搁板,上盖配有不同口径的组合套圈,可适应不同口径的烧瓶。水浴锅一侧有放水管,另一侧是电气箱,电气箱前面板上装有温度控制仪表、电源开关等。电气箱内有电热管和传感器。其工作原理是利用传感器将水槽内水的温度转换为电阻值,经过集成放大器的放大、比较后,输出控制信号,有效地控制电加热管的平均加热功率,使水槽内的水保持恒温。广泛用于干燥、浓缩、蒸馏、浸渍化学试剂、浸渍药品和生物制品等。使用过程中,应注意观察水浴锅中的水量,严禁干烧。使用完毕,应将温控旋钮调至零位,再切断电源。若长期不使用恒温水浴锅,应排尽水浴锅中的自来水,并用软布将水浴锅箱体内外擦拭干净。

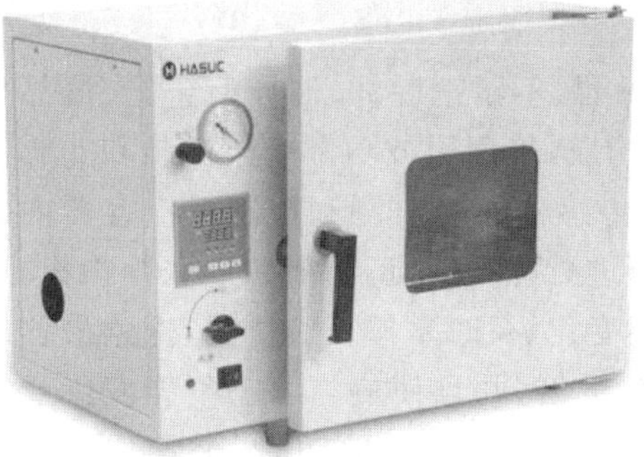

图 1.7 真空干燥箱

图 1.8 数显恒温水浴锅

9. 气流烘干器

气流烘干器(图 1.9)是一种快速烘干玻璃仪器的设备,是连续式常压干燥器的一种。它利用高速气流对玻璃仪器进行干燥,一般分为冷风挡和热风挡两种挡位。使用时,将待干燥玻璃仪器套在气流烘干器的多孔金属棒上,开启热风挡,在数分钟内烘干玻璃仪器,然后调至冷风挡,利用冷风吹冷已干燥的玻璃仪器,具有快速、节能、无水渍、使用方便、维修简单等优点。烘干时,玻璃仪器上不能带有较多的水,否则会使烘干器短路。另外,气流烘干器的电热丝较细,因而不适于长时间使用,当玻璃仪器被烘干后,应及时关掉气流烘干器的电源开关。

10. 旋转蒸发仪

旋转蒸发仪(图 1.10)是现代有机化学实验常用的仪器之一,主要用于浓缩蒸发溶剂等液体。它由蒸馏烧瓶、蛇形冷凝管、接液烧瓶及电机构成。其中,蒸馏烧瓶是一个带有标准磨口接口的茄形或圆底烧瓶,通过一回流蛇形冷凝管与电机相连,回流冷凝管另一开口与带有磨口的接收烧瓶相连,用于接收被蒸发的有机溶剂。利用电机带动可旋转的蒸馏烧瓶、冷凝管和接液烧瓶。旋转蒸发器可在常压或减压下使用,可分批进料。减压使用时,应先减压,再开动电机转动蒸馏烧瓶。结束时,应先停机,再通大气,以防蒸馏烧瓶在转动中脱落。作为蒸馏的热源,其常配有相应的加热水槽。旋转蒸发仪中液体样品和蒸发瓶间存在向心力和摩擦力的作用,从而使液体样品在蒸发瓶内表面形成一层液体薄膜,受热面积大,蒸发效率高,同时,样品的旋转所产生的作用力能有效抑制样品的沸腾,无须添加沸石。使用旋转蒸发仪时,各个玻璃零件接装应轻拿轻放,装前应洗干净，擦干或烘干，加热水槽通电前必须加水，不允许无水干烧。停止蒸发时，应先停止加热，再切断电源。

图 1.9　气流烘干器

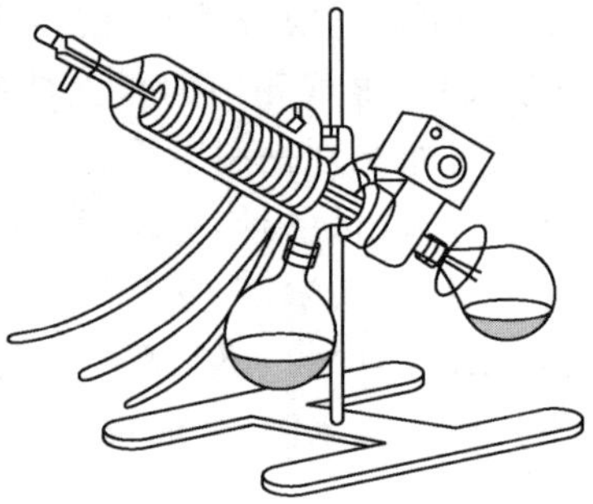
图 1.10　旋转蒸发仪

11. 微波反应器

微波反应器(图 1.11)主要由高精度温度传感器、不锈钢腔体、波导截止管、液晶显示屏、玻璃仪器、主面板键盘、微型打印机及搅拌器构成，采用微波功率变频控制和非脉冲连续微波加热技术，通过高精度的非接触红外温度传感器实时监测和控制反应容器内的温度，并配备电磁或机械搅拌。在反应过程中，其可进行冷凝回流、滴液和分水等操作，还可通过彩色液晶显示器实时观察反应容器内的反应变化，及时掌握反应情况，探索最佳反应条件，反应速度比常规方法能提高几十倍，甚至数千倍，并且使热力学上不能发生或很难发生的反应得以顺利进行。微波技术主要用于有机合成反应和常压微波萃取反应。有时，微波反应器也可以用家用微波炉代替。

12. 旋光仪

旋光仪(图 1.12)是测定物质旋光度的仪器。通过对样品旋光度的测量，可以分析确定物质的浓度、含量及纯度等。它由光源、聚光镜、滤色镜、起偏镜、样品管、检偏镜、物镜和目镜组、调焦手轮、读数度盘及游标、度盘转动手轮等构成。当具有旋光性的被测溶液放入样品管后，平面偏振光通过该样品管时会旋转一定的角度，零度视场便发生了变化，转动检偏镜一定角度，能再次出现亮度一致的视场，这个转角就是溶液的旋光度，它的数值可从度盘上读出。测得溶液的旋光度后，就可以求出物质的比旋度。根据比旋度的大小，便可确定该物质的纯度和含量。使用旋光仪前，将光源(一般是钠光灯)预热 10 min 后方可使用，旋光仪连续使用时间不宜过长，每次应控制在 4 h 以内。

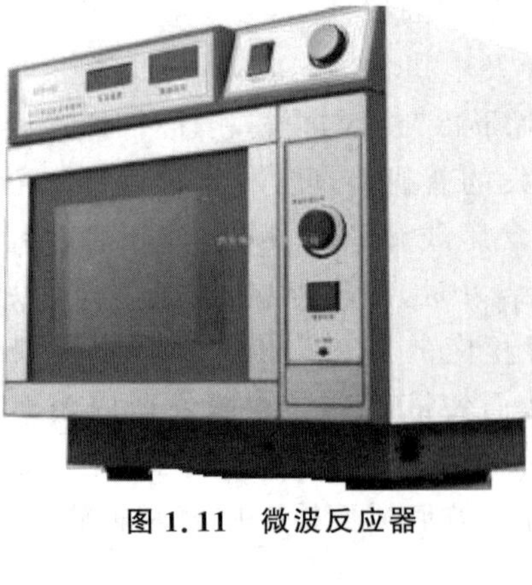
图 1.11　微波反应器

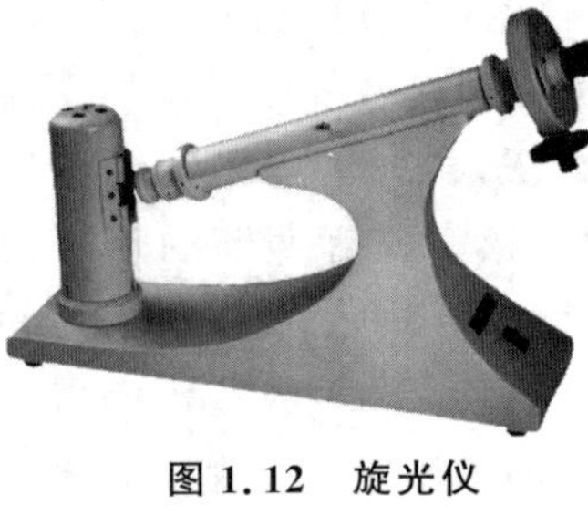
图 1.12　旋光仪

13. 折射仪

折射仪又称折光仪(图 1.13),是利用光线测试液体或固体折射率、双折率等特性的一种仪器。对于液体样品而言,许多纯物质都具有一定的折射率,物质中如果含有杂质则其折射率将发生变化,根据折射率的变化可以判断液体的浓度或纯度。折射仪中较常用的是阿贝折射仪,测量时,先用无水酒精与乙醚(1∶1)的混合液和脱脂棉花轻轻擦干净进光棱镜的毛面、折射棱镜的抛光面及标准试样的抛光面,然后将待测液体滴加在进光棱镜的毛面上,通过目镜测试待测液体的折射率。折射仪平时应置于干燥、空气流通的地方,被测试样中不应有硬性杂质,如果测试的液体具有腐蚀性,则应及时清洗光学零件、金属件以及油漆表面,防止仪器被腐蚀损坏。

14. 显微熔点测定仪

显微熔点测定是借助显微镜观察样品熔化过程的一种方法。显微熔点测定仪(图 1.14)在结构上与一般显微镜最大的不同在于其载物台带有加热装置,其实质是在显微镜下观察样品的熔化过程。目前市面上有多种规格型号的显微熔点测定仪,其装置也不尽相同。

利用显微熔点测定仪测定有机物熔点的具体步骤是:首先将样品研细,然后放在载玻片上,注意不要堆积。开启加热器,用调压变压器控制加热速度,通过显微镜的目镜观察到样品外形的变化。当温度接近样品熔点时,加热速度控制在 1.0 ~1.5 ℃/min。当样品的结晶棱角变圆时,熔化开始,记录为初熔温度;结晶刚刚完全消失,样品全部熔化,记录为全熔温度。初熔温度至全熔温度即熔点范围。

使用显微熔点测定仪的优点是可以仔细观测有机化合物的熔融过程,并可以测定高熔点化合物。应该注意的是,必须等待温度下降到一定程度时方可进行下一个样品的测量。

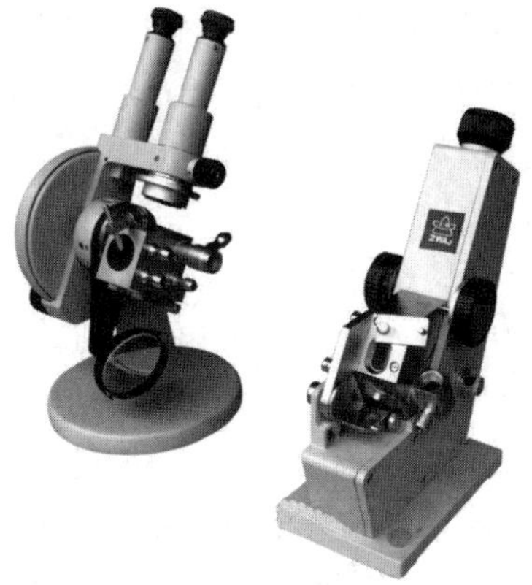

图 1.13 折射仪

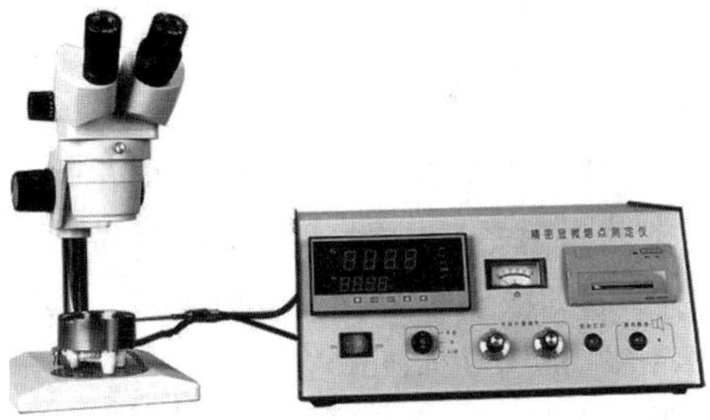

图 1.14 显微熔点测定仪

15. 生物显微镜

生物显微镜(图 1.15)一般由光源、物镜、聚光镜、目镜、载物台、手轮等几部分构成。使用时,先将低倍物镜的位置固定好,然后放置标本片,转动反光镜,调好光线,将物镜提高,向下调至看到标本,再用细调对准焦距进行观察。在有机化学实验中,其可以用来观察透明或者半透明物体以及粉末、细小颗粒等物体。生物显微镜的安放应选择干燥清洁的房间,不可与腐蚀性酸类、碱类或挥发性强的化学药品放在一起,以免被腐蚀,缩短使用年限。当观察含液体的标本时,一般都要盖上盖玻片;若液体中含有酸、碱等腐蚀性化学物质时,应把盖玻片的四周用石蜡或凡士林封住,然后观察。

16. 制冰机

在某些有机化学实验过程中，需要使用冰水浴。例如，要收集的物质沸点较低，可以把它加热后，用导管引入烧瓶中，而烧瓶可以放入冰水浴中，这样有利于此类物质的收集。所谓冰水浴，实际上是一种冰水混合物，此时冰与水共存于同一个容器中，可使体系温度恒定为冰点温度(0 ℃)。制冰机(图 1.16)是一种将水通过蒸发器由制冷系统制冷剂冷却后生成冰的制冷机械设备。

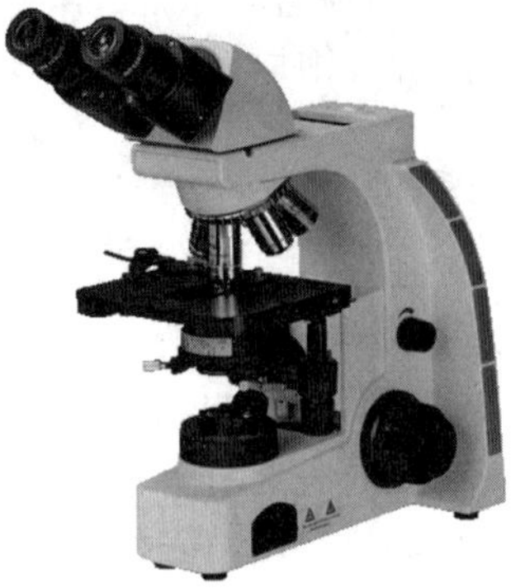

图 1.15　生物显微镜

图 1.16　制冰机

17. 蒸馏水机

在一些合成、提取等有机实验以及清洗玻璃仪器过程中，往往需要使用蒸馏水。蒸馏水是通过蒸馏水机(图 1.17)来制备的。蒸馏水机一般由台塔、换热器、冷凝器、进水泵、冷却水泵、水箱、控制柜等组成。原料水被加热至沸腾状态，水蒸气随着热空气上升，进入蒸馏水机内部的蒸发室，在蒸发室内部，水蒸气被分离出来，将其中的杂质和有害物质排除，纯净的水蒸气通过传热作用，在蒸馏水机内部的冷凝器中被冷凝成液体状态，液化后的蒸馏水进入蒸馏水收集罩，由收集罩出口流出蒸馏水。

18. 循环水真空泵

循环水真空泵(图 1.18)的工作介质为水。循环水真空泵圆筒形泵壳内偏心装置着叶轮转子，其叶片为前弯式。当叶轮旋转时，工作水在离心力作用下形成沿泵壳旋流的水环。由于叶轮偏心安装，水环相对叶片做相对运行，因此相邻两叶片之间的空间容积呈周期性变化，有如液体“活塞”在叶栅中做径向往复运行，每两叶片间的空间容积反复变化，从而产生吸、排气过程。循环水真空泵设备结构简单，广泛用于减压、蒸馏、结晶、干燥、升华等过程，但真空度受水蒸气压力限制，无法形成高真空状态，所能获得的极限真空为 2 000～4 000 Pa。使用循环水真空泵时，应注意以下几点：

(1)真空泵抽气口处最好接上一个缓冲瓶，避免停泵时，水被倒吸进反应瓶中，导致反应失败。

(2)开泵前，先检查体系是否连接好，然后打开缓冲瓶上的活塞。启动真空泵，通过调节活塞旋钮，控制真空度。实验结束后，先打开缓冲瓶上活塞，拆除其与体系的连接后，再关闭真空泵；若没有安装缓冲瓶，在抽滤实验结束后，应将橡胶管从抽滤瓶或真空泵接口上拔下，方可停止真空泵。

(3)为了确保泵中水的清洁和真空度，应经常补充和更换泵中的水。

图 1.17 蒸馏水机

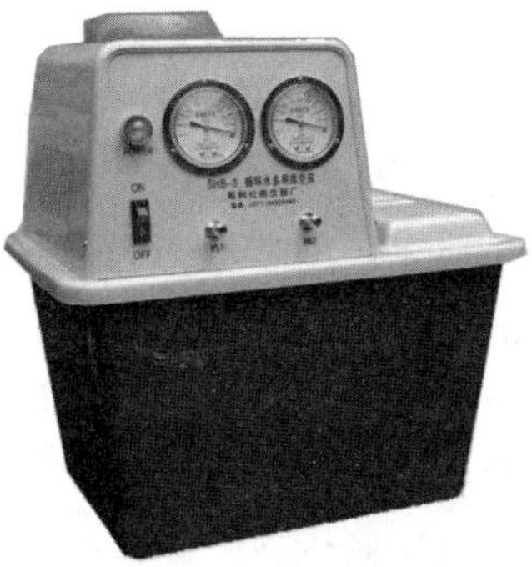

图 1.18 循环水真空泵

19. 旋片式真空油泵

旋片式真空油泵(图 1.19)主要由泵体、转子、旋片、端盖、弹簧等组成。旋片把转子、泵腔和两个端盖所围成的月牙形空间分隔成 A、B、C 三部分,当转子按指定方向旋转时,与吸气口相通的空间 A 的容积逐渐增大,处于吸气过程。而与排气口相通的空间 C 的容积逐渐缩小,处于排气过程。居中的空间 B 的容积也是逐渐减小的,处于压缩过程。由于空间 A 的容积逐渐增大(即膨胀),气体压强降低,泵的入口处外部气体压强大于空间 A 内的压强,因此将气体吸入。当空间 A 与吸气口隔绝时,即转至空间 B 的位置,气体开始被压缩,容积逐渐缩小,最后与排气口相通。当被压缩气体超过排气压强时,排气阀被压缩气体推开,气体穿过油箱内的油层排至大气中。由泵的连续运转,达到连续抽气的目的。其工作压强范围为 101 325～1.33×10^{-2} Pa,抽真空能力优于循环水式真空泵,主要用于减压蒸馏中。使用真空油泵时,应防止有机溶剂、水或酸气被抽进泵体,以免腐蚀油泵、破坏油泵工作、影响真空效能等,平时应定期更换真空油泵。

20. 超声波清洗机

超声波清洗机(图 1.20)的工作原理是由超声波发生器发出高于 20 kHz 的高频振荡信号,通过换能器转换成高频机械振荡而传播到清洗介质中,超声波在清洗液中疏密相间地向前辐射,使液体流动而产生数以万计的直径为 50～500 μm 的微小气泡,这些微小气泡在声场的作用下振动,在超声波纵向传播的负压区形成、生长,而在正压区气泡迅速增大,然后突然闭合,并在气泡闭合时产生超过 100 atm(1 atm=101.325 kPa)的瞬时高压,连续不断的瞬时高压就像是一连串的小爆炸不断地撞击物体的表面,使物体表面及缝隙中的污垢迅速剥落。有机化学实验中,除了可使用超声波清洗机进行小批量的清洗外,还可进行脱气、混合、提取、合成等操作。

图 1.19 旋片式真空油泵

图 1.20 超声波清洗机

21. 钢瓶和减压阀

在有机化学实验过程中，有时需要使用气体来排除反应器中的空气、参与反应或燃烧加热等。常用的气体包括氮气、氧气、氢气、氨气等，这些气体一般经加压液化后储存在钢瓶中，气体钢瓶属于高压容器，具有较高的危险性，为了区分钢瓶中所储存的气体种类，通常会将钢瓶外表面涂成不同的颜色。表 1.9 为我国气体钢瓶的常用标记。钢瓶在使用及储存过程中，应放在阴凉、干燥、远离热源的地方，并用固定装置加以固定。由于钢瓶中介质的压力大，使用这些气体时，需要用减压阀，减压阀一般由三部分组成，即显示钢瓶内部压力的总压力表、控制压力的减压阀和减压后的分压力表。不同的气体钢瓶，与其配套使用的减压阀、压力表一般也不一样，各种压力表一般不可混用。使用钢瓶前应先征求任课老师的同意，不得擅自操作。

使用时，在钢瓶上装上配套的减压阀，检查减压阀是否关紧，方法是逆时针旋转调压手柄至螺杆松动为止；然后打开钢瓶总阀门，此时高压表显示出瓶内储气总压力；慢慢地顺时针转动调压手柄，至低压表显示出实验所需压力为止；停止使用时，先关闭总阀门，待减压阀中余气逸尽后，再关闭减压阀。

表 1.9　气体钢瓶的常用标记

气体类别	瓶身颜色	标字颜色	字样
氮气	黑	黄	氮
氧气	天蓝	黑	氧
氢气	深蓝	红	氢
压缩空气	黑	白	压缩空气
二氧化碳	黑	黄	二氧化碳
氦	棕	白	氦
液氨	黄	黑	氨
氯	草绿	白	氯
乙炔	白	红	乙炔
氟氯烷	铝白	黑	氟氯烷
石油气体	灰	红	石油气
粗氩气体	黑	白	粗氩
纯氩气体	灰	绿	纯氩

1.4　常用仪器的清洗、干燥和保养

(一)常用仪器的清洗

进行有机反应时，为避免杂质混入反应物中，必须使用清洁干燥的实验仪器。有机化学实验中，清洗玻璃仪器最常用且简单的方法是先润湿容器，然后用长柄毛刷(试管刷)蘸上洗衣粉或去污粉刷洗器壁，直至玻璃表面的污物除去为止，最后再用自来水清洗干净。

但用腐蚀性洗液洗涤时则不用毛刷。洗涤玻璃器皿时不应该有砂子等硬物，它们会擦伤玻璃甚至造成玻璃仪器破裂。对于有些玻璃仪器，当一般方法难以洗净时，要根据污垢的性质选用适当的洗液进行洗涤。如果是酸性污垢，可用碱性洗液洗涤；如果是碱性污垢，可用酸性洗液洗涤；有机污垢则用碱液或有机溶剂洗涤。洗涤后的玻璃仪器可供一般实验使用。若某些实验需要使用更加洁净的玻璃仪器，则可用洗涤剂进行洗涤。若用于精制产品或供有机分析用的仪器，则自来水冲洗后尚需用蒸馏水进行清洗，以除去自来水冲洗时可能带来的杂质。判断仪器是否已经清洗干净，采用的方式是：将玻璃仪器倒置，使其中的自来水顺着器壁流下，内壁被水均匀润湿后留一层薄而均匀的水膜，且不挂水珠，则表示该玻璃仪器已被清洗干净，否则，应重新进行清洗。为了使清洗工作简便有效，最好在每次实验结束以后，立即清洗使用过的仪器，因为污物的性质在当时是清楚的，且尚未发生变化，可更容易地进行针对性的清洗。如果久置后清洗，一方面有些杂质可能更加牢固地附着在容器内壁上，造成清洗困难；另一方面，污物的性质可能已经发生了改变，清洗剂的选择盲目性加大。清洗玻璃仪器时，必须明确反对盲目使用各种化学试剂和有机溶剂清洗仪器，因为盲目使用各种化学试剂和有机溶剂既造成浪费，又可能有潜在危险。

实验室较常用的几种洗液有强酸氧化剂洗液、酸、碱及溶剂洗液等。

1. 强酸氧化剂洗液

强酸氧化剂洗液是用重铬酸钾（$K_2Cr_2O_7$）和浓硫酸（H_2SO_4）配成。$K_2Cr_2O_7$ 在酸性溶液中，有很强的氧化能力，对玻璃仪器又极少有侵蚀作用，所以这种洗液在实验室内使用最为广泛。清洗方法是：倾去器皿内的水，慢慢倒入洗液，转动器皿，让洗液充分浸润不干净的器壁，数分钟后把洗液倒回洗液瓶中，再用自来水冲洗器皿。如果器壁上沾有少量碳化残渣，可加入少量洗液，浸泡一段时间后再在小火上加热，直至冒出气泡，碳化残渣可被除去。注意，当洗液颜色变绿时，表示洗液已经失效，不能倒回洗液瓶中。

2. 碱性洗液

碱性洗液用于洗涤有油脂和一些有机物（如有机酸）的仪器。用此洗液可采用长时间（24 h 以上）浸泡法，或者浸煮法。从碱洗液中捞取仪器时，要戴乳胶手套，以免烧伤皮肤。常用的碱洗液有：碳酸钠液（Na_2CO_3，即纯碱）、碳酸氢钠（$NaHCO_3$，小苏打）、磷酸钠（Na_3PO_4，磷酸三钠）液、磷酸氢二钠（Na_2HPO_4）液等。

3. 碱性高锰酸钾洗液

用碱性高锰酸钾作洗液，作用缓慢，适合用于洗涤有油污的器皿。配制方法：取高锰酸钾（$KMnO_4$）4 g 加少量水溶解后，再加入 10%氢氧化钠（NaOH）100 mL。

4. 纯酸纯碱洗液

根据器皿污垢的性质，直接用浓盐酸（HCl）或浓硫酸（H_2SO_4）、浓硝酸（HNO_3）浸泡或浸煮器皿（温度不宜太高，否则浓酸挥发会刺激人体）。纯碱洗液多采用 10%以上的浓烧碱（NaOH）、氢氧化钾（KOH）或碳酸钠（Na_2CO_3）液浸泡或浸煮器皿（可以煮沸）。

5. 有机溶剂

带有脂肪性污物的器皿，可以用汽油、甲苯、二甲苯、丙酮、酒精、三氯甲烷、乙醚等有机溶剂擦洗或浸泡。但用有机溶剂作为洗液浪费较大，能用刷子洗刷的大件仪器尽量采用碱性洗液。只有无法使用刷子的小件或特殊形状的仪器才使用有机溶剂洗涤，如活塞内孔、移液管尖头、滴定管尖头、滴定管活塞孔、滴管、小瓶等，但要加盖以免溶剂挥发。用有机溶剂作为洗涤剂时，必须回收溶剂，重复使用。

6. 洗消液

检验致癌性化学物质的器皿，为了防止对人体的危害，在洗刷之前应使用对这些致癌性物质有破坏分解作用的洗消液进行浸泡，然后再进行洗涤。在食品检验中经常使用的洗消液有：1%或5%次氯酸钠（NaOCl）溶液、20% HNO_3 和 2% $KMnO_4$ 溶液。

有机化学实验中还常用超声波清洗器来洗涤玻璃仪器，既省时又方便。只要把用过的仪器放在配有洗涤剂的溶液中，接通电源，利用声波的振动和能量，即可达到清洗仪器的目的。清洗过的仪器，再用水漂洗干净即可。

（二）常用仪器的干燥

用于有机化学实验的玻璃仪器，除需要洗净外，还常常需要干燥。仪器的干燥与否，有时甚至是严格要求无水的实验成败的关键。一般将洗净的仪器倒置一段时间后，若没有水迹，即可使用。玻璃仪器的干燥方法有下列几种：

1. 自然风干

自然风干是指把已洗净的仪器放在干燥架上自然风干，这是常用且简单的方法。但必须注意：如玻璃仪器洗得不够干净，水珠不易流下，干燥较为缓慢，风干后会留有污迹。

2. 烘干或吹干

把玻璃仪器放入烘箱内烘干，仪器口朝上。带有磨口玻璃塞的仪器，必须取出活塞再烘干。烘箱内的温度保持在 100～155 ℃。已烘干的玻璃仪器最好先在烘箱内降至室温后再取出。切不可让很热的玻璃仪器沾上冷水，以免破裂。吹干是指用气流烘干器或吹风机把仪器吹干。

3. 有机溶剂干燥

较大的仪器或者在洗涤后需要急用的仪器，为了节省时间，可将水尽量沥干后再用有机溶剂协助干燥，即往仪器内注入少量丙酮、乙醇或乙醚，然后进行摇洗，或转动仪器让溶剂在内壁流动，全部润湿后倒出，再用电吹风吹入冷风 1～2 min，使其中大部分溶剂挥发，然后再吹入热风，吹干后，再次吹入冷风使仪器冷却，从而实现快速干燥。

（三）常用仪器的保养及使用注意事项

有机化学实验中使用的玻璃仪器种类众多，其中，最常见的有温度计、冷凝管、烧瓶、分液漏斗等，使用保养不当，极易损坏这些玻璃仪器。下面介绍这几种常用玻璃仪器的保养方法或使用注意事项。

1. 温度计

温度计汞球或酒精球部位的玻璃很薄，容易破损，使用时要特别小心；不能把温度计当搅拌棒使用，测量温度时应注意选择温度计的种类和量程，不能测定超过温度计的最高刻度的温度，避免爆裂；不能把温度计长时间放在高温的溶剂中，否则容易引起汞球或酒精球部位变形，读数不准；温度计使用后要慢慢冷却，特别在测量高温之后，切不可立即用水冲洗，否则会破裂或汞柱断裂。使用后应悬挂在铁架上，切勿倒放，以防水银或酒精断液失灵，待冷却后再洗净晾干、放回温度计盒内，盒底铺放一层棉花，如果是纸盒，放回温度计之前应检查盒底是否完好。

2. 冷凝管

有机化学实验过程中常用到冷凝管，冷凝管可分为球形冷凝管、直形冷凝管和空气冷凝管等，其中，球形冷凝管一般用于反应回流，直形冷凝管和空气冷凝管一般用于蒸馏冷凝，当温度超过 140 ℃时使用空气冷凝管。冷凝管在使用过程中，由于其夹套内充满冷凝水，较重，因而在搭建实验装置时，应采用夹子在冷凝管的重心位置处夹紧固定，以免折倒；如内外管都是玻璃材质的，则不适用于高温条件下使用；实验完毕后，冷凝管一般无须清洗，如果需要清洗，应使用长毛刷，洗涤完毕的冷凝管应放在干燥架上晾干备用；当长期不用冷凝管时，应将其进出水管处连接的乳胶管拔下。

3. 烧瓶

蒸馏、合成等众多有机化学实验中常使用烧瓶，实验过程中，应采用烧瓶夹将其固定好，以防倾斜、折倒，影响实验的进行；实验过程中，严禁干烧；实验结束后，烧瓶壁的温度一般都较高，此时，如果遇到冷水骤冷，极有可能导致其炸裂。所以，每次实验结束清洗烧瓶时，必须等其温度降至接近室温方可进行；清洗后的烧瓶应放在气流烘干器或烘箱中进行干燥备用；若长期不使用，则应清洗干净并干燥后及时放到指定的存放位置。

4. 分液漏斗

分液漏斗的活塞和顶塞都是磨口的，若非原配，则可能不严密。所以，使用前应检漏，可适当涂抹油脂润滑和密封；使用时要注意保护，不同的分液漏斗之间不要互相调换塞子。使用后一定要在活塞和顶塞的磨口间垫上纸片，以免长时间放置后粘连，难以打开。

（四）实验仪器的装配

有机化学实验的成败及实验过程中的安全性在很大程度上取决于实验装置的装配。

在装配实验装置时，应选用洁净、干燥的玻璃仪器和配件，以免影响产物的产量和质量。其次，所选用的器材要恰当，比如要区分使用球形冷凝管和直形冷凝管，要根据反应的特点及反应液的多少选择合适的烧瓶（口数、大小、形状）等。装配时，应首先根据热源选准反应器的位置，并用铁夹固定反应器，然后按照先下后上、从左至右或从右至左的顺序逐个地装配起来，在拆卸时，按相反的顺序逐个地拆卸。

仪器装配要求做到严密、正确、整齐和稳妥。玻璃易碎，必要的地方应使用铁夹固定，铁夹的双钳内侧应贴有橡皮或绒布等，否则容易损坏仪器；安装玻璃仪器时，切忌对玻璃仪器的任何部分施加过度的压力或扭歪；用于固定铁夹的夹口应向上，以避免夹有玻璃仪器的铁夹滑脱；安装温度计时应确保刻度朝向实验者以便读数；使用电热套或电炉时，必须将电源线解开，特别是不能缠绕在电热套或电炉外壳上；安装常压下进行反应的装置时，应与大气相通，不能密闭。正确的实验装置既要合理实用，又要注意整齐美观。

1.5　实验预习、实验记录和实验报告

有机化学是一门以实验为基础的学科，有机化学实验课是锻炼学生动手能力和启发

大脑思维的一种手段。学生在首次进行有机化学实验前，必须认真阅读本书第 1 章的内容，掌握相应的基本知识和安全常识。学生必须以科学的态度认真对待每一次实验，做到实验前预习、实验中记录、实验后总结，并认真做好预习报告、过程数据记录及实验报告，只有这样才能达到实验预期的目的。

（一）实验预习

在每次实验之前，学生必须对即将进行的实验进行充分的预习，并写好预习报告，做到心中有数。实验课前重视预习是实验成功的保障，充分的实验准备和自信的心态是实验成功的一半。

实验前的预习，归纳起来就是预习实验原理、明确实验目的、熟悉实验步骤、了解实验过程中的注意事项等；并动手撰写实验预习报告，预习报告应详略得当、重点突出，在实验过程中，借助预习报告可以方便快捷地搭建装置、进行实验等。撰写预习报告，必须是学生本人在对即将开展的实验内容做到心中有数的基础上，参考实验教材，以学生自己的语言来完成，而不是不假思索、简单地复制教材内容。

预习报告一般包括以下内容：

(1)实验目的。

(2)实验原理，包括主反应及可能的主要副反应的反应式。

(3)实验所需的主要原料(试剂)和产物的理化特性，如分子量、折光率、密度、熔点、沸点、溶解度、腐蚀性、毒性等，主要试剂的规格及用量等。

(4)本次实验所用的仪器、设备及要搭建的实验装置，画出主要的反应装置图。

(5)操作步骤：根据实验内容用自己的语言简明扼要、详略得当地写出实验步骤，每步操作的目的及注意事项，实验步骤可采用图表、流程图等方式完成，其中的文字可用符号简化。

(6)对于将要做的实验中可能会出现的问题(包括安全和实验结果)，要明确防范措施和解决办法。

（二）实验记录

实验记录是原始数据，必须重视，它是研究实验过程、书写实验报告和分析实验成败的依据。因此实验时应仔细观察反应的全过程，积极思考，一边进行实验，一边进行记录。记录内容主要包括：

(1)加入试剂的颜色和数量；

(2)每一步操作时间、内容及观察到的实验现象，如反应颜色的变化、有无沉淀或气体产生、固体的溶解情况、温度压力的变化等；

(3)产物的颜色、性状、数量等。

上述所有记录均应及时、如实地记录在固定的记录本上，不得事后补记或转抄。

（三）实验报告

实验完成后，应及时写出实验报告，总结已进行过的实验工作，分析实验中出现的问题，对实验结果进行整理归纳。通过书写实验报告，有助于将直接的感性认识提升为理性认识，巩固实验过程中取得的成果，培养学生分析问题、解决问题的能力，同时也是学生撰写科技论文的基本训练。实验报告书写的内容包括以下几个方面：

（1）实验编号及名称。

（2）实验目的和要求。

（3）反应原理，应写出主反应及可能的副反应的反应方程式。

（4）主要的仪器和试剂，包括主要仪器的名称和规格、主要试剂及产物的物化常数，主要试剂用量及规格。

（5）实验装置图。

（6）实验步骤或实验流程图。

（7）实验记录（时间、操作、现象及注释）。

（8）结果和讨论。结果部分应包括产物颜色、晶形等物理状态、产量、产率等。讨论部分主要是对实验结果进行有根据的、实事求是的、符合逻辑的科学分析，而不是用现成的理论对实验结果做一般性的解释。学生应在分析实验结果的基础上推导出带有共同规律的几点小结或结论。结论应言之有据，与本实验的目的相呼应，本实验未能验证的内容不要写到结论中。如结果未达预期目的，甚至出现反常现象，应分析考虑其可能原因。如需参考课外读物，应注明出处。书写讨论部分应严肃认真，不应盲目抄袭书本或别人的实验报告。

（9）思考题。根据教材或老师给出的问题，结合实验过程观察到的现象、结果及实验过程中的思考，做出书面解答，必要时，需查阅相关资料。

第 2 章　有机化学实验基本操作

有机化学实验大体上可分为三个阶段，即合成反应、产物分离提纯和产品检验。其中，合成反应是将指定的物料按照一定的配比和工艺条件进行混合、反应，反应过程中需要关注反应压力、温度、时间、加料方式及顺序等因素对反应的影响，同时需要注意观察有无气体、沉淀产生等实验现象；产物分离提纯则需要根据产物的物化性质把目标产物从反应混合物中分离出来；产品检验是采用滴定、光谱、核磁等技术手段确认得到的产物是不是目标产物，以及检测产物的纯度、结晶形态等。其中，产物分离提纯过程比合成反应过程更为复杂，需要熟悉有机化合物的常规分离提纯技术，这是有机化学实验技能训练的主要内容，包括蒸馏、分馏、水蒸气蒸馏、减压蒸馏、重结晶等基本操作和过滤、萃取、洗涤、干燥、薄层分离等基本实验技术。本章主要介绍这方面的基础知识。

实验 1　溶液中物质的萃取与洗涤

一、实验目的

1. 掌握分液漏斗的操作技术。
2. 学习萃取法分离、提取和纯化有机物的原理和方法。

二、实验原理

萃取是有机化学实验中用来分离和提纯有机化合物的常用操作之一。一般而言，应用萃取可以从固体或液体混合物中提取出所需要的物质，也可以用来除去混合物中少量的杂质。通常称前者为“萃取”，称后者为“分离”。萃取的基本原理就是利用物质在两种不互溶或微溶溶剂中溶解度或分配比的不同来达到分离、提取或纯化有机物的目的。萃取率为萃取出的物质的量与原溶液中该物质的总量之比。萃取率越高，表示萃取过程的分离效果越好。

假设某溶液由有机溶质 X 与溶剂 A 组成，要从中萃取出 X，可以选择一种对 X 溶解度极好，并且与溶剂 A 不起化学反应和不相混溶的溶剂 B，将溶液与溶剂 B 在分液漏斗中充分振荡混合，静置后，由于溶剂 A 与溶剂 B 不互溶，溶质 X 自动地在两种溶剂间分配，达到平衡。此时溶质 X 在两种溶剂中的浓度之比，在一定温度下为一常数，称为溶质 X 在两种溶剂间的分配系数 K，这种关系称为分配定律：

$$K=\frac{C_{\mathrm{A}}}{C_{\mathrm{B}}}$$

式中，C_A 和 C_B 分别是溶质 X 在溶剂 A 和溶剂 B 中的浓度。

只有当 X 在溶剂 B 中比在溶剂 A 中的溶解趋势大得多，即 K 值比 1 大得多时，溶剂 B 对于 X 的萃取才是有效的。

对于含有溶质 X、溶质 Y 和溶剂 A 的溶液，用溶剂 B 萃取。X 和 Y 在两种溶剂中各有分配系数 K_X 和 K_Y，二者的比称为溶质 X、Y 在一定萃取系统中的分离因数，用 β 表示（设 $K_X > K_Y$）：

$$\beta = \frac{K_X}{K_Y}$$

β 越大，对混合物一次萃取实现的 X 与 Y 的分离程度越高。

若 β 不够大，则 X、Y 二者在两种溶剂间的分配差异不够大，一次萃取的效果就不会很好，只有多次萃取才能实现 X 和 Y 的良好分离。

振荡数次后，将分液漏斗放在铁环上，静置，待混合液体分层。振荡有时会形成稳定的乳浊液，可加入食盐至溶液饱和，破坏乳浊液稳定性；也可轻轻地旋转漏斗，使其加速分层。长时间静置分液漏斗，也可达到使乳浊液分层的目的。

当液体分成清晰的两层后，旋转上口盖子，使盖子上的凹缝对准漏斗上口的小孔，与大气相通。旋开旋塞，让下层的液体缓慢流下，当液面分界接近旋塞时，关闭旋塞，静置片刻，待下层液体汇集不再增多时，小心地全部放出，然后把上层液体从上口倒入另一个容器里。在萃取过程中，将一定量的溶剂分多次萃取，其效果要比一次萃取好。可以利用下列推导来说明：

假设 V 为被萃取溶液的体积，W_0 为被萃取溶液中溶解的物质 X 的总量，S 为每次使用 B 溶剂的体积，W_1 为萃取一次后 X 在 A 溶剂中的剩余量，此时，X 在 A 中的浓度和在 B 中的浓度就分别为 $\frac{W_1}{V}$ 和 $\frac{W_0 - W_1}{S}$，则分配系数 K 为

$$K = \frac{\frac{W_1}{V}}{\frac{W_0 - W_1}{S}} \quad 或 \quad W_1 = W_0 \frac{KV}{KV+S}$$

令 W_2 为第二次萃取后 X 在 A 中的剩余量，则有

$$K = \frac{\frac{W_2}{V}}{\frac{W_1 - W_2}{S}} \quad 或 \quad W_2 = W_1 \frac{KV}{KV+S} = W_0 \left(\frac{KV}{KV+S}\right)^2$$

以此类推，萃取 n 次后，剩余量为

$$W_n = W_0 \left(\frac{KV}{KV+S}\right)^n$$

当用一定量的溶剂萃取时，总是希望在原溶剂中的剩余量越少越好，由于上式中 $\frac{KV}{KV+S} < 1$，所以 n 越大，W_n 就越小，也就是说把萃取剂分成几份作多次萃取比用全部量的溶剂作一次萃取效果好。但必须注意，上面的式子只适用于和原溶剂几乎不互溶的萃

取剂，对于与原溶剂有少量互溶的溶剂，上式只是给出了近似的结果，不过仍然可以定性地指出预期的结果。另外，萃取次数也不是无限度的，一般以3～5次萃取为宜。

例如：100 mL水中含有4 g正丁酸的溶液，在15 ℃时用100 mL苯进行萃取，已知正丁酸在水及苯中的分配系数为$K=\frac{1}{3}$。若采用一次萃取法，$n=1$，则萃取后正丁酸在水中的剩余量为

$$W_1=4\ \text{g}\times\frac{\frac{1}{3}\times 100\ \text{mL}}{\frac{1}{3}\times 100\ \text{mL}+100\ \text{mL}}=1.0\ \text{g}$$

萃取效率为75%。

若将100 mL苯分成3次萃取，每次用33.3 mL苯进行萃取，即$n=3$，则经过三次萃取后，正丁酸在水溶液中的剩余量为

$$W_3=4\ \text{g}\times\left(\frac{\frac{1}{3}\times 100\ \text{mL}}{\frac{1}{3}\times 100\ \text{mL}+33.3\ \text{mL}}\right)^3=0.5\ \text{g}$$

萃取效率为87.5%。

溶液中物质的萃取实验中应用最多的是水溶液中物质的萃取。实验室中常用分液漏斗来完成此操作。分液漏斗的大小应选比欲萃取液体体积大一倍以上。

固体物质的萃取通常借助于索氏提取器(Soxhlet extractor)等来实现。

三、实验装置

分液漏斗的操作如图2.1所示。

(a)振摇　　(b)放气

图2.1　分液漏斗的操作

四、主要仪器与试剂

仪器：分液漏斗；铁架台；量筒；移液管；碱式滴定管；250 mL锥形瓶

试剂：V(冰醋酸)∶V(乙酸乙酯)＝1∶9的混合液；1 mol/L NaOH；酚酞指示剂

五、实验步骤

本实验以水从冰醋酸与乙酸乙酯混合溶液中萃取冰醋酸为例来说明实验步骤。

1. 一次萃取法

(1)分液漏斗的准备

将分液漏斗洗净、活塞擦净,在离活塞孔稍远的地方均匀地涂一层润滑脂,注意不要堵住活塞孔。塞好之后旋转几圈,使润滑脂分布均匀。用前先加水进行检漏,确认不漏水后方可使用。将漏斗放在铁圈中,关好活塞。

(2)加样

用移液管准确量取 20 mL 冰醋酸与乙酸乙酯混合液,自上口置于分液漏斗中,再加入 60 mL 水,塞紧上口的塞子(不要涂润滑脂)。注意将塞子上的缝隙和漏斗颈上的孔错开。

(3)振荡萃取

先用右手食指的末节顶住漏斗塞子,再用大拇指、食指和中指握住漏斗,漏斗转动时,用左手的食指和中指卷握在活塞的柄上,使振摇过程中玻璃塞和活塞均夹紧,上下轻轻振摇分液漏斗,开始振摇时要慢,每振摇几次后,将漏斗的上口向下倾斜(活塞朝上),下部支管指向斜上方(朝无人处),用拇指和食指小心打开活塞,以平衡内外压力,重复操作 2～3 次,然后再剧烈振摇 2～3 min,使乙酸乙酯与醋酸水溶液互不相溶的液体充分接触,提高萃取的收率(振摇时间太短则影响萃取率)。

(4)分离

将分液漏斗放回铁圈中静置 20 min,将上口的孔与塞子的缝隙相对,使内外压力一致。当溶液完全分成两层后,将分液漏斗顶塞打开,把分液漏斗的下端靠在锥形瓶瓶口的内壁上,缓缓打开活塞,将下层水溶液导入锥形瓶中。当上下液体界面接近活塞时,关闭活塞,静置片刻,这时下层液体往往会增多一些,再把下层液体导入锥形瓶中,然后把剩下的上层液体从上口倒入另外一个容器中。

(5)滴定、计算

向锥形瓶中滴入 2 滴酚酞试剂,用 1 mol/L NaOH 溶液滴定(注意终点的确定)。记录所用 1 mol/L NaOH 溶液的体积 V_1。据此计算:

①留在水中的醋酸量及质量分数;

②留在酯中的醋酸量及质量分数。

2. 多次萃取法

(1)分液漏斗的准备

将分液漏斗洗净、活塞擦净,在离活塞孔稍远的地方均匀地涂一层润滑脂,注意不要堵住活塞孔。塞好之后旋转几圈,使润滑脂分布均匀。用前先加水进行检漏,确认不漏水后方可使用。将漏斗放在铁圈中,关好活塞。

(2)加样

取 20 mL 冰醋酸与乙酸乙酯混合液自上口置于分液漏斗中,再加入 20 mL 水,塞紧上口的塞子(不要涂润滑脂),注意将塞子上的缝隙和漏斗颈上的孔错开。

(3)振荡萃取

先用右手食指的末节顶住漏斗塞子,再用大拇指、食指和中指握住漏斗,漏斗转动时,用左手的食指和中指卷握在活塞的柄上,使振摇过程中玻璃塞和活塞均夹紧,上下轻轻振摇分液漏斗，每振摇几次后，将漏斗的上口向下倾斜（活塞朝上），下部支管指向斜上方（朝无人处），用拇指和食指小心打开活塞，以平衡内外压力，重复操作 2～3 次。

(4)分离

将分液漏斗放回铁圈中静置 20 min，将上口的孔与塞子的缝隙相对，使内外压力一致，当溶液完全分成两层后，将分液漏斗顶塞打开，把分液漏斗的下端靠在锥形瓶瓶口的内壁上，然后缓缓打开活塞，将下层水溶液导入锥形瓶中；关闭活塞，将分液漏斗上盖打开，于上层有机相中再加 20 mL 水，步骤同上。放出下层液体后，再于上层有机相中加 20 mL 水，步骤同上。

(5)滴定、计算

将三次所得液体放于锥形瓶中，滴入 2 滴酚酞试剂，用 1 mol/L NaOH 溶液滴定（注意终点的确定）。记录所用 1 mol/L NaOH 溶液的体积 V_2。并据此计算：

①留在水中的醋酸量及质量分数；

②留在酯中的醋酸量及质量分数。

列表比较上述两种不同的萃取法所耗用的氢氧化钠溶液的体积数，比较萃取醋酸的效率。

六、思考题

1. 乙醚也是一种常用的萃取剂，其优缺点是什么？使用注意事项有哪些？

2. 若用下列溶剂萃取水溶液，它们将在上层还是下层？

乙醚、氯仿、己烷、苯。

3. 影响萃取法萃取效率的因素有哪些？如何选择萃取溶剂？

4. 使用分液漏斗的目的何在？使用前及使用后分别应注意哪些事项？

5. 如何判断水层和油层的位置？

6. 萃取和洗涤在原理和操作上的异同点是什么？

七、注意事项

1. 萃取振荡过程中要及时排气，若不注意放气，塞子可能被顶出而出现漏液。

2. 使用分液漏斗前要检查顶塞和活塞是否紧密，有没有用棉线绑住，使用前要先打开顶塞再开启活塞。

3. 分液要彻底，上层液体从上口倒出，下层液体从下口放出。如果上层液体也从下口放出，则漏斗活塞下面颈部附着的残液会污染上层的液体。

4. 分液漏斗若与碱或碱式碳酸盐接触后，必须洗净漏斗，特别是顶塞和旋塞结合部位，否则长时间不用，碱与玻璃发生反应，粘连而拧不开。

5. 分液漏斗中液体不宜加得过多，否则可能影响振摇时液体间的接触混合，使得萃取效果下降。

八、备注

1. 固体物质的萃取

固体物质的萃取，常有以下几种方式：

(1)浸泡萃取

将固体混合物研细，放在容器中，然后往容器中注入萃取剂，经过长时间浸泡后，再进行过滤分离。有时为了缩短浸泡时间，提高萃取效率，浸泡过程中可辅助外力振荡。总体而言，此种萃取法萃取分离效果并不理想。

(2)过滤萃取

如果某种溶剂可以很好地溶解被萃取物，而该溶剂对混合物中其他组分溶解度很小或不溶，则可取滤纸置于三角漏斗中，然后将研细的混合物置入滤纸上，用溶剂淋洗混合物，从而将被萃取物萃取出来。但使用这种方法的前提是其他组分在该萃取剂中不溶或溶解度相比被萃取物而言非常小，另外，被萃取物自身的溶解度也应足够大，否则将浪费大量的萃取剂。

(3)索氏提取器萃取

利用索氏提取器进行固体组分的萃取是实验室中一种常用的高效方法。它利用溶剂回流及虹吸原理，使固体物质连续不断地被纯的溶剂萃取，因此萃取的收率较高。

萃取前先将滤纸做成与提取器大小相适应的套袋，然后将研细的固体物质放在滤纸套内，上面盖上滤纸，置于提取器中，提取器下端连接盛有溶剂的烧瓶，上端连接冷凝管。用合适的热浴加热烧瓶，当溶剂沸腾时，溶剂的蒸气从烧瓶升起，通过玻璃支管上升，进入冷凝管被冷凝成液体，回流到固体混合物中，对固体物质进行“浸泡”提取，当溶剂在提取器内达到虹吸管的最高处时，就和所提取的物质一同从侧面的虹吸管流回烧瓶，从而将溶于溶剂的部分物质带到烧瓶内，经蒸发、冷凝，不含溶质的溶剂又返回到提取器内进行提取，溶剂就这样在仪器内循环流动，最终固体的可溶物质被富集到烧瓶中。提取液经浓缩后进行进一步纯化处理。

实验 2 旋光度的测定

一、实验目的

1. 了解旋光仪的构造及用其测定旋光度的基本原理。

2. 掌握用旋光仪测定溶液或液体物质旋光度的方法。

二、基本原理

振动方向对于传播方向的不对称性称为偏振，具有偏振性的光则称为偏振光。偏振光是指光矢量的振动方向不变，或具有某种规则变化的光波。按照其性质，偏振光又可分为平面偏振光(线偏振光)、圆偏振光和椭圆偏振光、部分偏振光几种。如果光波电矢量的振动方向只局限在一确定的平面内，则这种偏振光称为平面偏振光，若轨迹在传播过程中为一直线，则又称线偏振光；如果光波电矢量随时间有规则地改变，即电矢量末端轨迹在垂直于传播方向的平面上呈圆形或椭圆形，则称为圆偏振光或椭圆偏振光；如果光波电矢量的振动在传播过程中只是在某一确定的方向上占有相对优势，这种偏振光就称为部分偏振光。当平面偏振光通过手性化合物溶液后，其偏振面的方向就被旋转了一个角度。这种能使偏振面旋转的性能称为旋光性。具有旋光性的物质，称为旋光性物质或光学活性物质。旋光性物质使偏振光的振动平面向左或向右旋转的角度称为旋光度。许多有机化合物，尤其是来自生物体内的大部分天然有机化合物，如氨基酸、生物碱和碳水化合物等，因其分子结构具有手性，从而能使偏振光振动平面发生旋转，使偏振光平面顺时针方向旋转的旋光性物质称为右旋体，逆时针方向旋转的称为左旋体。如果一种物体内部同时具有左右旋光或物体分子本身结构具有相反的手性，则物体不表现旋光性。由于物体内部同时具有左、右旋光的分子，左、右旋光性相互抵消，从而使整个物体不表现旋光性，这种现象称为外消旋性；如果分子本身结构具有相反的手性，也会导致整个分子不表现旋光性，这种现象称为内消旋性。测定有机化合物的旋光性能对研究其分子结构具有重要的作用，对于确定某些有机反应的反应机理也是很有意义的。

测定光学活性物质旋光能力大小和方向的仪器称为旋光仪，其构造如图 2.2 所示。

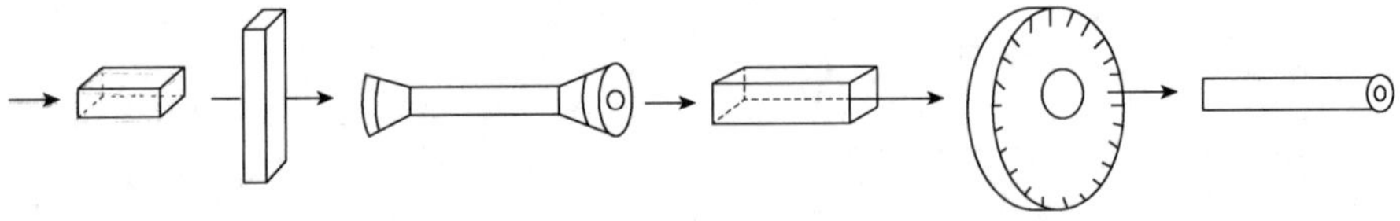

图 2.2 旋光仪构造示意图

通过检偏镜用肉眼判断偏振光通过旋光物质前后的强度是否相同是十分困难的，这样会产生较大的误差。为此设计了一种在视野中分出三分视界的装置，其原理是：在起偏镜后放置一块狭长的石英片，由起偏镜透过来的偏振光通过石英片时，由于石英片的旋光性，偏振旋转了一个角度 Φ，通过镜前观察，光的振动方向如图 2.3 所示。

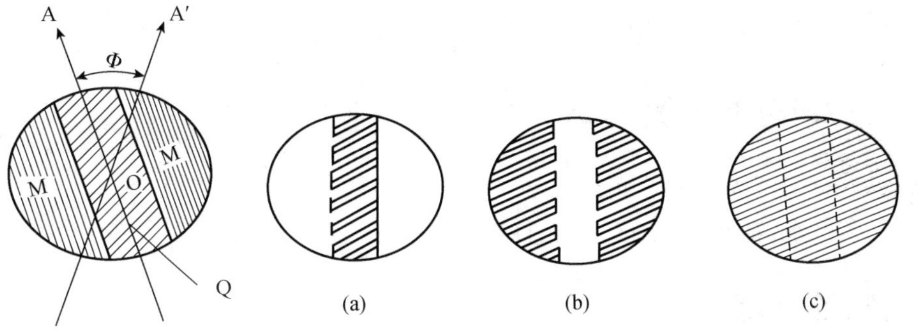

图 2.3　三分视界示意图

A 是通过起偏镜的偏振光的振动方向，A′是通过石英片旋转一个角度后的振动方向。此两偏振方向的夹角 Φ 称为半暗角（$\Phi=2°\sim3°$）。如果旋转检偏镜使透射光的偏振面与 A′平行，在视野中将观察到：中间狭长部分较明亮，而两旁较暗。这是由于两旁的偏振光不经过石英片，如图 2.3(b)所示。如果检偏镜的偏振面与起偏镜的偏振面平行（即在 A 的方向时），在视野中将是：中间狭长部分较暗而两旁较亮，如图 2.3(a)所示。当检偏镜的偏振面处于 $\frac{\Phi}{2}$ 时，两旁直接来自起偏镜的光偏振面被检偏镜旋转了 $\frac{\Phi}{2}$，而中间被石英片转过角度 Φ 的偏振面被检偏镜旋转角度 $\frac{\Phi}{2}$，这样中间和两边的光偏振面都被旋转了 $\frac{\Phi}{2}$，故视野呈微暗状态，且三分视界内的暗度是相同的，如图 2.3(c)所示。将这一位置作为仪器的零点，在每次测定时，调节检偏镜使三分视界的暗度相同，然后读数。

物质的旋光度与测定时所用的溶液浓度、样品管的长度和温度、所用光源的波长及溶剂的性质等因素有关。规定：质量浓度为 1 g·mL^{-1} 的旋光性溶液，放在 1 dm 长度的样品管中所测得的旋光度，称为比旋光度[α]，溶液的比旋光度与旋光度的关系为

$$[\alpha]_D^t=\frac{\alpha}{c\times L}(\text{溶剂})$$

式中，$[\alpha]_D^t$ 为比旋光度，t 为测定时的温度（℃），D 表示钠光谱 D 线波长（593.3 nm）；α 为观测的旋光度；c 为溶液的质量浓度（g·mL^{-1}）；L 为样品管的长度（dm）。

与熔点、沸点、折光率一样，比旋光度是一个仅与分子结构有关的表征旋光性物质特征的物理常数，它不与浓度、样品管长度等因素有关，因而它对鉴定旋光性化合物有重要意义。测定已知物溶液的旋光度，再查其比旋光度，即可计算出此溶液的浓度；反之，将未知物配成已知浓度的溶液，通过测定其旋光度，然后计算出比旋光度，再与文献值做对比，可以鉴定旋光性物质的纯度和含量。

另外，还可由比旋光度计算出对映体在其混合物中的百分含量。设一对对映体在混合物中所占的百分含量分别为 X、Y，则可按下式计算：

$$\begin{cases} X=\left(\dfrac{1+\dfrac{[\alpha]_D^t \text{ 观测值}}{[\alpha]_D^t \text{ 理论值}}}{2}\right)\times 100\% \\ Y=1-X \end{cases}$$

三、主要实验仪器和试剂

仪器：WXG－4 型圆盘旋光仪

试剂：蒸馏水；葡萄糖；浓度未知的葡萄糖溶液

四、实验步骤

1. 样品管的充填

将样品管一端的螺帽旋下，小心取下玻璃盖片，然后将管竖直，管口朝上。用滴管注入待测溶液或蒸馏水至管口，并使溶液的液面凸出管口。小心将玻璃盖片沿管口方向盖上，把多余的溶液挤压溢出，使管内不留气泡，旋上螺帽。管内如有气泡存在，须重新装填。装好后，将样品管外部拭净，以免沾污仪器的样品室。

2. 预热及旋光仪零点的校正

接通电源并打开光源开关，预热 5～10 min，待光源稳定后，从目镜中观察视野，若不清楚可调节目镜焦距。

在正式测定前，先进行仪器零点的校正。选用合适的样品管并洗净，然后将样品管充满蒸馏水或待测样品的溶剂，使液面凸出管口，将玻璃盖沿管口边缘轻轻平推盖好，不能带入气泡，旋紧螺帽，确保不漏液，然后将样品管放入样品室，旋转粗调旋钮和微调旋钮至目镜视野中三分视界的明暗程度完全一致（较暗），再按游标尺原理记下读数，重复操作至少五次，取其平均值即为仪器的零点值。若零点相差太大，应重新校正。

3. 样品旋光度的测定

（1）称取 10 g 葡萄糖，在 100 mL 容量瓶中用蒸馏水配成溶液。

用配制好的葡萄糖溶液清洗样品管 2～3 次，然后按照前述方法将葡萄糖溶液充满样品管中，再将样品管放入旋光仪内，旋转粗调和微调旋钮，使旋光仪达到半暗位置，按游标尺原理记下读数，重复五次，取平均值，其与零点之间的差值即为该样品的旋光度。例如，仪器的零点值为－0.05°，样品旋光度的观测值为＋9.85°，则样品真正的旋光度为 $\alpha=+9.85°-(-0.05°)=+9.90°$。

（2）分别用 1 dm 和 2 dm 长样品管测定一已知浓度样品溶液的旋光度，计算其比旋光度，比较其结果。

（3）用 1 dm 或 2 dm 长样品管测定浓度未知的葡萄糖溶液的旋光度，由文献查比旋光度，计算其浓度。

五、思考题

1. 若测得某物质的比旋光度为＋18°，如何确定其是＋18°还是342°？

2. 一个外消旋体的光学纯度是多少？

3. 若用2 dm长的样品管测定某光学纯物质的比旋光度为＋20°，试计算具有80％光学纯度的该物质的溶液（20 g · mL^{-1}）的实测旋光度是多少。

4. 测定旋光度时为什么样品管内光通路上不能有气泡？

六、注意事项

1. 装溶液时，旋光管内不能残留气泡，如发现气泡，则应使之进入样品管的突出部分，以免影响测试结果。

2. 旋光仪在使用前，须通电预热几分钟，钠光灯发光正常后，才可开始工作，但钠光灯使用时间不宜过长。

3. 装样品时，旋光管管盖旋至不漏液体即可，不要用力过猛，以免造成护片玻璃挤压变形，使管内产生空隙，更严重者可能压碎玻璃片，影响读数准确性。同时须将试管两头残余溶液擦干，以免影响观察清晰度及测定精度。

4. 旋光仪是比较精密的光学仪器，使用时，仪器金属部分切忌沾污酸碱，防止腐蚀。光学镜片部分不能与硬物接触，以免损坏镜片。不能随便拆卸仪器，以免影响精度。

实验3　液体有机物折光率的测定

一、实验目的

1.熟悉阿贝折射仪的构造及其测定有机化合物折光率的原理。

2.掌握利用阿贝折射仪测定液体有机化合物折光率的方法。

二、实验原理

1.折光率

一般情况下，光线在不同介质中的传播速度是不一样的，当其从一种介质进入另一种介质时，只要其传播方向不垂直于两个介质的界面，则其传播方向会发生改变，这种现象称为光的折射，如图2.4所示。

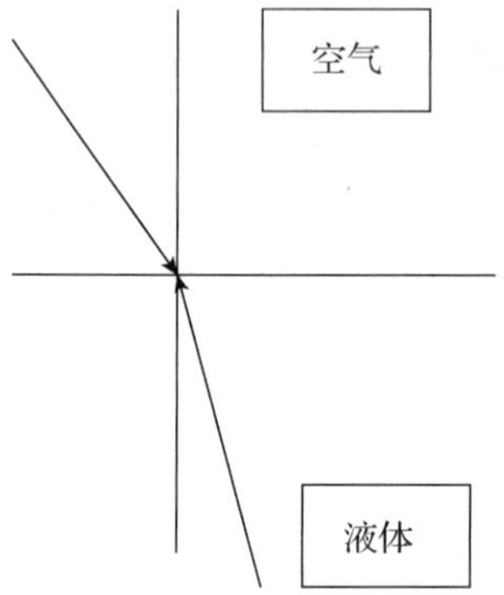

图2.4　光的折射

光在空气中的传播速度与它在液体中的传播速度之比称为该液体的折光率，又称为折射率。根据光的折射定律，液体的折射率等于入射角 α 与折射角 β 的正弦之比。

$$n_{\lambda}^{t}=\frac{V_{空}}{V_{液}}=\sin\alpha/\sin\beta$$

固体、液体和气体都具有折光率。对于有机化合物来说，折光率是其一项非常重要的特征常数，它不仅与有机化合物的结构有关，而且还随入射光的波长 λ 而变，另外还受温度 t、压力 p 等因素的影响（大气压的变化对折光率影响相对较小，一般情况下可以忽略不计）。所以，在表示有机物质的折光率时必须标明所用光线的波长和测定温度，当 λ 和 t 一定时，折光率是一个常数。常用 n_{D}^{t} 表示，D表示钠光。

折光率是可以精确测定的，通过测定折光率可以确定有机化合物的纯度及溶液的组成，也可用于未知物的鉴定。在蒸馏两种或更多组分的液体混合物且各组分的沸点比较接近时，可利用折光率来确定各组分的组成。

当光由光密介质 A 进入光疏介质 B 时，则折射角 β 必小于入射角 α。当 $\beta=90°$时，$\sin\alpha=1$，这时折射角达到最大值 β_0，称之为临界折射角。在一定条件下，β_0 是个常数，它与折光率的关系是：$n_\lambda^t=\dfrac{1}{\beta_0}$。通过测定 β_0 即可得到 n_λ^t。

测定液体折光率的常用仪器是阿贝折射仪[2]。阿贝折射仪采用了"半明半暗"的方法，即让单色光由 0°～90°的所有角度从介质 A 射入介质 B，这时介质 B 中临界角以内的区域均有光线通过，因此是明亮的，而临界角以外的区域却没有光线通过，因而是黑暗的，从而产生黑白分明的两个区域。如果在介质 B 的上方用一个目镜进行观察，就可以看到一个半明半暗、界线分明的视场。因各种液体折射率不同，要想确保入射角始终是 90°，只需转动棱镜手轮即可。这时，从刻度盘上或显示窗可直接读出读数。

通过折光率的测定可以定量地分析有机溶液的组成，鉴定有机液体的纯度。同时，可以研究质量、密度、极性分子的偶极矩等结构因素。

折光率的测量，所需样品量少，测量精密度高（折光率可精确到 0.000 1），重现性好，所以阿贝折射仪是教学和科研工作中常见的光学仪器。近年来，由于电子技术和电子计算机技术的发展，该仪器品种也在不断更新。

三、主要实验仪器与试剂

仪器：阿贝折射仪

试剂：丙酮（或乙醚、乙醇等有机溶剂）；乙酸乙酯

四、实验步骤

1. 仪器准备

将仪器放在光线充足的工作台上或普通的白炽灯前，在温度计套中插入温度计，通入恒温水，调节到测定温度，松开直角棱镜锁钮，分开直角棱镜，在光滑镜面上小心滴加少量丙酮或乙醇润湿镜面，合上棱镜，洗去镜面污物，再打开棱镜，用擦镜纸拭干镜面或晾干。

2. 测定

做好准备工作后，打开棱镜，用滴管滴加 2～3 滴待测液体于磨砂镜面上，使其自然流淌并均匀分布在磨砂镜面上。合上棱镜，锁紧锁钮，使液体夹在两棱镜的夹缝中成一液层，液体要充满视野，不能夹带气泡。

调节底部反射镜，使目镜内视场明亮，调节望远镜使视场清晰。转动手轮，直到在目镜中看到明暗分界的视场，继续转动棱镜手轮，使明暗分界线恰好通过十字交叉处，如图 2.5 所示。在读数镜筒中读取折光率数值（记住打开小反光镜）。再让分界线上下

移动重新调到十字交叉点处，读取读数，重复操作 3～5 次，取读数平均值作为样品的折光率。

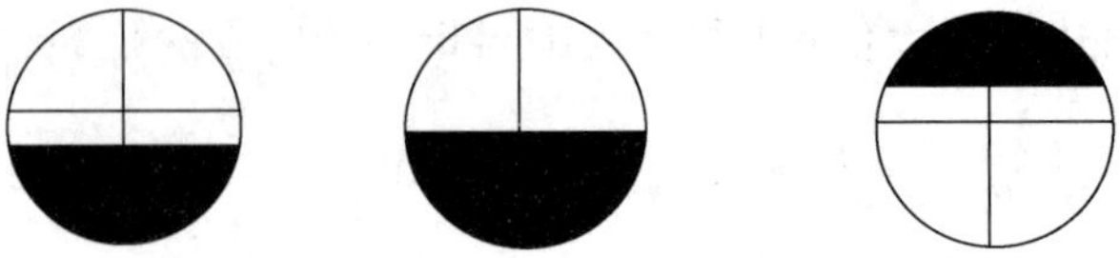

(a)非临界视场　(b)临界视场　(c)非临界视场

图 2.5　目镜内视场

先测定水的折光率，与纯水的标准值进行比较，求得折射仪的校正值。

采用同样方法测定乙醇的折光率，并用折射仪的校正值进行校正。

3. 整理

测量完毕，打开棱镜，用擦镜纸轻轻朝一个方向擦除上下镜面上的液体，再用丙酮洗净棱镜面，待棱镜干燥后，取 2 张与磨砂镜面大小相近的镜头纸夹在两棱镜镜面之间，合上棱镜，锁紧锁钮，将仪器放好。

五、注意事项

1. 使用时要注意保护棱镜，清洗镜面时只能用擦镜纸轻轻蘸拭而不能用滤纸等擦拭。加试样时不能用手接触镜面，不能将滴管口触及磨砂镜面。酸碱等腐蚀性液体不得使用阿贝折射仪测定其折光率。

2. 每次测定时，试样不可加得太多，一般只需加 2～3 滴，让其自然流淌，布满磨砂镜面即可。

3. 要注意保持仪器清洁，保护刻度盘。每次实验完毕，要在镜面上加几滴丙酮或乙醚，并用擦镜纸擦干。最后用两层擦镜纸夹在两棱镜镜面之间，以免镜面损坏。

4. 读数时，有时在目镜中观察不到清晰的明暗分界线，而是畸形的，这是由于棱镜间未充满液体；若出现弧形光环，则可能是由于光线未经过棱镜而直接照射到聚光透镜上。

5. 若待测试样折射率不在 1.3～1.7 范围内，则阿贝折射仪不能测定，也看不到明暗分界线。

六、思考题

1. 影响折光率测定数值的因素有哪些？

2. 滴加样品量过少将会产生什么后果？

3. 测定有机化合物折光率有哪些意义？

七、备注

1. 不同温度下水和乙醇的折光率

不同温度下水和乙醇的折光率见表 2.1。

表 2.1 不同温度下水和乙醇的折光率

温度/℃	14	16	18	20	22	24	26	28	30	32	34
水的折光率	1.333 48	1.333 33	1.333 17	1.332 99	1.332 81	1.332 62	1.332 41	1.332 19	1.331 92	1.331 64	1.331 16
99.8%乙醇的折光率	—	1.362 10	1.361 29	1.360 48	1.359 67	1.358 85	1.358 03	1.357 21	1.356 39	1.355 57	1.354 74

2. 阿贝折射仪

阿贝折射仪使用范围非常广，是石油工业、油脂工业、制药工业、制漆工业、日用化学工业、制糖工业和地质勘查等有关工厂、学校及有关科研单位不可缺少的常用设备之一。

(1)结构

阿贝折射仪的结构如图 2.6 所示。

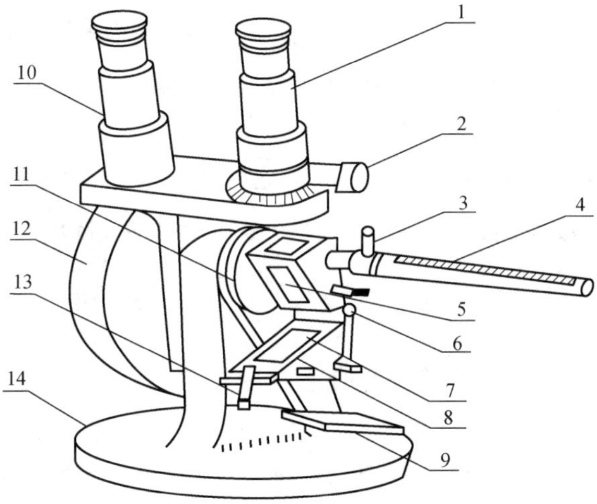

图 2.6 阿贝折射仪的结构示意图

1—测量望远镜；2—消散手柄；3—恒温水入口；4—温度计；5—测量棱镜；6—铰链；7—辅助棱镜；8—加液槽；9—反射镜；10—读数望远镜；11—转轴；12—刻度盘罩；13—闭合旋钮；14—底座

图 2.7 为光的折射示意图。

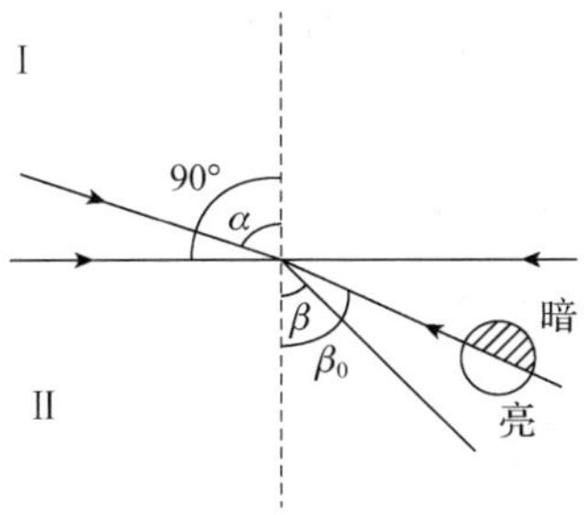

图 2.7 光的折射

在实际测量折射率时，由于使用的入射光不是单色光，而是使用由多种单色光组成的普通白光，因不同波长的光的折射率不同而产生色散，在目镜中看到一条彩色的光带，而没有清晰的明暗分界线，为此，在阿贝折射仪中安置了一套消色散棱镜（又称为补偿棱镜）。通过调节消色散棱镜，使由测量棱镜出来的色散光线消失，明暗分界线清晰，此时测得的液体的折射率相当于用单色光钠光 D 线所测得的折射率 n_D。

(2)使用方法

①仪器安装：将阿贝折射仪安放在光亮处（可使用台灯），但应避免阳光的直接照射，以免液体试样受热迅速蒸发。用超级恒温槽将恒温水通入棱镜夹套内，检查棱镜上温度计的读数是否符合要求（一般选用(20.0±0.1)℃或(25.0±0.1)℃）。

②加样：旋开测量棱镜和辅助棱镜的闭合旋钮，使辅助棱镜的磨砂斜面处于水平位置，若棱镜表面不清洁，可滴加少量丙酮，用擦镜纸顺单一方向轻擦镜面（不可来回擦）。待镜面洗净干燥后，用滴管滴加数滴试样于辅助棱镜的磨砂镜面上，迅速合上辅助棱镜，旋紧闭合旋钮。若液体易挥发，动作要迅速，或先将两棱镜闭合，然后用滴管从加液孔中注入试样（注意切勿将滴管折断在孔内）。

③调光：转动镜筒使之垂直，调节反射镜使入射光进入棱镜，同时调节目镜的焦距，使目镜中十字线清晰明亮。调节消色散补偿器使目镜中彩色光带消失。再调节读数旋钮，使明暗的界面恰好同十字线交叉处重合。

④读数：从望远镜中读出刻度盘上的折射率数值。常用的阿贝折射仪可读至小数点后的第四位，为了使读数准确，一般应将试样重复测量三次，每次相差不能超过 0.000 2，然后取平均值。

(3)校正

阿贝折射仪的刻度盘的标尺零点有时会发生移动，应定期对仪器进行校正。对测量数据有怀疑时，也可以对仪器进行校正。

校正的方法一般是用已知折射率的标准液体，常用纯水。通过仪器测定纯水的折光率，读取数值，如果该条件下纯水的折光率与标准折光率不符，调整刻度盘上的数值，直至相符为止。也可用仪器出厂时配备的折光玻璃（也称玻璃标准块）来校正。如测量数据与标准有误差，可用钟表螺丝刀通过色散校正手轮中的小孔，小心旋转里面的螺钉，使分划板上交叉线上下移动，然后再进行测量，直到测量数据符合要求为止。具体方法一般在仪器说明书中有详细介绍。

样品为蒸馏水时，测量数据要符合表 2.1 的结果。样品为标准块时，测数要符合标准块上所标定的数据。

(4)维护保养

为了确保仪器的精度，防止损坏，用户应注意仪器的维护保养：

①仪器应放置于干燥、空气流通的室内，以免光学零件受潮后生霉。

②测试腐蚀性液体时，测试完毕应对光学零件、金属零件以及油漆表面等及时清洗，防止侵蚀损坏。仪器使用完毕后，及时做好清洁工作，并放入存有干燥剂（变色硅胶）的木箱内。

③仪器使用前后及更换样品时，必须先清洗揩净折射棱镜系统的工作表面。

④被测试样中不应有硬性杂质，当测试固体试样时，应防止把折射棱镜表面拉毛或产生压痕。

⑤经常保持仪器清洁，严禁油手或汗手触及光学零件，若光学零件表面有灰尘可用高级麂皮或长纤维的脱脂棉轻擦后用皮吹风吹去，如光学零件表面沾上了油垢应及时用酒精乙醚混合液擦干净。

⑥仪器应避免强烈振动或撞击，以防止光学零件损伤从而影响精度。

实验4　蒸馏及沸点的测定

一、实验目的

1.了解沸点的定义、蒸馏法测定液体化合物沸点的原理和方法。

2.了解通过沸点测定鉴别液体有机化合物纯度和通过蒸馏分离、提纯液体有机物的原理和应用范围。

3.熟练掌握蒸馏装置的安装和拆卸方法及操作技术。

二、实验原理

如果把液体置于密闭的真空体系中，由于分子运动，液体的分子会连续不断地逸出液面，形成蒸气，同时，蒸气分子也会不断地回到液体中，当液体分子逸出液面形成蒸气的速度和蒸气分子凝结回到液态的速度相等时，液面上的蒸气达到饱和，此时，它对液面所施加的压力就是液体在此温度下的饱和蒸气压，液态化合物的蒸气压随温度的上升而增大。当液体的蒸气压增大至与施于液面的总压力(通常是大气压力)相等时，即有大量气泡从液体内部逸出，这种现象称为沸腾，这时的温度称为该液体在当时的大气压力下的沸点。显然，液体的沸点和其所受的外界压力有关，外界压力越大，液体沸腾时蒸气压越高，沸点越高；相反，外界压力越小，液体沸腾时的蒸气压越低，沸点越低，通常把外压为101.325 kPa(1 atm)时的沸腾温度定义为液体的正常沸点，在一定外压下，纯液体有机化合物都有一定的沸点，且沸程也很小(0.5～1 ℃)。所以测定沸点是鉴定有机化合物和判断物质纯度的依据之一。例如水的蒸气压等于101.325 kPa时的温度(100 ℃)即为水的沸点，在其他压力下的沸点应标明其所对应的外压大小。

将液体加热至沸点，该液体开始沸腾而逐渐变为蒸气，使蒸气通过冷凝装置进行冷却，便凝结并再度获得这一液体，这种操作称为蒸馏。因此，蒸馏包括两个过程，即从液体变为气体的气化过程及由气体凝结为液体的冷却过程。若有两种沸点差较大(通常大于30 ℃)、互溶的液体混合在一起进行蒸馏，在沸腾温度下，气相与液相达成平衡时，由于它们的蒸气压不同，所以蒸气中两个成分的比例与液体混合物中两个成分的比例不同。蒸气压大(即沸点低)的成分在气相中的比例较大，若将这部分蒸气冷凝下来，那么所得的冷凝液组成与气相组成等同，其中低沸点的成分含量会比原来混合物中的增多，而残留物中高沸点组分的含量增加，这也是进行了一次简单蒸馏。将这部分冷凝液重新蒸馏，再进行一次气液平衡。再度产生的蒸气中，所含的低沸点组分含量又有所增高，同样将此蒸气再冷凝得到的液体中，低沸点组分的含量当然更高。多次重复这样的操作，便有可能将液体混合物中具有不同沸点的成分逐渐分开。

凡加热到沸点温度而不分解的化合物都可以进行蒸馏。常压蒸馏常用于：①分离沸点相差较大(大于 30 ℃)的液体混合物;②测定化合物的沸点;③回收溶剂或浓缩溶液。

纯的液体有机化合物在一定的压力下都具有固定的沸点,其温度变化范围(沸程)极小,若含有杂质,往往会导致其沸程增大。但具有固定沸点的液体不一定是纯液体,当两种或两种以上的物质形成共沸物时,它们的液相组成和气相组成相同,因此,在同一沸点下,它们的组成一样,不可采用一般的蒸馏方法对其进行分离。

三、实验装置

图 2.8 为常用的蒸馏装置,由圆底烧瓶、蒸馏头、温度计、冷凝管、尾接管和接收瓶组成。蒸馏瓶的大小根据所蒸馏液体的量决定,一般不超过蒸馏瓶容积的 2/3,也不少于 1/3。在蒸馏头安装温度计,确保其水银球或红液球的上端与蒸馏头侧管的末端在同一水平线上。沸点低于 140 ℃的液体有机物蒸馏时采用直形冷凝管,高于 140 ℃时则可以改用空气冷凝管,因为冷凝管温差太大时玻璃容易破裂。冷凝管的套管中的水从下口进,上口流出,以保证冷凝管中始终充满水。尾接管的支管与大气相通,如果蒸馏乙醚等低沸点液体或有毒液体,可在支管处接一根橡皮管,导入水槽或排放至室外,但不可将橡皮管插入水中,以免引起倒吸,此时接收瓶可用冰水浴冷却。

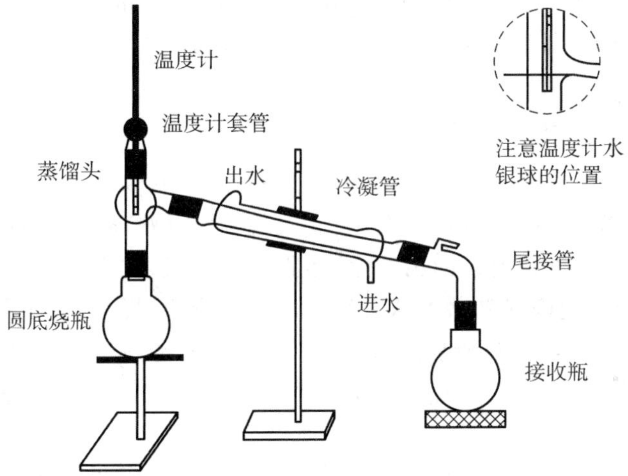

图 2.8 蒸馏装置示意图

四、主要仪器与试剂

仪器:50 mL 圆底烧瓶 1 只;蒸馏头 1 只;150 ℃的温度计 1 只;直形冷凝管 1 只;尾接管 1 只;100 mL 接收瓶(锥形瓶)3 只;铁夹 2 只;铁架台 2 副;酒精灯或电热套 1 只;铁圈 1 只;石棉网 1 只;50 mL 量筒 1 只;长颈漏斗 1 只;沸石 2~3 粒

试剂:乙醇(工业级)

五、实验步骤

1. 按照上述装置图,准备好各组分仪器,遵循自下往上、自左往右(或自右往左)的原则安装仪器。所谓自下往上即指摆放好铁架台后,根据酒精灯或电热套的高度,确定铁圈位置并固定，然后，依此摆放石棉网、安装烧瓶（圆底烧瓶与电热套之间保持约 2 cm 高度的间隙，以免造成局部过热）等，从下往上安装；所谓自左往右或自右往左是根据实验操作台上水池和水龙头的位置确定冷凝管的走向，确保进、出水软管能方便地和水龙头或水池相接。

2. 取下 50 mL 圆底烧瓶，用量筒量取 30 mL 乙醇，通过长颈漏斗倒入圆底烧瓶中，加入 2～3 粒沸石，然后重复步骤 1，重新安装好蒸馏装置。

3. 缓慢开启冷凝水，用酒精灯或电热套加热，开始加热速度可快些，当液体平稳沸腾、温度计水银球或红液球处出现液滴时，调节酒精灯火焰或电热套电压，使蒸馏速度控制在 2～3 滴/s，并保持温度计水银球或红液球始终附着有冷凝的液滴。此时的温度即为馏出液体的沸点。

4. 收集馏分：准备至少 2 只干燥的接收瓶收集馏分，分别用于收集前馏分和主馏分。记录第一滴馏出液滴入接收瓶时的温度 t_0，当温度趋于稳定时，记录第二个读数 t_1，并更换接收瓶。当温度突然下降或突然上升时即为蒸馏完成，记录最后一滴馏出液的温度 t_2，即为该馏分的沸程，也即沸点范围（若加热过程中，温度一直没有突然下降，则当烧瓶中乙醇的量约为 1 mL 时，记录此时所对应的温度，并视此温度为 t_2）。千万不要蒸干，以免蒸馏烧瓶破裂发生其他意外事故。数据记录如下：前馏分（也称为馏头）$t_0 \sim t_1$，主馏分 $t_1 \sim t_2$。测量主馏分的体积，计算回收率。

六、注意事项

1. 待蒸馏液体的体积一般不少于烧瓶体积的 1/2，不多于烧瓶体积的 2/3。液体过少，蒸馏结束时，残留液体的相对量较大，实验误差较大；液体过多，加热沸腾时可能冲出，或液体的飞沫被蒸气带走而混入馏出液中，污染馏出液，造成实验误差。

2. 安装温度计时，应确保其水银球上端与蒸馏头侧管口的末端在同一水平线上，在蒸馏过程中，水银球能被蒸气完全包围。若水银球位置偏高，则它不能被蒸气完全包围，导致读数偏低；反之，若水银球位置偏低，当瓶颈部过热时又可使读数偏高，从而影响实验结果。

3. 一般液体中或多或少地含有一些高沸点杂质，在所需要的馏分蒸出后，若再继续升高加热温度，温度计的读数会显著升高，若维持原来的加热温度，就不会再有馏出液蒸出，温度会突然下降。

4. 为防止液体在加热过程中发生暴沸，蒸馏时往往需要在烧瓶中加入 2～3 粒沸石。沸石必须在液体加热前加入。在蒸馏过程中，若发现未加沸石，则应先停止加热，待液体温度下降到沸点以下，方可重新加入沸石。不能往热液体中直接加入沸石，否则会引起剧烈的暴沸，使部分液体冲出瓶外，有时还易发生火灾。

5. 乙醇易燃，安装蒸馏装置时，应确保各部件间密封，以免漏气漏液而引发火情；但整个蒸馏装置不能封闭，否则可能引起爆炸。夹玻璃仪器的铁夹要套上橡皮管等软性物质，夹住玻璃仪器后应稍用力能轻微转动，不可夹得太紧或太松。

6. 蒸馏时液体不能蒸干，即使温度计读数仍在沸点范围内，也应在被蒸液体剩 0.5～1 mL 时停止蒸馏，以免蒸馏瓶破裂或发生其他意外事故。

7. 结束蒸馏操作时应先停止加热，移去热源，稍冷再关冷凝水。拆除仪器的顺序与仪器安装顺序相反。

8. 冷凝水从冷凝管支口的下端进，上端出。

七、思考题

1. 什么是沸点？液体的沸点和大气压有什么关系？

2. 蒸馏时加入沸石的作用是什么？应在什么阶段加入沸石？如果蒸馏前忘记加沸石，如何补加？当重新蒸馏时，用过的沸石能否继续使用？

3. 为什么蒸馏时的火焰不能太大也不能太小，最好控制馏出液的速度为 1～2 滴/s 为宜？

4. 蒸馏时，温度计的水银球或红液球安在什么位置？能否插入液体中，为什么？

5. 实验中，温度计读取的沸点应是烧瓶中溶液的沸点，还是接收瓶中馏出液的沸点或者其他？

6. 如果某种液体蒸馏时具有恒定的沸点，那么能否认为它是单一纯物质？

7. 蒸馏时，为什么蒸馏烧瓶所盛液体的量不应超过其烧瓶容积的 2/3，也不少于 1/3？

实验5　有机混合液的水蒸气蒸馏

一、实验目的

1. 掌握水蒸气蒸馏的基本原理及应用范围。
2. 了解并掌握水蒸气蒸馏的各种装置及其操作方法。
3. 分别利用常量水蒸气蒸馏装置，进行水蒸气蒸馏实验操作练习。
4. 了解水蒸气蒸馏、普通蒸馏和分馏的异同点。

二、实验原理

水蒸气蒸馏(steam distillation)是用来分离和提纯液态或固态有机化合物的常用方法之一。它是将水蒸气通入不溶于水的有机物中或使有机物与水经过共沸而蒸出的操作过程。此法常用于下列几种情况：①反应混合物中含有大量树脂状或焦油状杂质或不挥发性杂质，采用蒸馏、萃取等方法难以分离；②从反应混合物中去除易挥发的有机物；③从固体较多的反应混合物中分离被吸附的液体产物；④某些有机物在达到沸点时容易被破坏，采用水蒸气蒸馏可在 100 ℃以下蒸出。用于水蒸气蒸馏的有机物应具备以下条件：

(1)不溶或几乎不溶于水，如溶于水则蒸气压显著下降，例如丁酸比甲酸在水中的溶解度小，所以丁酸比甲酸易被水蒸气蒸馏出来，虽然纯甲酸的沸点(101 ℃)较丁酸的沸点(162 ℃)低得多；

(2)在 100 ℃左右与水不起化学反应；

(3)在 100 ℃左右，该化合物应具有一定的蒸气压(一般不小于 13.33 kPa，10 mmHg)。

当水 A 和不相混溶的物质 B 一起存在时，根据道尔顿分压定律，混合物的蒸气压应为各组分蒸气压之和，即 $P=P_A+P_B$。其中 P 为总的蒸气压，P_A 为水的蒸气压，P_B 为与水不相混溶物质 B 的蒸气压。混合物蒸气中，各气体组分分压之比等于它们物质的量之比，即

$$\frac{n_A}{n_A}=\frac{P_A}{P_B}$$

混合物蒸气压随温度升高而上升，当混合物中各组分的蒸气压总和等于外界大气压时，混合物开始沸腾。这时的温度即为该混合物的沸点。所以混合物的沸点比其中任何一组分的沸点都要低些。因此，常压下对于不溶于水的有机物应用水蒸气蒸馏，能在低于该物质沸点及 100 ℃的情况下将该组分与水一起蒸出来，蒸出的是水和与水不相混溶的物质。蒸馏时混合物的沸点保持不变，直到其中一组分几乎全部蒸出(因为总的蒸气压与混合物中二者相对量无关)。

由于

$$n_A = \frac{m_A}{M_A}, \quad n_B = \frac{m_B}{M_B}$$

式中，m_A、m_B 为 A、B 在容器中蒸气的质量；M_A、M_B 为 A、B 的摩尔质量。因此，在馏出液中，水和有机物的质量之比为

$$\frac{m_A}{m_B} = \frac{M_A n_A}{M_B n_B} = \frac{M_A P_A}{M_B P_B}$$

两种物质在馏出液中的相对质量(也就是在蒸气中的相对质量)与它们的蒸气压和摩尔质量成正比。水具有低的相对分子质量和较大的蒸气压，它们的乘积 $M_A P_A$ 较小，这样就有可能用来分离较高相对分子质量和较低蒸气压的物质。以溴苯为例，溴苯的沸点为 156.2 ℃，且和水不相混溶，常压下两者混合物一起加热至 95.5 ℃时即沸腾，此时水的蒸气压为 86.1 kPa(646 mmHg)，溴苯的蒸气压为 15.2 kPa(114 mmHg)。总的蒸气压=86.1 kPa+15.2 kPa=101.3 kPa(760 mmHg)。由此可以计算出，馏出液中水和溴苯质量之比：

$$\frac{m_{水}}{m_{溴苯}} = \frac{18 \times 86.1}{157 \times 15.24} = \frac{6.5}{10}$$

即馏出液中有水 6.5 g，溴苯 10 g，溴苯占馏出物 61%。

三、实验装置

水蒸气蒸馏实验包括蒸馏、水蒸气发生、冷凝和接收四个部分，常用的水蒸气蒸馏装置如图 2.9 所示。

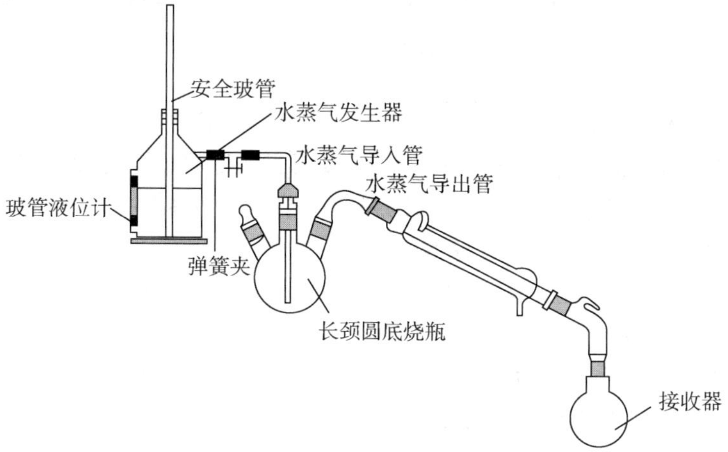

图 2.9　水蒸气蒸馏装置

装置图中，根据玻管液位计可以观察水蒸气发生器中液面的高度，实验时，其中的盛水量以其容积的 2/3 为宜。如果太满，沸腾时水蒸气将水冲至烧瓶。安全玻管几乎插到水蒸气发生器的底部。当容器内气压太大时，水可沿着玻管上升，以调节容器内压。如果系统发生阻塞，水便会从安全玻管的上口喷出。此时应检查圆底烧瓶内的蒸气导管是否被树枝状或焦油状物质阻塞。为防止圆底烧瓶中液体因跳溅而冲入冷凝管内，一般在安

装时将烧瓶的位置向发生器的方向倾斜45°角。蒸馏的液体量不能超过烧瓶容积的1/3。水蒸气导入管的末端应弯曲，使其垂直正对烧瓶中央，并距瓶底8～10 mm。水蒸气导出管(弯角约30°)孔径最好比导入管大一些，一端插入双孔木塞，露出约5 mm，另一端和冷凝管连接。馏出液通过弯接管进入接收器(根据情况，接收器外围可用冷水浴冷却)。

水蒸气导出管与蒸馏部分导入管之间由一T形管相连接，在T形管下端连一个弹簧夹，以便及时除去冷凝下来的水滴。应尽量缩短水蒸气发生器与长颈圆底烧瓶之间的距离，以减少水蒸气的冷凝。有时在操作出现异常的情况下，可使水蒸气发生器与大气相通。

四、主要仪器与试剂

仪器：100 mL圆底烧瓶1只；水蒸气发生器1只；安全玻璃管1只；玻璃导管2根；尾接管1只；100 mL接收瓶(锥形瓶)3只；弹簧夹1只；铁架台2副；酒精灯2只；铁圈1只；石棉网1只；10 mL试管4只；冷凝管1根，125 mL分液漏斗1只

试剂：异戊醇-水杨酸混合液；0.1% $FeCl_3$溶液；5% $K_2Cr_2O_7$溶液；16% H_2SO_4溶液

五、实验步骤

1. 混合物中各组分的检查

取两支试管，向其中各滴入混合液10滴。然后向其中一支试管中加入10滴0.1% $FeCl_3$溶液，观察现象(证明混合液中有水杨酸存在)；在另一支试管中加入5% $K_2Cr_2O_7$溶液10滴、16% H_2SO_4溶液5滴，摇匀在酒精灯上加热，观察现象(证明混合液中有异戊醇的存在)。

2. 水蒸气蒸馏

将25 mL异戊醇和水杨酸的混合液倒入100 mL圆底烧瓶中，安装好仪器，然后打开T形管上的弹簧夹，加热水蒸气发生器使水迅速沸腾，夹紧弹簧夹，水蒸气即通入圆底烧瓶。与此同时，接通冷却水，用100 mL接收器(一般为锥形瓶)收集馏出物。

当馏出液变得澄清透明不再有油状物时，即可停止蒸馏。先打开弹簧夹使体系和大气相通，然后停止加热，把馏出液倒入分液漏斗中，静置分层，将水层弃去。

3. 各分离物的检查

取两支试管，分别滴入10滴馏出液，检测馏出液中仅含有异戊醇。另取两支试管，分别加入10滴圆底烧瓶内剩余的蒸馏液，检测其中仅含有水杨酸。

六、思考题

1. 什么是水蒸气蒸馏？常用的水蒸气蒸馏装置一般包括哪几个部分？
2. 为什么要求被蒸馏物质在100 ℃时的蒸气压不低于1.33 kPa？
3. 被水蒸气蒸馏提纯的化合物应具备什么条件？
4. 进行水蒸气蒸馏时，水蒸气导入管为什么要插入到接近容器的底部？

5. 安全玻管作用是什么？安全玻管中水位上升很高时，说明什么问题？如何处理？

6. T 形管具有哪些作用？

7. 怎样判断水蒸气蒸馏是否完成？

8. 怎样证明混合物中存在水杨酸和异戊醇？如何判断混合物是否分离彻底，馏出液中仅含有异戊醇，圆底烧瓶内剩余的蒸馏液中仅含有水杨酸？

七、注意事项

1. 安装正确，连接处严密。

2. 在蒸馏过程中，如发现安全玻管中的水位迅速上升，应立即打开弹簧夹，然后移去热源，待排除堵塞后再继续进行水蒸气蒸馏。一般控制馏出液速度为 2～3 滴/s。

3. 调节火焰，控制蒸馏速度为 2～3 滴/s，并时刻注意安全玻管。

4. 在蒸馏需要中断或蒸馏完毕后，一定要先打开弹簧夹，使体系和大气相通，然后方可停止加热，以免发生倒吸现象。

5. 在水蒸气蒸馏过程中，为了避免水蒸气在圆底烧瓶中因冷凝而积聚过多，有时可在圆底烧瓶下面放上一张石棉网，并用小火加热。同时调节水蒸气发生器的加热速度，一方面避免产生水蒸气太快，从而将圆底烧瓶中的混合物冲至冷凝管中，另一方面可使水蒸气能全部被冷凝管冷凝。

6. 进行水蒸气蒸馏时，一般是将水蒸气通入反应混合物中，让其中的易挥发组分随水蒸气一起被蒸馏出来。有时也可以简化操作，在反应混合物中补充足量水分后，直接加热蒸馏，将目标组分随水蒸气一起分离出来，即直接水蒸气蒸馏。

实验6　减压蒸馏

一、实验目的

1. 了解减压蒸馏的基本原理及其应用。

2. 认识减压蒸馏的主要仪器，掌握减压蒸馏仪器的安装和减压蒸馏的操作方法。

二、实验原理

液体的沸点是指它的蒸气压等于外界压力时的温度，所以液体的沸点是随外界压力的变化而变化的，外界压力越小，液体的沸点越低。如果用真空泵连接盛有液体的容器，使其具有一定的真空度，便可降低液体的沸点，这种在较低压力下进行蒸馏的操作称为减压蒸馏。习惯上，真空度常分为高、中、低三个等级，其中，高真空度[＜13.32 Pa(0.1 mmHg柱)]一般由扩散泵获得；中真空度[1 333.3～13.332 Pa(0.1～10 mmHg柱)]一般由油泵获得；而低真空度[101.32～1.333 2 kPa(10～760 mmHg柱)]由水泵获得。当压力降低到1.3～2.0 kPa(10～15 mmHg)时，许多有机化合物的沸点可以比其常压下的沸点降低80～100 ℃。液体在常压、减压下的沸点近似关系可根据图2.10所示的经验曲线而得。比如，乙酰乙酸乙酯常压下沸点为181 ℃，要估计其在20 mmHg的沸点是多少，可在图中B线上找出181 ℃的点，将此点与C线上20 mmHg处的点连成一直线，把此线延长与A线相交，其交点所示的温度就是乙酰乙酸乙酯在20 mmHg时的沸点，约为82 ℃。

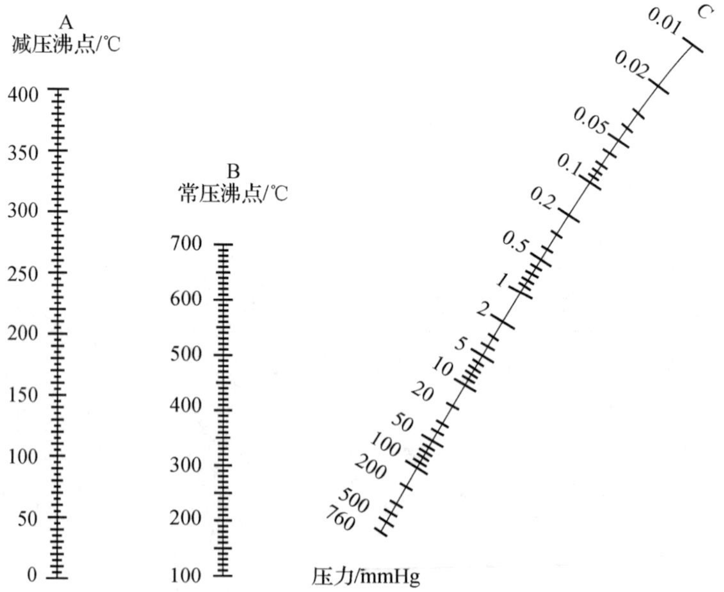

图2.10　液体在常压下的沸点与减压下的沸点的近似关系图

某些有机化合物的压力与沸点的关系见表 2.2。

表 2.2 某些有机化合物的压力与沸点的关系

压力/Pa(mmHg)	沸点/℃					
	水	氯苯	苯甲醛	乙二醇	甘油	蒽
101.325(760)	100	132	178	197	290	354
6.665(50)	38	54	95	101	204	225
3.999(30)	30	43	84	92	192	207
3.332(25)	26	39	79	86	188	201
2.666(20)	22	34.5	75	82	182	194
1.999(15)	17.5	29	69	75	175	186
1.333(10)	11	22	62	67	167	175
666(5)	1	10	50	55	156	159

注:1 mmHg≈133 Pa。

表 2.3 为本实验所用试剂乙二醇的物理常数。

表 2.3 乙二醇的物理常数

化合物名称	熔点/℃	沸点/℃	相对密度	溶解度/(g·100 g^{-1})
乙二醇	−13	197	1.113	混溶

三、实验装置

减压蒸馏实验装置主要由蒸馏、抽气及保护和测压装置三部分构成,如图 2.11 所示。

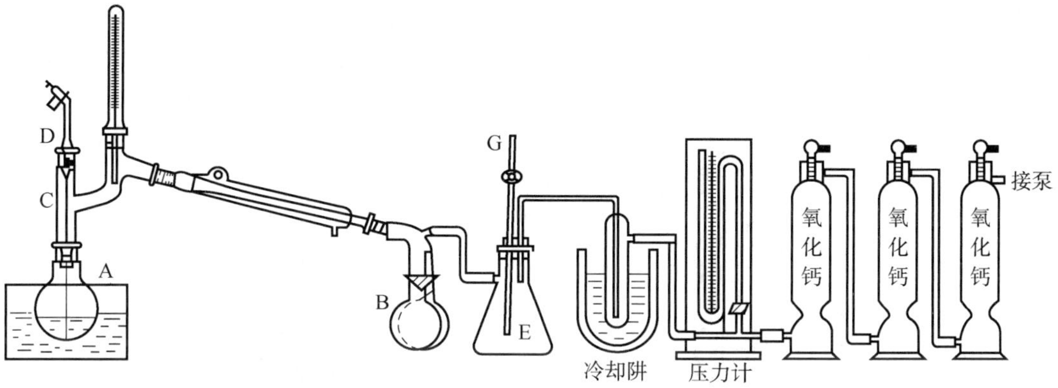

图 2.11 常用的液体减压蒸馏实验装置

1.蒸馏部分

这一部分与普通蒸馏相似,亦可分为三个组成部分。

(1)减压蒸馏瓶(又称为克氏蒸馏瓶),在磨口仪器中可以用蒸馏头配圆底烧瓶代替。其有两个瓶颈,其目的是避免减压蒸馏时瓶内液体由于沸腾而冲入冷凝管带支管的瓶颈中,瓶的一颈中插入温度计,另一颈中插入一根末端拉成细丝的毛细管的玻管,玻管末端距瓶底 1～2 mm。毛细管的上端连有一段橡皮管，橡皮管上配有螺旋夹，用以调节进入空气的量，使极少量的空气进入液体中，并冒出微小气泡，作为液体沸腾的汽化中心，使蒸馏平稳进行，又起搅拌作用。

(2)冷凝管，和普通蒸馏所用冷凝管相同。

(3)接液管(尾接管)，有别于普通蒸馏所用的接液管，减压蒸馏实验所用的接液管上具有可供接抽气部分的小支管。如果希望在不中断蒸馏的前提下收集不同的馏分，则可用两尾或多尾接液管。通过转动多尾接液管，就可使不同的馏分进入不同的接收器中。

2. 抽气部分

实验室通常用水泵或油泵进行减压，最常用的是循环水泵。但利用水泵进行减压时，不仅水泵所能达到的最大真空度受水蒸气压力限制，而且水泵常因其结构、水压和水温等因素，不易得到较高的真空度，其所能达到的最低压力为 1.332 kPa。而油泵可以很容易地将真空度降低至 2～4 mmHg，但油泵的效能决定于油泵的机械结构以及真空泵油的好坏。并且油泵结构较精密，工作条件要求较严，需要进行防护保养。蒸馏时，不能使挥发性的有机溶剂、水或酸的蒸气浸入泵内，否则会降低其效能，甚至会损坏油泵。

3. 保护和测压装置部分

用油泵进行减压蒸馏时，为了防止泵油倒吸，保护油泵，必须在馏出液接收器与油泵之间顺次安装缓冲用的冷阱、水银压力计和几个吸收塔。冷阱的作用是将减压系统中低沸点的有机物溶剂充分冷凝下来，以保护油泵，它可放在盛有冷却剂的广口保温瓶中，冷却剂的选择随需要而定，可用冰-水、冰-盐、干冰-丙酮等。吸收塔(干燥塔)通常设三个：一般情况下，第一个装无水 $CaCl_2$ 或硅胶，吸收水汽；第二个装粒状 NaOH，吸收酸性气体；第三个装切片石蜡，吸收有机蒸气。吸收剂的种类根据蒸馏液的性质而定。

开口式汞压力计和封闭式汞压力计分别如图 2.12、图 2.13 所示。开口式汞压力计两臂汞柱高度之差，即为大气压力与系统中压力之差，因此蒸馏系统内的实际压力(真空度)应是大气压力减去压力差。封闭式汞压力计两臂液面高度差即为蒸馏系统中的真空度。

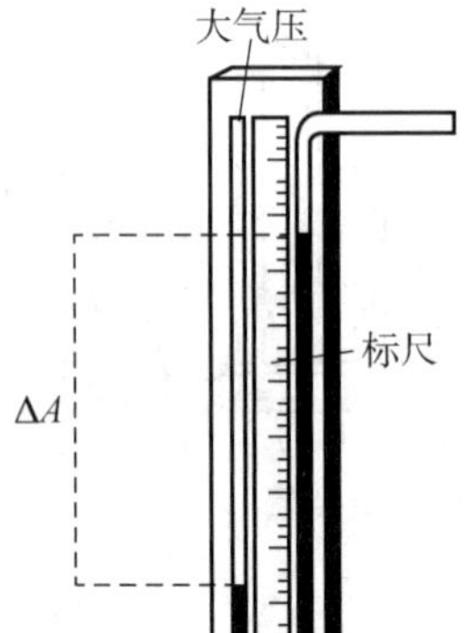

图 2.12　开口式汞压力计

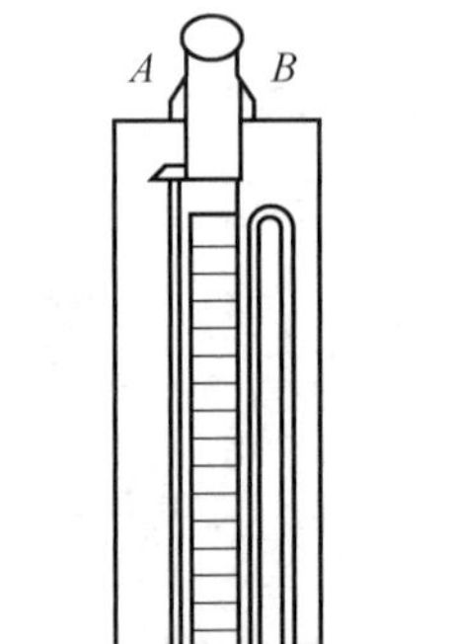

图 2.13　封闭式汞压力计

四、主要仪器及试剂

仪器:梨形烧瓶(50 mL、14#);直形冷凝管(14#);三叉接引管(14#);茄形瓶(50 mL、14#、3只);克氏蒸馏头(14#);升降台;三角漏斗;减压毛细管;温度计(200 ℃);量筒(100 mL);酒精喷灯;木板;油浴锅;螺旋夹;螺帽接头(14#、2只);砂轮片;真空橡皮管;乳胶管;真空系统(真空泵、安全瓶、气压计、净化塔)

试剂:乙二醇

五、实验步骤

1. 仪器安装及气密性、真空度检测

按照图2.11装配好仪器,然后往克氏蒸馏瓶中注入乙二醇,乙二醇注入量约占克氏蒸馏瓶容积的1/2,用螺旋夹夹紧套在毛细管上的橡皮管,打开旋塞,开启抽气泵,然后慢慢关好安全瓶上的二通旋塞,调节螺旋夹,使导入空气量以能冒出一连串的小气泡为宜。

利用水银压力计观察仪器装置达到所要求的真空度,压力稳定不变后,方可进行后续的减压蒸馏。如果发现压力不稳定或真空度达不到要求,应检查装置的气密性或更换真空泵。

2. 减压蒸馏

开启冷凝水,并选用适当的热浴进行加热,热浴的温度一般比待蒸馏液体的沸点高出20 ℃左右。加热时,烧瓶的球形部分至少有2/3须浸在热浴中,但不要使烧瓶底部和热浴直接接触。液体沸腾时,调节热源,使乙二醇溶液平稳沸腾,并经常注意压力计上所示的压力,若不符,则应进行调节,蒸馏速度以0.5～1滴/s为宜。若开始馏出液的沸点低于所需馏分沸点,则当达到预期的温度时,旋转多尾承接管,并及时更换接收器,接收所需的馏分。

3. 仪器拆卸

蒸馏完毕,撤去热源,稍冷后,松开螺旋夹,并慢慢打开安全瓶上的旋塞,使仪器装置与大气相通,使测压计的水银柱缓慢恢复原状。若引入空气过快,水银柱快速下降,有冲破测压计的可能。待仪器装置内外压力平衡后,才可关闭抽气泵电源,拆卸实验装置。

4. 量取馏出液体积,计算收率

量取馏出液体积,计算收率,并将相关实验结果记录在表2.4中。

表2.4 乙二醇减压蒸馏实验数据

性状	大气压力/kPa(mmHg)	蒸馏压力/kPa(mmHg)	沸程/℃	蒸馏前体积/mL	蒸馏后体积/mL	收率/%

六、思考题

1. 什么是减压蒸馏？减压蒸馏有何实际意义？在怎样的情况下采用减压蒸馏？

2. 如何检查减压蒸馏装置系统的气密性？

3. 在减压蒸馏实验中，油泵减压和水泵减压时，一般需要设置哪些吸收保护装置？其作用分别是什么？

4. 开始减压蒸馏时，为什么先减压再加热？而结束时为什么要先移开热源，再停止抽气减压？

5. 在进行减压蒸馏时，为什么必须用热浴加热，而不能直接用火加热？为什么开始减压蒸馏时须先减压再加热，而结束时要先移开热源再停止抽气减压？

6. 当减压蒸馏完所要的化合物后，应如何停止减压蒸馏？为什么？

七、注意事项

1. 被蒸馏液体中若含有低沸点物质时，一般先进行普通蒸馏，再进行水泵减压蒸馏，最后才考虑油泵减压蒸馏。

2. 减压装置安装完毕，使用前必须先进行气密性检查，并确定装置能达到的真空度。

3. 减压蒸馏过程中，在系统充分抽空后须接通冷凝水，冷凝水必须在加热蒸馏前开启，减压蒸馏过程中，应密切注意蒸馏情况，及时调整体系内压，经常记录压力和相应的沸点值，根据要求，收集不同馏分。

4. 蒸馏完毕，移去热源，仪器装置接通大气平衡内外压力时应缓慢操作，若活塞打开得太快，压力计中的水银柱上升过快，汞柱会出现断裂，而在封闭式水银压力计中，若水银柱上升过快，甚至有冲破测压计的可能。

实验 7　简单分馏

一、实验目的

1. 了解分馏的原理和意义，分馏柱的种类和选用的方法。
2. 学习实验室里常用分馏的操作方法。

二、实验原理

1. 分馏

蒸馏是提纯液体物质和分离混合物的一种常用方法。蒸馏适合分离各组分的沸点相差 30 ℃以上的液体混合物。对于两种或两种以上能互溶的液体混合物，若各组分的沸点比较接近，用简单的蒸馏法不可能将它们分开。此时要想获得良好的分离效果，则可采用分馏柱进行分离，即分馏。所谓分馏是指应用分馏柱将几种沸点相近的混合物进行分离的方法。它是化学工业和实验室中分离液态的有机化合物的常用方法之一。现在最精密的分馏设备已能将沸点相差仅 1～2 ℃的混合物分开，从原理上看，分馏和蒸馏相同，其实质就是多次蒸馏。

将几种具有不同沸点而又可以完全互溶的液体混合物加热，当其总蒸气压等于外界压力时，就开始沸腾汽化，蒸气中易挥发液体的成分较在原混合液中更多。为了简化，仅讨论混合物是二组分理想溶液的情况，所谓理想溶液即指在这种溶液中，相同分子间的相互作用与不同分子间的相互作用是一样的。在理想溶液中，溶液中每一组分的蒸气压等于此纯物质的蒸气压和它在溶液中的摩尔分数的乘积(拉乌尔定律)，即

$$p_A = p_A^0 x_A, \quad p_B = p_B^0 x_B$$

式中，p_A、p_B 分别为溶液中 A 和 B 组分的分压；p_A^0、p_B^0 分别为纯 A 和纯 B 的蒸气压；x_A、x_B 分别为 A 和 B 在溶液中的摩尔分数。

溶液的总蒸气压：

$$p = p_A + p_B$$

根据道尔顿分压定律，气相中每一组分的蒸气压和它的摩尔分数成正比。因此在气相中各组分蒸气的成分为

$$x_A^{气} = \frac{p_A}{p_A + p_B}, \quad x_B^{气} = \frac{p_B}{p_A + p_B}$$

由上式推知，组分 B 在气相和溶液中的相对浓度为

$$\frac{x_A^{气}}{x_B} = \frac{p_B}{p_A + p_B} \cdot \frac{p_B^0}{p_B} = \frac{1}{x_B + \frac{p_A^0}{p_B^0} x_A}$$

在溶液中，$x_A+x_B=1$，如果 $p_A^0=p_B^0$，则 $\frac{x_B^{气}}{x_B}=1$，表明各组分在气相和液相中含量相同，此种情况下，就不能通过蒸馏(或分馏)的方法对各组分进行分离。

如果 $p_A^0<p_B^0$，则 $\frac{x_B^{气}}{x_B}>1$，表明组分 B 在气相中的含量大于其在液相中的含量，而组分 A 却相反，此种情况下，将蒸气冷凝，得到的液体中，B 组分的含量就比原来液体中的含量大，A 组分含量减少；如果将冷凝后的液体再次进行加热汽化，再冷凝，所得的液体中，B 组分的含量进一步提高，A 组分含量进一步减少，如此反复，最终实现组分 A 和 B 的分离。

如果 $p_A^0>p_B^0$，同样可以实现 A、B 组分的分离，只是气相中 A 组分的含量更高一些。

分馏过程就是利用上述原理实现的。

在分馏柱内，当上升的蒸气与下降的冷凝液互相接触时，上升的蒸气部分冷凝放出热量使下降的冷凝液部分汽化，两者之间发生了热量交换，其结果，上升蒸气中低沸点易挥发组分增加，最后被蒸馏出来，而下降的冷凝液中，高沸点难挥发的组分含量增加。如果多次接触，就相当于进行了多次气液平衡，即达到了多次蒸馏的效果。结果，低沸点易挥发组分富集到分馏柱顶部，而高沸点难挥发组分则富集到烧瓶中，如果分馏柱足够高，就可将这些组分彻底分开。

图 2.14 所示的大气压下的苯-甲苯溶液的沸点组成图可更直观地描述分馏的原理。

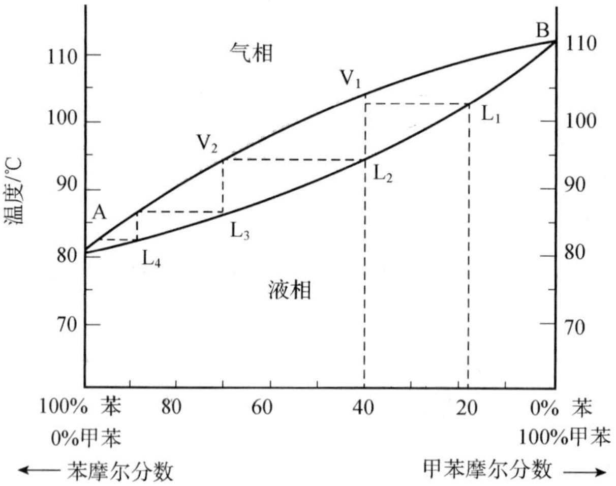

图 2.14　大气压下的苯-甲苯溶液的沸点组成图

假设待分离混合液由 20%苯和 80%甲苯组成，从图中可以看出，该混合液体(L_1)在 102 ℃时沸腾，和此液相平衡的蒸气(V_1)组成约为 40%苯和 60%甲苯。若将此组成的蒸气冷凝成同组成的液体(L_2)，液体 L_2 在 93 ℃左右沸腾，与此溶液呈平衡的蒸气(V_2)组成约为 68%苯和 32%甲苯。如此继续重复，可获得接近纯苯的组分。在分馏过程中，有时可能得到与单纯化合物相似的混合物，即共沸混合物(或恒沸混合物)。共沸混合物(或恒沸混合物)也具有固定的沸点和固定的组成，其气相和液相的组成也完全相同，但不能用分馏法进一步分离。

表 2.5 列出了几种常见的共沸混合物组成及其沸点。

表 2.5 几种常见的共沸混合物组成及其沸点

组成(沸点/℃)		共沸混合物	
		沸点/℃	各组分含量
二元共沸混合物	水(100) 乙醇(78.5)	78.2	4.4% 95.6%
	水(100) 苯(80.1)	69.4	8.9% 91.1%
	乙醇(78.5) 苯(80.1)	67.8	32.4% 67.6%
	水(100) 氯化氢(−83.7)	108.6	79.8% 20.2%
	丙酮(56.2) 氯仿(61.2)	64.7	20.0% 80.0%
三元共沸混合物	水(100) 乙醇(78.5) 苯(80.1)	64.6	7.4% 18.5% 74.1%
	水(100) 丁醇(117.7) 乙酸丁酯(126.5)	90.7	29.0% 8.0% 63.0%

2.简单分馏柱

分馏柱主要由一根长而直、柱身有一定形状的空管组成。实验室常用的分馏柱有刺形分馏柱(又称韦氏分馏柱,Vigreux,图 2.15(a))和填充式分馏柱(赫氏分馏柱,Hempel,图 2.15(b))。

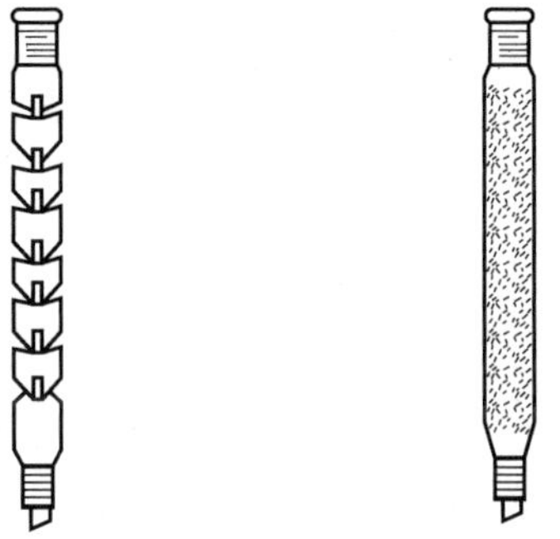

(a)韦氏分馏柱　　(b)赫氏分馏柱

图 2.15 实验室常用的分馏柱

填充式分馏柱是在柱内填上各种惰性材料,如球形、螺旋形、马鞍形、网状等不同形状的玻璃陶瓷或金属填料,以增大气相和液相之间的接触面积,提高分离效率。在分馏柱底部往往放一些玻璃丝以防填料坠入蒸馏容器中,填料式分馏柱效率较高,适合于分离一些沸点差距较小的化合物。

韦氏分馏柱结构简单，是一种不用填料的刺形柱，与填充式分馏柱相比，柱体内黏附的液体少，但较同样长度的填充柱分馏效率低，适合于分离少量且沸点差距较大的液体。

分馏柱的分馏效率与柱的高度、绝热性能和填充物的类型等有关。为了提高分馏效率，操作上采取两项措施：一是柱身装有保温套，保持柱身温度与待分馏物质的沸点相近，以利于建立气液平衡；二是要控制一定的回流比（指同一时间内流入柱中的液体量和蒸出液体量之比）。一般来说，对同一分馏柱，平衡保持得好，回流比大，则分馏效率高。

三、实验装置

实验室常用的分馏装置如图 2.16 所示，分馏与蒸馏装置不同处是在蒸馏烧瓶上装配一分馏柱，柱口上装一内插温度计的木塞，其余装置则与蒸馏的相同。

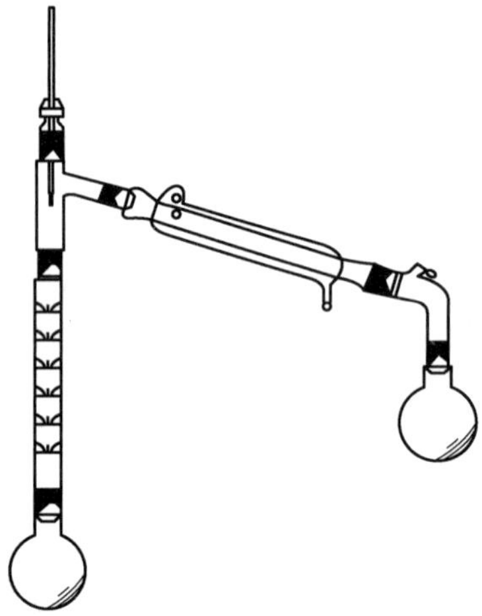

图 2.16　实验室常用的分馏装置

四、主要实验仪器和试剂

仪器：100 mL 圆底烧瓶；韦氏分馏柱；冷凝管；接液器；温度计；量筒；锥形瓶（3 个）；酒精灯

试剂：75%乙醇溶液；沸石

五、实验步骤

1. 按图 2.16 安装好实验装置，加热方式同蒸馏实验装置。安装仪器时，与安装蒸馏装置一样，遵循自下往上、自左往右（或自右往左）的原则。

2. 量取 50 mL 乙醇溶液，加入到圆底烧瓶中，并往烧瓶中加入 2～3 粒沸石。

3. 采用水浴缓慢加热，控制加热速度，使馏出液以约 1 滴/min 的速度均匀流出。当冷凝管中有蒸馏液流出时，控制加热速度，使馏出液以 1 滴/2～3 s 的速度蒸出。

4. 观察与收集馏出物，记录数据。

（1）记录当冷凝管中有蒸馏液流出时温度计所示的温度。

(2)当柱顶温度维持在 65 ℃时，约收集 10 mL 馏出物(A)。

(3)随着温度上升，分别收集 65～70 ℃(B)、70～80 ℃(C)、80～90 ℃(D)、90～95 ℃(E)的馏分，当瓶内所剩为残留液，90～95 ℃的馏分很少，需要移去石棉网直接进行加热。当圆底烧瓶中的液体为 1～2 mL 时，停止加热。

5. 拆卸实验仪器，清理实验装置，回收沸石，实验结束。

6. 分别量出不同馏分的体积，以馏出液体积为横坐标，温度为纵坐标，绘制分馏曲线。

六、思考题

1. 用分馏法提纯液体时，为什么分馏柱必须保持回流液？如何控制回流比？

2. 在分离两种沸点相近的液体时，为什么装有填料的分馏柱比不装填料的效率高？

3. 什么是共沸混合物？为什么不能用分馏法分离共沸混合物？如何分离共沸混合物？

4. 分馏和蒸馏在原理和装置上有哪些异同？两种沸点很接近的液体组成的混合物能否用分馏来提纯？

5. 分馏实验中，若加热太快，每秒钟的滴数超过要求量，则用分馏分离两种液体的能力会显著下降，为什么？

七、注意事项

1. 由于装置中使用了分馏柱，整个分馏装置较高，实验过程中，必须提前做好相关固定工作。

2. 分馏一定要缓慢进行，要控制好加热速度，保持恒定的蒸馏速度。

3. 一般情况下，保持分馏柱内温度梯度是通过调节馏出液速度来实现的，若加热速度快，蒸出速度也过快，柱内温度梯度变小，影响分离效果；若加热速度太慢，会使柱身被冷凝液堵塞，产生液泛现象，即上升蒸气把液体冲出冷凝管。因此，要选择合适的回流比，确保有相当量的液体自柱流回烧瓶中，回流比越大，分离效果越好。

4. 尽量减少分馏柱的热量散失和波动。在分馏过程中，可在分馏柱外包裹石棉绳、石棉布等保温材料，这样可以减少柱内热量的散发，减少风和室温的影响，以保持柱内温度，防止回流液体在柱内聚集，提高分馏效率。否则会减少液体和上升蒸气的接触，或者上升蒸气把液体冲入冷凝管中造成“液泛”，达不到分馏的目的。

实验 8　熔点的测定及温度计校正

一、实验目的

1. 了解熔点测定的原理及意义。
2. 掌握毛细管法测定熔点的基本操作方法。

二、实验原理

1. 熔点

熔点（m. p.）是固体有机化合物固液两态在大气压力下达成平衡的温度，纯净的固体有机化合物一般都有固定的熔点，固液两态之间的变化是非常明确的，物质受热后，从开始熔化到全部熔完存在一个温度区间，称之为熔点距或熔程，纯化合物的熔程 Δ≤0.5～1 ℃。当化合物含有杂质时，其熔点往往较纯净物熔点低，熔程变长。因此，可根据熔点测定初步鉴定未知的固体有机化合物，或判断有机化合物的纯度。

化合物的熔点可借助于相图及蒸气压-温度曲线进行说明。加热纯有机化合物，当温度接近其熔点范围时，升温速度随时间变化约为恒定值，此时以加热时间对温度作图，可得到如图 2.17 所示的变化曲线。

化合物温度不到熔点时以固相存在，加热使温度上升，达到熔点，开始有少量液体出现，而后固液相平衡，继续加热，温度不再变化，此时加热所提供的热量使固相不断转变为液相，固液两相在该温度下可以共存，此时的温度即为该化合物的熔点，这是纯净化合物有固定而敏锐的熔点的原因。随着时间延长，固体化合物最后全部熔化成液体，继续加热则温度线性上升。因此在接近熔点时，加热速度一定要慢，每分钟温度升高不能超过 2 ℃，只有这样，才能使整个熔化过程尽可能接近于两相平衡条件，测得的熔点也越精确。

当含杂质时（假定两者不形成固溶体），根据拉乌尔定律可知，在一定的压力和温度条件下，在溶剂中增加溶质，导致溶剂蒸气分压降低（图 2.18 中 $M'L'$），固液两相交点 M' 即代表含有杂质化合物达到熔点时的固液相平衡共存点，$t_{M'}$ 为含杂质时的熔点，显然，此时的熔点较纯净物低。

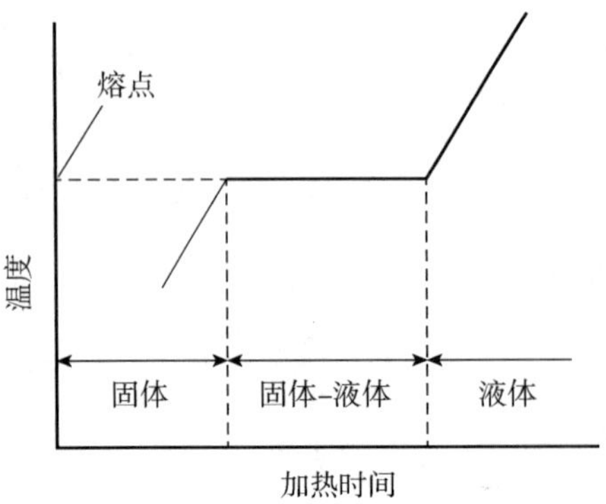

图 2.17　相随时间和温度的变化

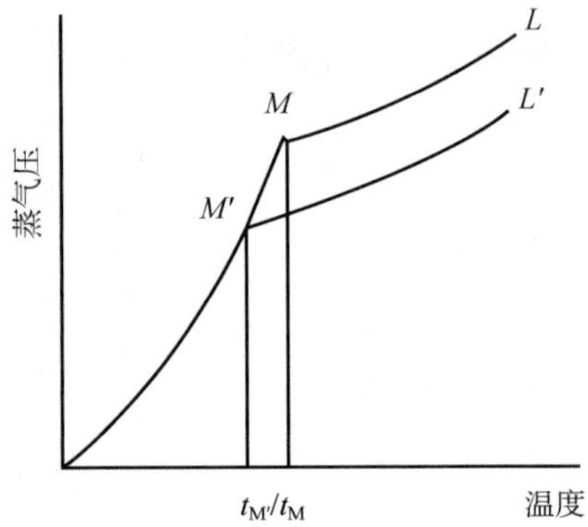

图 2.18　蒸气压和温度的关系曲线

2. 混合熔点

在鉴定某未知物时，如测得其熔点和某已知物的熔点相同或相近时，不能简单地认为它们为同一物质。还须把它们混合，测该混合物的熔点，若无熔点降低现象，才能认为它们为相同物质（少数例外情况是，两种熔点相同的不同有机化合物混合后，由于形成了新的化合物或固溶体，熔点并不下降或反而升高）。若混合物熔点降低，熔程增大，则说明它们属于不同的物质。故此种混合熔点实验，对检验两种熔点相同或相近的有机物是否为同一物质具有很大价值。

多数有机物的熔点都在 400 ℃以下，较易测定。但也有一些有机物在其熔化以前就发生分解，只能测得分解点。

常用的测定熔点的方法有 Thiele 管（毛细管）熔点测定法和显微熔点测定法，Thiele 管熔点测定法的缺点是：浴液内因无搅拌，上下温差大，火焰受外界空气的影响难以控制，熔点测定误差大。

以下介绍 Thiele 管（b 形管）法，有关显微熔点测定法可参阅附注 1。

三、实验装置

图 2.19 为 Thiele 管（b 形管）法测定熔点的装置图。先用铁夹将 Thiele 管固定在铁架台上，然后向 Thiele 管中加入液状石蜡或浓硫酸作为导热浴液，使浴液略高于 b 形管的上侧管即可。管口塞一带缺口单孔塞，中孔插入温度计（温度计的校正见附注 2），并使其刻度面向单孔塞缺口。

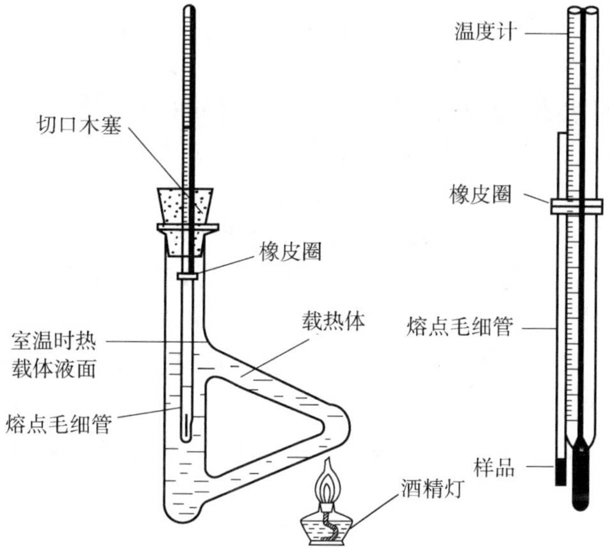

图 2.19 Thiele 管法测定熔点的装置图

四、主要仪器与试剂

仪器：熔点管；表面皿；玻璃棒；长 50 cm 的玻管；Thiele 管；酒精灯；温度计；液状石蜡（或硅油）

试剂：苯甲酸（m.p. 122.4 ℃）；未知样品：尿素（m.p. 133 ℃）、水杨酸（m.p. 159 ℃）或乙酰苯胺（m.p. 114.3 ℃）

五、实验步骤

1. 装样

取一支内径约 1 mm，长 40～50 mm 的毛细管作为熔点管，将毛细管一端在酒精灯上转动加热，烧熔封闭。取充分干燥、研细的待测物样品放在表面皿或玻璃片上，将毛细管开口一端插入样品粉末中，使少量样品挤入毛细管中。然后取一支长玻璃管，垂直于台面上，管下可垫一表面皿，由玻璃管上口将毛细管开口向上放入玻璃管中，使其自由落下，重复几次，使样品紧密集结在熔点管底部，填充高度为 2～4 mm。

2. 固定熔点管

用温度计水银球蘸取少量浴液，小心地将熔点管黏附于水银球壁上，或剪取一小段橡皮圈套在温度计和熔点管的上部，使毛细管中样品部分置于温度计水银球侧面中部。将温度计带毛细管小心地插入加热浴液中，使温度计水银球位置在 Thiele 管两支管中部。

3. 测定

①在 Thiele 管弯曲部位缓缓加热，使受热溶液沿管向上运动，从而促使整个 Thiele 管内溶液呈对流循环，保证温度均匀。开始时升温速度可以快些，当传热液温度距离该化合物熔点 10～15 ℃时，调整火焰使每分钟上升 1～2 ℃，越接近熔点，升温速度应越缓慢，每分钟 0.2～0.3 ℃。记录样品开始塌陷熔化形成第一滴液体（开始变透明时）的温度（初熔温度）和固体样品刚刚消失变成透明液体时的温度（终熔温度）。在加热过程中，若发现试样有萎缩、变色、发泡、升华、碳化等现象，均应如实记录。

②熔点测定应至少有两次重复的数据，每一次都必须用新的毛细管另装样品测定，不能将已测过熔点的熔点管冷却，使其中样品固化后再做第二次测定，而且必须等待液状石蜡冷却到低于此样品熔点 20～30 ℃时，才能进行下一次测定。

③对于未知样品，可用较快的加热速度（升温速率 4～5 ℃/min）粗测一次，在很短的时间里测出大概的熔点范围，然后更换一根样品管再做精密的测定。实际测定时，开始可以较快加热（升温速率 4～5 ℃/min），当介质温度达到粗测熔点以下 10～15 ℃，调小火焰，改成缓慢加热，使温度慢慢上升，保持升温速率 1～1.5 ℃/min，越接近熔点，加热速度应越慢，直至测试结束。

④按照上述步骤分别测定苯甲酸和未知样品（由实验室老师提供）的熔点。

六、注意事项

1. 往熔点管中装填样品时，熔点管底必须熔封好，否则会漏样，装入的样品一定要研细、压实，使热量的传导迅速均匀，如果装入的样品有空隙，受热时传热不均匀会影响测定结果的准确性。另外，熔点管必须洁净，熔点管外的样品粉末要擦干净以免污染热浴液体。

2. 实验过程中要控制好升温速度，缓慢加热，确保有充分的时间让热量由管外传至管内，以使固体熔化。另外，可减少实验者因不能同时观察温度计所示温度和样品的变化情况而导致的实验误差。升温速度过快，熔点偏高。

3. 样品不干燥或含有杂质，会使熔点偏低，熔程变宽；样品量太少不便观察，而且熔点偏低；太多会造成熔程变宽，熔点偏高。

4. b形管用的塞子一定要开口，否则易产生暴沸现象。温度计插入开口塞子中，刻度应面向塞子开口，其水银球位于b形管上下两叉管口之间。

5. 若选用硫酸作加热浴液要特别小心，不能让有机物碰到浓硫酸，否则使浴液颜色变深，有碍熔点的观察。若出现这种情况，可加入少许硝酸钾晶体共热后使之脱色。采用浓硫酸作热浴，适用于测熔点在220 ℃以下的样品。若要测熔点在220 ℃以上的样品可用其他热浴液。

6. 加热介质可以重复使用，但一定要等到冷却后方可倒入回收瓶中；而熔点管不能经冷却固化后重复使用，因为某些物质会发生部分分解，或转变成具有不同熔点的其他晶体。

七、思考题

1. 测熔点时，若有下列情况将产生什么结果？

(1) 熔点管壁太厚。

(2) 熔点管底部未完全封闭，尚有一针孔。

(3) 熔点管不洁净。

(4) 样品未完全干燥或含有杂质。

(5) 样品研得不细或装得不紧密。

(6) 加热太快。

2. 毛细管法测定熔点时，Thiele管中导热液的加入量既不能太多，也不能加得太少，为什么？

3. 为什么一根毛细管中的样品只用于一次测定？

4. 加热的快慢为何会影响熔点？接近熔点时温度变化为何要变慢？升温太快对测熔点有何影响？

5. 什么时候开始记录初熔温度和全熔温度？

八、附注

1. 显微熔点测定仪测定熔点

目前市面上有多种类型的显微熔点测定仪，下面介绍的是其中一种显微熔点测定仪的工作原理：

显微熔点测定仪，其光学元件由目镜、物镜、反射镜、热台组光学件及滤色片、偏光元件等组成。其光学原理是利用反光镜元件引进光源，照亮被测物体，经过显微物镜放大，在目镜线视场里可以清晰地看到从固态熔融变成液态时的全过程。利用偏光元件可以观察各晶体物质的熔融状况。热台组光学元件主要功能是隔绝外界干扰，尽可能防止热台腔内散热及存放被测物质。

要测物质的熔点时，只要在两片玻璃片之间放入被测物质，使被测物质放在热台孔之间，再盖上隔热片，旋转反光镜，使光线照亮热台小孔，上下移动工作台。从目镜视野里能清晰地看到被测物质为止。然后插上电源，观察显微镜下物质的状态。这样就能测出物质熔融时的温度。

2. 温度计校正

测熔点时，温度计上的熔点读数与真实熔点之间常有一定的偏差，分析其原因，一方面可能是温度计的制作质量差，如毛细孔径不均匀，刻度不准确造成的；另一方面普通温度计的刻度是在温度计汞线全部均匀受热的情况下刻出来的，而测熔点时只是将温度计的一部分插入热液中，另一部分水银球裸露在液面外，这样测定的温度就会比温度计全部浸入液体中所测得结果稍低。因此，为测得准确熔点，必须对温度计进行校正。为了校正温度计，可选用纯有机化合物的熔点作为标准或选用标准温度计进行校正。

选择数种已知熔点的纯有机化合物为标准，用温度计测定它们的熔点，以实测的熔点作纵坐标，以实测的熔点与已知的标准熔点的差值作横坐标，画成校正曲线（如图 2.20 所示），即可从曲线上读出任一温度的校正值。

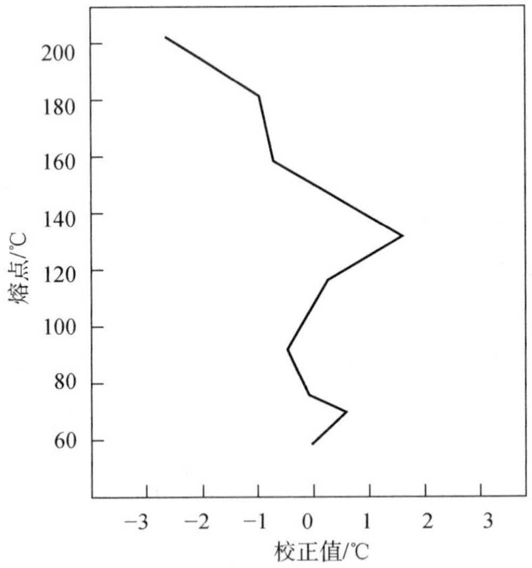

图 2.20　温度校正曲线

可用于校正温度计刻度的部分标准样品化合物及其熔点如表 2.6 所示。

表 2.6　部分标准样品化合物及其熔点　℃

化合物	冰-水(蒸馏水制)	二苯胺	萘	间二硝基苯	α-萘酚	乙酰苯胺	苯甲酸	水杨酸	丁二酸	蒽
熔点	0	53.5	80.5	89.5	95	114.3	122	159	188	216

实验9 苯甲酸的重结晶提纯

一、实验目的

1. 学习重结晶法提纯固体有机物的原理和实验操作方法。

2. 掌握重结晶提纯的基本操作方法(脱色、抽滤、热过滤、结晶及折叠滤纸等基本操作)。

二、实验原理

有机反应或由天然物提取得到的固体有机化合物往往是不纯的,可能夹杂着一些副产物、未反应的原料等杂质,必须经过提纯才能得到纯净产品。重结晶是提纯固体有机化合物最常用的方法之一,它是一种利用被提纯物和杂质在某种溶剂中的溶解度差异及各自在混合物中的含量不同而进行的一种分离纯化方法。

固体有机物在任意溶剂中都有一定的溶解度,其溶解度大小受温度的影响,一般情况下,绝大多数化合物在溶剂中的溶解度随温度的升高而增大,随温度的下降而减小。通常混合物中,被提纯物为主要成分,其含量较高,容易配制成热饱和溶液,而此时杂质则远未达到饱和溶液,然后将这种溶液冷却至室温或室温以下,被提纯的物质由于溶解度下降而变成过饱和状态,这时就会有结晶固体析出,而杂质全部或大部分留在母液中(若杂质在溶剂中的溶解度极小,则配成热饱和溶液后被过滤除去),从而达到分离提纯固体有机物的目的,这个过程称为重结晶。重结晶提纯方法主要用于提纯杂质含量小于5%的固体有机物。

重结晶操作包含下列几个主要步骤:①选择合适的溶剂,将粗产品溶于热溶剂中(必要时进行脱色);②趁热滤去不溶性杂质;③冷却,析出结晶;④过滤分出晶体;⑤结晶的洗涤和干燥。

重结晶成功的关键在于选择适当的溶剂,它影响被提纯物质的纯度和收率,一个良好的溶剂必须符合下面几个条件:

(1)不与被提纯物质起化学反应。

(2)被提纯物质在溶剂中的溶解度随温度变化较大,较高温度时,具有大的溶解度,而在室温或更低温度下,溶解度很小。

(3)对杂质的溶解度非常大或非常小,前一种情况下重结晶时杂质被保留在母液中而不随被提纯物质一起析出,后一种情况下重结晶物质溶解后,热过滤时即滤除了杂质。

(4)溶剂的沸点较低,最好比被结晶物质的熔点低50 ℃左右。干燥时易分离除去。沸点过高,则附着于晶体表面的溶剂不易挥发去除;沸点过低时将使被提纯固体的溶解度变化小,难以分离,影响收率,且操作也不方便。

(5)被提纯物质在该溶剂中有较好的结晶状态,能析出较好晶体。

(6)无毒或毒性很小,价格便宜,操作安全,易于回收。

(7)如果几种溶剂都适用,则应根据结晶的回收率,操作的难易,溶剂的毒性、易燃性、价格等择优选用。含有羟基、氨基而且熔点不太高的物质尽量不选择含氧溶剂。因为溶质与溶剂形成分子间氢键后很难析出,同样地,含有氧、氮的物质尽量不选择醇作溶剂。

溶剂的选择与所提纯化合物和溶剂的性质有关。根据"相似相溶原理",通常极性化合物易溶于极性溶剂,非极性化合物易溶于非极性溶剂。常用溶剂的极性:水>甲酸>甲醇>乙酸>乙醇>异丙醇>乙腈>DMSO>DMF>丙酮>HMPA>二氯甲烷>吡啶>氯仿>氯苯>THF>二氧六环>乙醚>苯>甲苯>氯仿>正辛烷>环己烷>石油醚。所提纯的化合物,如果是已知化合物,选择溶剂时,应先查有关手册和资料,若无合适的,则可通过实验来确定具体方法。

单溶剂的选择方法:取约 0.1 g 待重结晶样品若干份,放入不同的小试管中,分别加入 0.5~1 mL 不同的溶剂,观察振荡后是否溶解,若很快全溶,表明所用溶剂不宜作为重结晶的溶剂;反之,加热沸腾,至完全溶解,对比观察冷却后晶体析出情况,析出最多量晶体的溶剂,一般可认为最适合,应选择其作为重结晶的溶剂。

如果待结晶样品不溶于或未完全溶于 1 mL 沸腾的某溶剂中,则可分批加入该溶剂(每次约 0.5 mL),并继续加热至沸腾,当溶剂加入量达到 4 mL,若沸腾时仍不能全溶,在排除未溶的物质不是杂质后,则可认为此溶剂也不适用。若该样品能溶于 4 mL 以内的热溶剂中,冷却后仍无结晶析出,必要时可用玻璃棒摩擦试管内壁或用冷水冷却,促使结晶析出,若晶体仍不能析出,则此溶剂也是不适用的。如果该样品能完全溶解于 1~4 mL 沸腾的溶剂中,冷却后能自行析出较多的结晶,则此溶剂一般认为是适用的。

常用的重结晶溶剂见表 2.7。

表 2.7 常用的重结晶溶剂

溶剂	沸点/℃	相对密度	与水的混溶性	可燃性
水	100	1.0	+	不燃
甲醇	64.96	0.791 4	+	易燃
95%乙醇	78.1	0.804	+	易燃
丙酮	56.2	0.79	+	易燃
石油醚	30~60	0.64	−	易燃
乙醚	34.51	0.71	−	易燃
乙酸乙酯	77.06	0.90	−	易燃
冰醋酸	117.9	1.05	+	易燃
环己烷	80.7	0.778 5	−	易燃
苯	80.1	0.878 6	−	易燃

续表

溶剂	沸点/℃	相对密度	与水的混溶性	可燃性
甲苯	110.6	0.87	—	易燃
二氯甲烷	40.8	1.34	—	不燃
三氯甲烷	61.7	1.48	—	不燃
四氯化碳	76.54	1.59	—	不燃
二氧六环	101.3	1.03	+	易燃

注:苯和各种氯代甲烷的毒性较大,如果有其他溶剂可以替代,应尽量不使用。

若待重结晶化合物在单一溶剂中溶解度要么太大,要么太小,找不到比较理想的单一的溶剂进行重结晶,则可使用混合溶剂。

混合溶剂的选择方法:混合溶剂一般由两种能混溶的溶剂按一定比例混合而成,其中一种溶剂对被提纯物质的溶解度很大(称为良溶剂),另一种对被提纯物质的溶解度很小(称为不良溶剂)。用混合溶剂重结晶时,先用良溶剂在其沸点温度附近将样品溶解,制成接近饱和的溶液。若有不溶解物质则趁热滤去,若杂质有颜色,则用活性炭煮沸脱色,趁热滤去活性炭或其他不溶物,然后将此溶液在沸点附近滴加热的不良溶剂至溶液变浑浊不再消失为止,此时该物质在混合溶剂中呈过饱和状态,再加入少量良溶剂使之恰好透明,然后将溶液冷却至室温,使晶体自溶液中析出。也可以将两种溶剂按比例先混合,然后按与单一溶剂相同的方法进行重结晶操作。

常用的混合溶剂有:乙醇-水、乙醇-乙醚、乙醇-丙酮、乙醇-氯仿、二氧六环-水、吡啶-水、乙酸-水、乙醚-石油醚、乙醚-丙酮、苯-石油醚、氯仿-石油醚、乙醇-乙醚-乙酸乙酯等,最佳复合溶剂的选择必须通过预实验来确定。

三、实验装置

1. 热过滤装置

热过滤装置如图 2.21 所示。

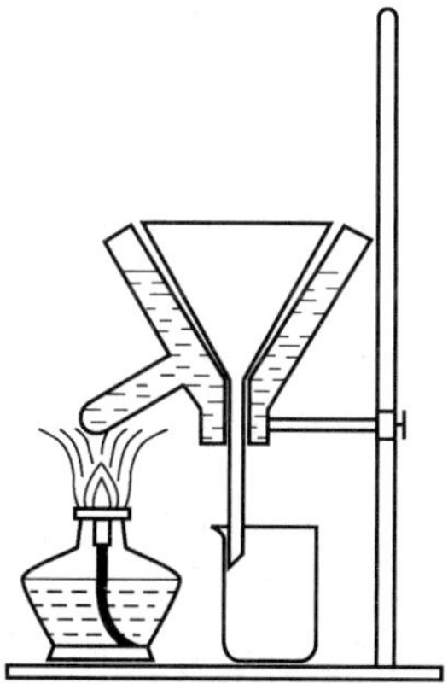

图 2.21 热过滤装置

2. 减压抽滤装置

减压抽滤装置如图 2.22 所示。

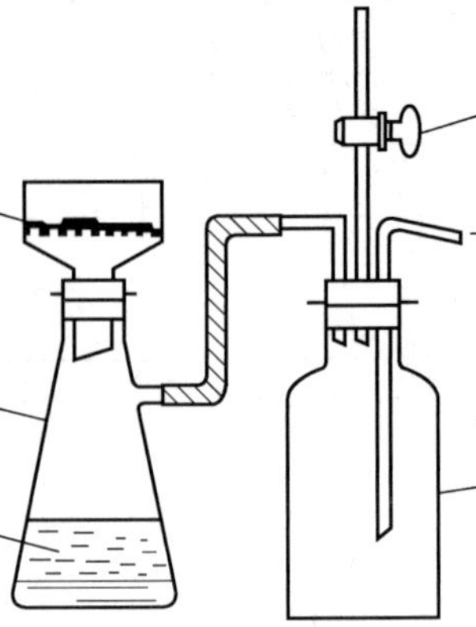

图 2.22　减压抽滤装置

四、主要仪器和试剂

仪器：250 mL 锥形瓶；球形冷凝管，100 mL 圆底烧瓶；表面皿；玻璃棒；吸滤瓶；铁架台；电炉或酒精灯；保温漏斗（或烘热的无颈漏斗）；药匙；刮刀，定性滤纸；布氏漏斗；石棉网；橡皮管；真空泵

试剂：苯甲酸；自来水；活性炭

五、操作步骤

1. 溶解

在 100 mL 圆底烧瓶中，加入 2.5 g 粗苯甲酸，加入约 70 mL 自来水和 2～3 粒沸石，装上球形冷凝管，在电热套上加热溶液至其沸腾，至样品完全溶解。若发现有固体药品不溶，可添加少量的水，每次 3～5 mL，直至全部溶解为止（杂质除外）。

2. 脱色

移开热源，待烧瓶中溶液稍冷却后，去掉冷凝管，加入 1/3～1/2 药匙的活性炭，重新装上冷凝管，再继续加热微沸 5～10 min。

3. 折叠滤纸

在加热溶解粗苯甲酸的同时，可准备热过滤用折叠滤纸，滤纸的折叠方法如图 2.23 所示，具体过程如下：

取 1 张圆形滤纸，先一折为二，然后再对折成 1/4 圆形，以 1 对 3 折成 5，2 和 3 折出 4（图 2.23(a)），2 和 5 再折出 6，1 和 4 再折出 7（图 2.23(b)），然后以 2 对 4、1 对 5 分别折出 8 和 9（图 2.23(c)），展开后如图 2.23(d)所示，最后在 1 和 9、9 和 5、5 和 7……8 和 2 之间各向相反的方向折叠一次，稍压紧如同折扇，见图（2.23(e)），展开可得折叠滤纸（图 2.23(f)），由于操作时手上的汗渍等可能对反复操作的滤纸面产生污染，当折叠滤纸完成后，将滤纸翻转，使与手接触的一面处于折叠滤纸的内部（图 2.23(g)）。

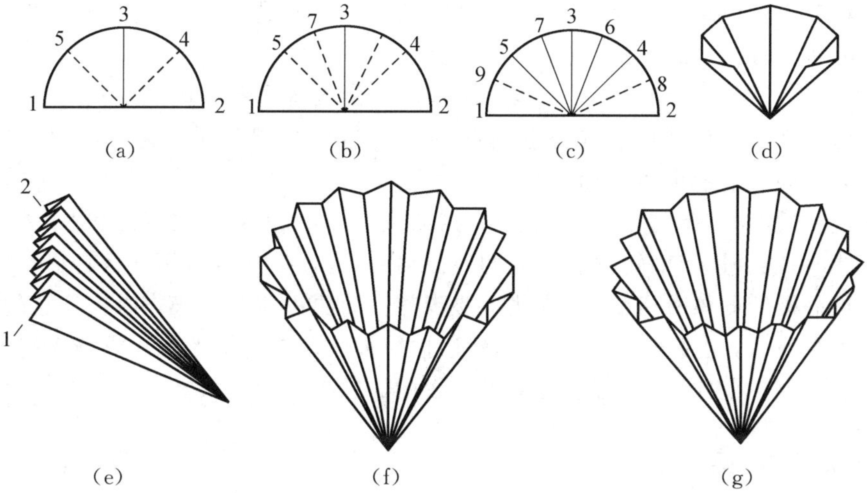

图 2.23 滤纸的折叠方法

4. 热过滤

取一保温漏斗,往其中注入热水或将保温漏斗放在烘箱中预热(此处可取一短颈或无颈漏斗替代保温漏斗使用,但使用前同样需要放在烘箱中预热),取出后迅速放在固定于铁架台上的铁圈中,放进一张大小合适的折叠滤纸,并用少量热水润湿,使滤纸向外突出的棱边紧贴于漏斗壁上,将上述脱色后的沸腾溶液尽快滤入 250 mL 的锥形瓶中,每次倒入的溶液不要太满,也不要等溶液全部滤完后再加,过滤过程中,若滤纸上析出晶体较多,可用 5～10 mL 沸水冲洗滤纸,若漏斗颈部有少量结晶,可用玻璃棒将其通入滤液中,过滤完毕,用少量热水洗涤之前盛放粗苯甲酸溶液烧瓶和滤纸,过滤后一并收集到滤液中。

5. 结晶

将盛有滤液的锥形瓶放在室温下自然冷却,使晶体慢慢析出,再用冷水冷却以使晶体析出完全。在此过程中,必要时可用玻璃棒摩擦容器壁或投入晶种引发结晶。如只有油状物而无结晶,需重新加热,待澄清后再结晶。

6. 洗涤,干燥

结晶完成后,用抽滤装置进行减压抽滤,如图 2.22 所示,使结晶与母液分开,并用玻璃塞压实结晶,瓶壁上残留的结晶可用少量滤液冲洗数次,一并移入到布氏漏斗中,使母液尽量除去。之后,拔去连在吸滤瓶支管上的橡皮管,或打开安全瓶上的放空阀接通大气,关闭水泵,加入少量冷水至布氏漏斗,使结晶润湿,必要时,可用玻璃棒轻轻搅拌使结晶松动,洗涤用的溶剂量应尽量少,以避免晶体大量溶解损失,重新抽滤至干,重复洗涤过程 1～2 次后,将结晶转移到铺有称量纸或滤纸的表面皿或培养皿中,摊成薄层,自然晾干,放入烘箱中烘干或红外灯下烘干。

7. 产物测定

称重并计算回收率。

六、思考题

1. 重结晶纯化有机物的依据是什么？如何选择重结晶的溶剂？

2. 加热溶解待重结晶的粗产品时，为什么加入溶剂的量要比计算量略少，然后逐渐添加到恰好溶解，最后再加入少量的溶剂？

3. 将溶液进行热过滤时，为什么要尽可能减少溶剂挥发？如何减少？

4. 进行活性炭脱色操作时应注意哪些问题？为什么要在固体完全溶解以后才能加入？为什么不能在溶液沸腾时加入？

5. 热过滤后的滤液结晶时为什么不宜摇动或用冷水、冰箱等快速冷却？

6. 抽滤时，能否用溶剂转移瓶壁上的残留结晶，为什么？应该用什么转移？

7. 重结晶提纯固体有机物，有哪些主要步骤？简要说明各步操作时应注意的事项。

8. 停止抽滤后，能否先关闭真空泵，然后拔掉抽滤瓶支管上的橡皮管或者打开安全瓶上的放空阀活塞？如此操作，可能会带来什么样的后果？为什么？

七、注意事项

1. 加热溶解待重结晶的粗产品时，控制溶剂用量很重要。每次加入的热水量以 3～5 mL 为宜，若加入溶剂后加热并不能使未溶物减少，则可能是不溶性杂质，此时不必再加溶剂。为了防止热过滤时有晶体在漏斗中析出，溶剂量可比沸腾时饱和溶液所需量适当多一些，一般过量 20%左右。另外，补加溶剂时要注意，溶液若被冷却到沸点以下，沸石不再有效，需再添加新的沸石。

2. 用活性炭脱色时，一般加入量为样品量的 1%～5%，加入量过多会吸附部分产品，太少则脱色不完全。不要把活性炭加入正在沸腾的溶液中，否则发生暴沸。

3. 折叠滤纸时，滤纸中央圆心部位不可用力折，否则可能导致中心处破损。

4. 热过滤时要确保保温漏斗处于受热状态，过滤操作要快，避免溶液冷却降温而引起晶体的析出。

5. 热过滤结束后不要急冷滤液，否则形成的结晶会很细、表面积大、吸附的杂质多。有时晶体不易析出，则可用玻璃棒摩擦器壁或加入少量晶种，不得已也可放置冰箱或冰水浴中促使晶体较快地析出。

6. 减压过滤时，使用的布氏漏斗中铺放的滤纸要圆，直径应略小于漏斗内径，要紧贴在漏斗的底壁，恰好盖住所有的小孔。吸滤瓶不必预热，抽气压力也不能太大，防止吸滤瓶中热的母液暴沸。

7. 苯甲酸 100 ℃以上易升华，烘干时烘箱内的温度不宜过高；若采用自然晾干，应在培养皿或表面皿上盖一张滤纸或称量纸，以免灰尘沾污。

实验10 色谱法

色谱法是分离、纯化和鉴定有机化合物的重要方法之一，亦称色层法、层析法等。色谱法的基本原理是利用混合物通过某一物质时，混合物中各组分在某一物质中的吸附或溶解性能（即分配）的不同，或其他亲和作用性能的差异，进行反复的吸附或分配等作用，从而将各组分分开，达到分离和分析鉴定的目的。在这个过程中，流动的、被分离的混合物称为流动相，位置固定的物质（可以是固体或液体）称为固定相。

根据组分在固定相中的作用原理不同，色谱法大体上可分为吸附色谱、分配色谱、离子交换色谱（利用离子交换能力的不同进行分离）、电泳色谱（利用离子在电场作用下迁移速度的不同进行分离）、凝胶色谱（利用被分离物质相对分子质量大小的不同和在填料上渗透程度的不同进行分离）等。

其中，吸附色谱主要以氧化铝、硅胶等为吸附剂，吸附剂将一些物质自溶液中吸附到它的表面。当用溶剂洗脱或展开时，由于吸附剂表面对不同化合物的吸附能力不同，不同化合物在同一种溶剂中的溶解度也不同，因此吸附能力强、溶解度小的化合物，移动的速率就慢一些；而吸附能力弱、溶解度大的化合物，移动的速率就快一些。吸附色谱正是利用不同化合物在吸附剂和溶剂之间的分布差异，实现分离目的。它可采用柱色谱和薄层色谱两种方式。

分配色谱主要是利用不同化合物在两种不相混溶的液体中的分布情况不同而得到分离，相当于一种溶剂连续萃取的方法。这两种液体分为固定相和流动相。固定相需要一种本身不起分离作用的固体吸住它，如纤维素、硅藻土等称为载体；用作洗脱或展开的液体称为流动相。易溶于流动相的化合物，移动速率快一些；而在固定相中溶解度大的化合物，移动速率就慢一些。分配色谱的分离原理可在柱色谱、薄层色谱以及纸色谱的操作中体现。

根据操作条件的不同，色谱法可分为柱色谱、纸色谱、薄层色谱、气相色谱及高效液相色谱等类型。每种色谱法各有其使用特点，一般来说，分离大量物质时宜选用柱色谱法或高效液相色谱法；少量混合物的分离和分析鉴定可选用薄层色谱法；液体混合物及有些遇热不分解的固体化合物的分离鉴定可选用气相色谱法。

色谱法在有机化学中的应用主要包括以下几个方面。

1. 分离混合物

色谱法的分离效果远比分馏、重结晶等一般方法好。一些结构类似、理化性质相似的化合物混在一起，采用一般方法难以分离时，应用色谱法往往会取得理想的分离效果。

2. 精制提纯化合物

当有机化合物中含有少量结构类似的杂质不易除去时，可利用色谱法将杂质分开，得到纯净的化合物。

3. 利用比移值（R_f）鉴定化合物

在一定的条件下，纯净的化合物在薄层色谱法或纸色谱法中都有一定的移动距离，即比移值(R_f),不同化合物的比移值(R_f)一般彼此不同。因而,可以根据比移值(R_f)的大小鉴别化合物的纯度或确定两种性质相似的化合物是否为同一种物质,但为了确保结果的可靠性,应至少选用两种不同的溶剂体系进行比移值(R_f)的测定。

4. 跟踪反应进程

在化学反应过程中,可用薄层色谱法或纸色谱法观察原料色点的逐渐消失,跟踪化学反应的进程,以寻找出该反应的最佳反应时间和达到的最高反应产率。

实验Ⅰ 柱色谱

一、实验目的

1. 了解柱色谱法的基本原理和应用。
2. 学习柱色谱分离有机物的操作方法。

二、实验原理

柱色谱法又称柱层析,是化合物在液相和固相之间的分配,柱色谱属于液-固吸附色谱。被广泛应用于混合物的分离,包括对有机合成产物、天然提取物以及生物大分子的分离。

柱色谱法中,作为吸附剂使用的固定相被充装于柱内,流动相为待分离的混合物溶液,当混合物溶液加在固定相上,固体表面借各种分子间力(包括范德瓦耳斯力和氢键)作用于混合物中各组分,以不同的作用强度被吸附在固体表面。

当流动相流过固体表面时,混合物各组分在液-固两相间分配,发生吸附-解吸作用。由于吸附剂对各组分的吸附能力不同,吸附牢固的组分在流动相中分配少,吸附弱的组分在流动相中分配多。流动相流过时各组分会以不同的速率向下移动,吸附弱的组分以较快的速率向下移动。随着流动相的移动,在新接触的固定相表面上又依这种吸附-溶解过程进行新的分配,新鲜流动相流过已趋平衡的固定相表面时也重复这一过程,结果是吸附弱的组分随着流动相移动在前面,吸附强的组分移动在后面,吸附特别强的组分甚至会不随流动相移动,各种化合物在色谱柱中形成带状分布,实现混合物的分离。但直接将混合溶液倒入色谱柱中依靠其各组分自身吸附-溶解过程进行分离,效果往往并不太理想。为了更好地分离各组分,在操作过程中往往需要使用某种溶剂(一般与原溶液所用的溶剂相同)进行冲洗。在冲洗过程中,有一部分物质重新溶解,即解吸,并随溶剂向下流动,从而实现更加高效的分离。

柱色谱中,柱内装有表面积很大、经过活化的多孔性或粉状固体(固定相)如氧化铝或硅胶等。当待分离的混合物溶液流过吸附柱时,各种成分同时被吸附在柱的上端。当洗脱剂流下时,由于不同化合物吸附能力不同,便以不同的速度下移,于是形成了不同层次,即溶质在柱中自上而下按对吸附剂亲和力大小分别形成若干色带,再用溶剂洗脱时,已经分开的溶质可以从柱上分别洗出收集;或者将柱吸干,挤出后按色带分割开,再用溶剂将各色带中的溶质萃取出来。对于柱上不显色的化合物分离时,可用紫外光照射后所呈现的荧光来检查，或在用溶剂洗脱时，分别收集洗脱液，逐个加以检定，相同的级分合并，分别脱除溶剂后得到经柱层析分离的不同级分。

1. 吸附剂

常用的吸附剂有：氧化铝、硅胶、氧化镁、碳酸钙、活性炭或纤维素粉等。柱色谱常用的有吸附色谱和分配色谱两类。前者常用氧化铝或硅胶为吸附剂。后者以硅胶、硅藻土和纤维素为支持剂，用以吸收大量的液体。吸附剂在使用前一般要经过纯化和活性处理，与被吸附物及洗脱剂之间均无化学作用。吸附剂颗粒大小也应均匀适中。颗粒太粗，流速快，分离效果不好；颗粒小，比表面积大，吸附能力高，分离效果明显。但如果过小，流体流速减慢，用普通常用层析柱操作需要花费很长时间，有时甚至会产生分离带的再重叠，效果反而变差。

脱水的中性氧化铝称为活性氧化铝。活性氧化铝不溶解于水，也不溶于有机溶剂，含水的与无水的物质都可使用这种吸附剂。因此应根据实际分离需要而定。色谱用的氧化铝可分酸性、中性和碱性三种。酸性氧化铝 pH 为 4.0～4.5，用于分离羧酸、氨基酸等酸性物质；中性氧化铝 pH 为 7.5，用于分离中性物质，应用最广；碱性氧化铝 pH 为 9～10，用于分离生物碱、胺和其他碱性化合物等。

2. 溶质的结构与吸附能力的关系

化合物的吸附能力与分子极性有关。分子极性越强，吸附能力越大。分子中所含极性较大的基团，其吸附能力也较强。具有下列极性基团的化合物，其吸附能力按下列次序递增：

$$Cl^-、Br^-、I^- < \mathrm{\overset{|}{\underset{|}{C}}=C} < -OCH_3 < -CO_2R < \mathrm{\overset{|}{\underset{|}{C}}=O} < -CHO < -SH < -NH_2 < -OH < -COOH$$

氧化铝对各种化合物的吸附性按以下次序递减：

酸和碱＞醇、胺、硫醇＞酯、醛、酮＞芳香族化合物＞卤代物、醚＞烯＞饱和烃

3. 溶剂与洗脱剂

两者常为同一组分，但用途不同。习惯上，把用于溶解样品的溶液称为溶剂，把用于洗脱层析柱的溶液称为洗脱剂。

先将要分离的样品溶于尽量少的非极性溶剂中，如有的样品在极性低的溶剂中溶解度很小，则可加入少量极性较大的溶剂，使溶液体积不致太大。色层的展开首先使用极性较小的溶剂，使最容易脱附的组分分离。然后依次增大溶剂的极性，将极性较大的化合物自色谱柱中洗脱下来。

常用的洗脱剂的极性按以下次序递增：

己烷和石油醚（低沸点的＜高沸点的）＜环己烷＜四氯化碳＜三氯乙烯＜二硫化碳＜甲苯＜苯＜二氯甲烷＜氯仿＜乙醚＜甲乙酮＜二氧六环＜乙酸乙酯＜丙酮＜丙醇＜乙醇＜甲醇＜水＜吡啶＜乙酸。

另外，被分离物质与洗脱剂之间不能发生化学反应，所用洗脱剂必须纯粹和干燥，沸点不能太高（一般介于 40～80 ℃之间），否则会影响吸附剂的活性和分离效果。当使用一种洗脱剂无法很好地分离各组分时，可选用几种洗脱剂按照一定比例混合成合适的洗脱剂。

4. 装柱

吸附柱色谱的分离效果不仅依赖于吸附剂和洗脱溶剂的选择，而且与制成的色谱柱有关。

色谱柱的大小，视处理量而定。柱的长度与直径之比为 1∶10～1∶20，固定相用量与分离物质的量比约为 1∶50～1∶100。先将玻璃管洗净干燥，柱底铺一层玻璃棉或脱脂棉，再铺上一层约 0.5 cm 厚的石英砂，然后将吸附剂装入管内，必须装填均匀，严格排除空气，吸附剂不能有裂缝。装填方法有湿法和干法两种。

(1)干法：在色谱柱上端放一干燥的漏斗，将吸附剂通过漏斗均匀地装入管内，并轻敲玻璃管，使之填装均匀，然后加入溶剂，至吸附剂全部润湿，吸附剂氧化铝的高度为管长的 3/4。也可以先加入 3/4 柱高的洗脱剂，然后再往柱内倒入吸附剂。吸附剂顶部盖一层约 0.5 cm 厚的砂子或滤纸，敲打柱子，使吸附剂顶端和砂子(或滤纸)上层保持水平。

(2)湿法：湿装时，将准备好的吸附剂用适量极性最低的洗脱剂调成可流动的糊，如干装时一样准备好色谱柱，打开柱下端的旋转活塞，将吸附剂糊小心地慢慢加入柱中，加入时不停敲击柱身，务必使吸附剂装填均匀，不能有气泡和裂隙，还必须使吸附剂始终被洗脱剂覆盖。柱子填完后，在吸附剂上端覆盖一层厚约 0.5 cm 的石英砂或滤纸。

5. 洗柱

干柱在使用前要洗柱，目的是排除吸附剂间隙中的空气，使吸附剂填充密实。

洗柱时从柱顶由滴液漏斗加入所选的洗脱剂，适当放开柱下端的旋塞。加入时先快加，再放慢滴加速度，使吸附剂始终被洗脱剂覆盖。洗柱时也要轻敲柱身，排出气泡。

三、实验装置

柱色谱装置如图 2.24 所示。

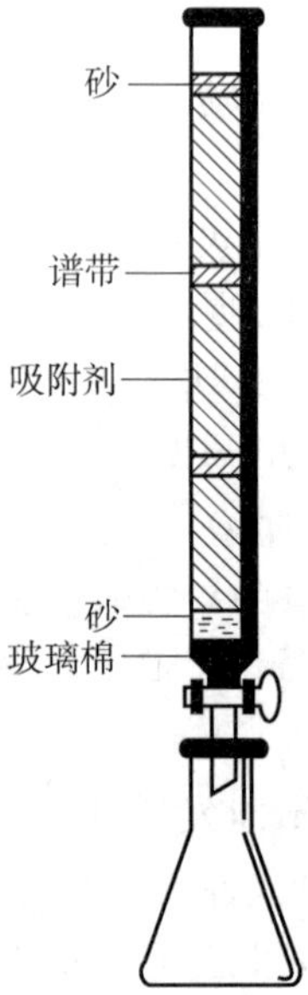

图 2.24　柱色谱装置

四、主要仪器与试剂

仪器：色谱柱（或 25 mL 碱式滴定管）；50 mL 锥形瓶；普通漏斗；量筒；滴管；电子天平；烧杯

试剂：中性氧化铝（100～200 目）；甲基橙和亚甲蓝混合液；95%乙醇；玻璃棉或脱脂棉，石英砂

五、实验步骤

1. 装柱

取一支色谱柱，在色谱柱的底部塞一小团脱脂棉花，注意松紧要适度，再在脱脂棉花上盖上一张比色谱柱内径略小的滤纸片或约 2 mm 厚的石英砂。然后采用干法在棉花上装填氧化铝吸附剂，并轻轻敲击，将填料弄平，必要时可用吸气机将氧化铝填料吸实，氧化铝的高度为管长的 1/4，约为 4 cm。

2. 洗柱

将色谱柱垂直固定在铁架台上，往柱内加适量 95%乙醇溶液，打开活塞，赶走气泡。从柱口向柱中一次性加入 95%乙醇溶液，打开活塞，当柱内乙醇液面刚好至氧化铝表面时，关闭活塞。

3. 加样

用滴管吸取甲基橙和亚甲蓝混合液试样，并往色谱柱内滴加 10 滴试样，打开活塞，让样品全部进入色谱柱。用滴管吸取少量的乙醇洗涤色谱柱内壁少量的试样，以确保试样全部流入色谱柱。

4. 洗脱亚甲蓝

在柱顶装一滴液漏斗，内盛足量的乙醇，打开漏斗活塞，让乙醇缓缓滴入柱中（刚开始时应沿柱子内壁缓缓滴下，以防止滴速过快导致吸附剂顶面松动浮起），当洗脱剂液面高出吸附剂顶面约 2 cm 时，打开层析柱下端活塞，使洗脱液以 1～2 滴/s 的速度滴下，调节洗脱液的滴加速度，使之与下面洗脱液流出速度大致相等。用锥形瓶收集蓝色的亚甲蓝溶液。

5. 洗脱甲基橙

当蓝色溶液收集完后，等柱内的 95%乙醇溶液恰好流到滤纸面时，关闭活塞，加入适量自来水作为洗脱剂。打开活塞收集甲基橙溶液，直到其完全被洗出。

6. 计量

用量筒分别量取所分离出来的亚甲蓝和甲基橙溶液的体积后，倒入指定的回收瓶中。

7. 色谱柱后处理

分离结束后，应先让溶剂尽量流干，然后倒置，用吸耳球从活塞口向管内挤压空气，将吸附剂从柱顶挤压出。使用过的吸附剂倒入垃圾桶里，切勿倒入水槽，以免堵塞水槽。

六、注意事项

1. 在装吸附剂的过程中，应用质软的物体如试管夹、吸耳球等轻轻敲击柱身，促使吸

附剂装填紧密，排除气泡。最终应使吸附剂的上端平整，无凹凸面。

2. 色谱柱一定要干燥，若潮湿可用吹风机吹干或用无水有机溶剂（甘油等）清洗。

3. 色谱柱中吸附剂的填装要紧密，要求无断层、无裂缝、无气泡。若柱中留有气泡或各部分松紧不匀（更不能有断层或暗沟）时，会影响渗滤速度和显色的均匀。但如果填装时过分敲击，色谱柱中吸附剂填充过于密实，会导致洗脱剂流速太慢，实验周期变长。

4. 为了保持色谱柱的均一性，使整个吸附剂浸泡在溶剂或溶液中是必要的。洗脱时切勿使溶剂流干。否则会使柱身干裂，影响渗透和显色的均一性。

5. 如不装置滴液漏斗，也可用每次倒入 10 mL 洗脱剂的方法进行洗脱。当一种溶剂不能实现很好的分离时，选择使用不同极性的溶剂分级洗脱。如一种溶剂作为洗脱剂只洗脱了混合物中的一种化合物，对其他组分不能展开洗脱，需换一种极性更大的溶剂进行第二次洗脱。这样分次用不同的洗脱剂可以将各组分分离。

6. 中性氧化铝应在 500 ℃烘干 4 h，然后冷却至 100 ℃，迅速装瓶，置于干燥器中待用。

七、思考题

1. 柱色谱中，为什么甲基橙和亚甲蓝两组分需要采用不同的洗脱剂进行洗脱？
2. 柱中若留有空气或填装不匀，对分离效果有何影响？如何避免？
3. 柱内吸附剂顶面为何要保持水平，并处于洗脱剂液面之下？
4. 为什么要待试样全部入柱后才能洗脱？

实验Ⅱ　薄层色谱

一、实验目的

1. 了解薄层色谱的基本原理和应用。
2. 掌握利用薄层色谱分离鉴别有机化合物的操作方法。

二、实验原理

1. *薄层色谱*（thin layer chromatography，TLC）

薄层色谱又称为薄板层析，是快速分离和定性分析少量物质的一种很重要的实验技术，是近年来发展起来的一种微量（样品量为几微克到几十微克，甚至 0.01 μg）、快速（几分钟到几十分钟）的分析分离方法，它具有灵敏、快速准确等特点，兼备了柱色谱和纸色谱的优点，一方面适用于少量样品（微克级）的分离；另一方面在制作薄层板时，把吸附层加厚加大，又可用来精制样品，此法特别适用于挥发性较小或较高温度易发生变化而不能用气相色谱分析的物质。此外，薄层色谱法还可用来跟踪有机反应及进行柱色谱之前的一种“预试”。

薄层色谱的原理和柱层析一样，是利用待分离混合物中各组分在某一物质中的吸附或溶解性能（即分配）的不同，或其他亲和作用性能的差异，使混合物的溶液流经该种物质，进行反复的吸附或分配等作用，从而将各组分分开，属于固-液吸附层析的类型。实验时，通常是把吸附剂铺在玻璃板上使之成为一个薄层板，作为固定相，以有机溶剂作为流动相，用毛细管把要分离的混合物滴在薄层板的一端，然后把此薄层板置于盛有溶剂的容器中用适当的溶剂展开，当溶剂流经吸附剂时，由于各物质被吸附的强弱不同，就以不同的速率随着溶剂移动，从而使样品中各个组分得以分离。展开一定时间后，让溶剂停止流动，混合物中各组分就停留在薄层色谱上显示出一个个色斑的色谱图。若各组分无色，可喷洒一定的显色剂使之显色，晾干，测定被分离组分在薄层板上从原点到斑点中心的距离及溶剂（展开剂）从原点到前沿的距离，两者之间的比值称为比移值（R_f 值）。R_f 值可通过以下公式进行计算：

$$R_f=\frac{\text{原点到斑点中心的距离}}{\text{原点到溶剂前沿的距离}}=\frac{\text{溶质移动的距离}}{\text{溶剂移动的距离}}$$

各种物质的 R_f 值和薄层板类型、溶剂、温度等有关。在上述条件固定的情况下，各物质的 R_f 值是一个常数；不同物质在相同条件下，具有不同的 R_f 值。借此可对物质进行定性鉴定，也可用于物质的分离和定量测定。但由于影响物质 R_f 值的因素较多，所以，R_f 重复常常不理想。在鉴定样品时，常用已知成分作对照实验，在同一个薄层板上进行层析，然后通过 R_f 值的比较，对物质作定性鉴定。通过对照物、已知物斑点的面积大小和颜色的深浅还可定量分析未知物。如果已知物的 R_f 的实验值与文献值不同，则未知物的 R_f 值必须按照同样比例进行校正。

采用薄层色谱法分离混合溶液时，理想的分离效果应使被分离各组分的 R_f 值之差最好大于 0.05，以避免斑点重叠。

2. 薄层色谱条件

（1）固定相选择

柱色谱中提到的吸附剂都可以用作薄层色谱的固定相，分离性能及使用选择同柱色谱。其中，氧化铝和硅胶是薄层色谱法中常用的两种吸附剂。

一般用于薄层色谱时，要求吸附剂的粒度更小。商品吸附剂区分为色谱级（用于柱色谱）和薄层色谱级（用于薄层色谱）。

（2）展开剂选择

薄层色谱展开剂的选择和柱色谱一样，主要根据被分离物质中各组分的极性及所选用吸附剂的性质等因素来考虑，一般的原则是被分离物质和洗脱剂（展开剂）之间的极性关系符合“相似相溶原理”，展开剂的极性越大，对化合物的洗脱力也越大。

常用溶剂的极性按如下次序递增：己烷和石油醚＜环己烷＜四氯化碳＜三氯乙烯＜二硫化碳＜甲苯＜苯＜二氯甲烷＜氯仿＜乙醚＜乙酸乙酯＜丙酮＜丙醇＜乙醇＜甲醇＜水＜吡啶＜乙酸。

选择展开剂时，除参照表列溶剂极性来选择外，更多的是采用实验的方法，在一块薄层板上进行实验：

①若所选展开剂使混合物中所有的组分点都移到了溶剂前沿，此溶剂的极性过强；

②若所选展开剂几乎不能使混合物中的组分点移动，留在了原点上，此溶剂的极性过弱。

当一种溶剂不能很好地展开各组分时，常选择用混合溶剂作为展开剂。先用一种极性较小的溶剂为基础溶剂展开混合物，若展开不好，用极性较大的溶剂与前一溶剂混合，调整极性，再次实验，直到选出合适的展开剂组合。合适的混合展开剂常需多次仔细选择才能确定。

(3)相对移动值

在不同的展开条件下，各化合物的移动距离不会相同，而在同一条件下，相对于展开剂的移动距离，各化合物有可比较的展开数据，称为相对移动值：

$$R_{r,f}=\frac{l_1}{l_0}$$

(4)显色

分离的化合物若有颜色，很容易识别出来各个样点。但多数情况下化合物没有颜色，要识别样点，必须使样点显色。通用的显色方法有碘蒸气显色和紫外线显色。

①碘蒸气显色：常用的显色剂有碘。由于碘能与许多有机化合物形成棕色或黄色的络合物，所以，可在一密闭容器(一般用展开缸即可)中放入几粒碘，将展开并干燥的薄层板放入其中，必要时稍稍加热，让碘升华，当样品与碘蒸气反应后，取出薄层板，立即标记出斑点的形状和位置(因为薄层板放在空气中，由于碘挥发棕色斑点会很快消失)，并计算 R_f 值。

②紫外线显色：用掺有荧光剂的固定相材料(如硅胶 F，氧化铝 F 等)制板，展开后再用紫外线照射展开的干燥薄层板，板上的有机物会吸收紫外线，在板上出现相应的色点，可以被观察到。

有时对于特殊有机物使用专用的显色剂显色，此时常用盛有显色剂溶液的喷雾器喷板显色。

三、主要仪器与试剂

仪器：点样毛细管；直尺；层析缸；薄层色谱板

试剂：石油醚/乙酸乙酯(体积比为 4∶1)混合溶剂(展开剂)；0.1%邻硝基苯胺的乙醇溶液；0.1%对硝基苯胺的乙醇溶液；0.1%邻硝基苯胺和 0.1%对硝基苯胺的乙醇混合溶液；氯仿

四、实验装置

薄层色谱法常用的展开方式有上升法、倾斜法和下降法。上升法适用于含黏合剂的薄层板，是将薄层板垂直于盛有展开剂的容器中。倾斜上行法(图 2.25)是将薄层板倾斜 15°角放置，适用于无黏合剂的软板，含有黏合剂的色谱板可以倾斜 45°～60°角放置。下降法(图 2.26)是将展开剂放在圆底烧瓶中，用滤纸或纱布等将展开剂吸到薄层板的上端，使展开剂沿板下行，这种连续展开的方法适用于 R_f 值小的化合物。薄层色谱需要在密闭的容器中展开，由此可使用特制的层析缸或用锥形瓶代替。

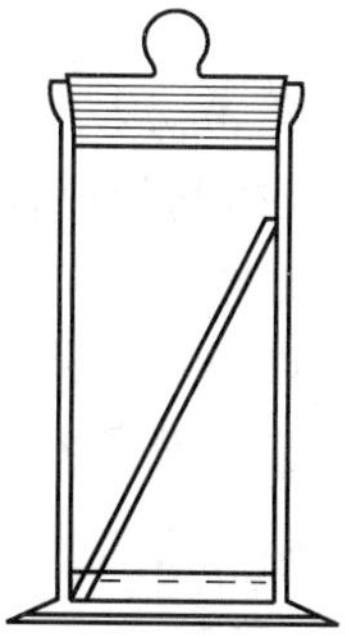

图 2.25　倾斜上行法

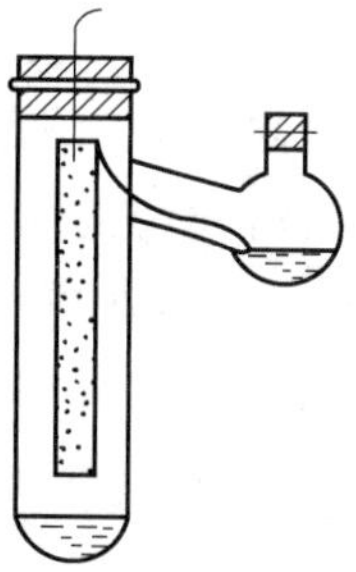

图 2.26　下降法

五、实验步骤

1. 点样

取 2 块薄层板，分别在距一端 1 cm 处用铅笔轻轻画一横线作为起始线。用三支管口平整、内径小于 1 mm 的毛细管分析吸取邻硝基苯胺、对硝基苯胺、邻硝基苯胺和对硝基苯胺的混合溶液在起始线上点样。可重复点样，重复点样前必须待前次样品干燥后进行，样点间距应为 1～1.5 cm，样点直径不应超过 2 mm。

2. 展开

展开剂：(a)氯仿

(b)V(石油醚)∶V(乙酸乙酯)＝4∶1

待样点干燥后，在薄层板另一端 1 cm 处画一直线，然后将点样板小心放入已加入展开剂的 250 mL 色谱缸(展开剂高度不能超过点样线)中进行展开。点样的一端应浸入展开剂 0.5 cm。盖好瓶盖，观察展开剂前沿上升至点样板上端 1 cm 画线处取出，如未画线，观察展开剂前沿上升到一定高度时取出，尽快用铅笔在展开剂上升的前沿处划一记号，在空气中晾干后观察分离的情况。

分别用展开剂(a)和(b)展开，比较不同展开剂系统的展开效果。

3. 计算 R_f 值(本次实验不显示)

化合物本身有颜色，就可直接观察它的斑点；也可先在紫外灯下观察斑点，用铅笔在薄层上划出斑点的位置；用直尺量出溶质和溶剂移动的距离，分别计算邻硝基苯胺和对硝基苯胺的 R_f 值。

六、注意事项

1. 本实验关键在于薄层板的制备质量。薄层板要求平滑均匀，不应有纹路、带团粒，也不应有能看见玻璃的薄涂料点。

2. 点样用的毛细管必须专用，不得弄混，点样要轻，使毛细管液面刚好接触到薄层即可，不可刺破薄层。

3. 点样时注意样点不能过大，点样时，如果浓度过大，会造成斑点过大或出现拖尾等现象，影响分离效果。

4. 展开时注意观察样点的移动情况。

5. 仔细测量移动的距离，计算 R_f 值。

6. 样品最好用具挥发性的有机溶剂溶解，不应用水溶液，因水分子与吸附剂相互作用力较弱，当它占据了吸附剂表面上的活性位置时，会使吸附剂的活性降低，而使斑点扩散。

7. 在制备样品时，溶样溶剂黏度不能过高，以便于点样。

8. 为避免不同定量毛细管的点样误差，建议一块薄层板上最好用同一只毛细管。但应注意更换样品时，应将毛细管用超声波或不同极性溶剂清洗干净。

七、思考题

1. 为什么可以用 R_f 来鉴定有机化合物？如何利用 R_f 来鉴定有机化合物？
2. 点样时应注意哪些事项？点样时斑点越小，分离效果越好，为什么？
3. 常用的薄层色谱显色剂是什么？
4. 薄层色谱的比移值 R_f 大小说明什么？为什么？
5. 影响薄层色谱的比移值 R_f 大小的因素有哪些？如何影响？
6. 做薄层色谱法实验时，展开剂不可浸过样品点。若超过，将产生什么后果？

实验Ⅲ　纸色谱

一、实验目的

1. 了解纸色谱的基本原理。
2. 掌握用纸色谱分离氨基酸的操作方法。

二、基本原理

纸色谱的原理比较复杂，涉及分配、吸附和离子交换等机理，但分配机理起主要作用，因此，一般认为纸色谱属于分配色谱。

纸色谱以滤纸作载体。滤纸的纤维素上含有众多羟基，能吸附20%～25%水分，部分吸附水是通过氢键与纤维素上的羟基相结合的，吸附极为牢固，一般条件下，很难脱去。所以，纸色谱就是以吸附在纤维素上的水为固定相，以与水不相混溶的有机溶剂作为流动相（展开剂）。当样品点在滤纸一端，放入一密闭器中，让流动相通过毛细作用从滤纸一端，经过点样点流向另一端，样品中溶质在固定相水、流动相有机溶剂之间进行连续多次分配，因样品中不同溶质在两相中分配系数不同，结果是在流动相中具有较大溶解度的物质向前移动速度快些，而在流动相中具有较小溶解度的物质向前移动速度相对较慢，这样便可实现不同组分的分离，也可用测定 R_f 值方法对不同组分进行鉴定。

纸色谱的操作方法包括滤纸和展开剂的选择、点样、展开、显色和结果处理（测量 R_f 值）五个部分。

当采用色谱法进行某些定量测定或某些深入研究的工作时，所选用的滤纸一般需满足以下条件：

（1）滤纸要求质地均匀、平整、边沿整齐、无折痕、有一定机械强度；

(2)滤纸纸质要纯度高、杂质少或无杂质,无明显荧光斑点,以免与色谱斑点相混淆;

(3)滤纸纤维应有适宜的松紧度,过紧则展开太慢,所费时间长,过松易使斑点扩散。

在实验室进行一般的纸色谱分析时,可用新华 2 型厚滤纸。新华 2 型层析用滤纸的型号及性能见表 2.8。

表 2.8 新华 2 型层析用滤纸的型号及性能

型号	标重/($g \cdot m^{-3}$)	厚度/mm	吸水性/mm (30 min 内水上升的高度)	灰分	性能
1	90	0.17	150~120	0.08	快速
2	90	0.16	120~91	0.08	中速
3	90	0.15	90~60	0.08	慢速
4	180	0.34	151~121	0.08	快速
5	180	0.32	120~91	0.08	中速
6	180	0.30	90~60	0	慢速

在纸色谱中,选择展开剂时,要从欲分离物质在两相中的溶解度和展开剂的极性来考虑,一般遵循相似相溶原理,且很少使用单一溶剂作为展开剂,大多采用水和另一极性溶剂(如乙醇)组成混合溶剂。假如被分离的是氨基酸、糖类等亲水性的物质,通常易溶于水,但难溶于乙醇,可选用含水量在 10%~40%之间的高含水量水-乙醇混合溶剂作为展开剂;若物质是可溶于乙醇和水,且较易溶于乙醇的中等亲水性的,则宜采用中等含水量的水-乙醇混合溶剂作展开剂;对于难溶于水,但易溶于亲脂性溶剂的物质,则展开剂主要组分是苯、环己烷、四氯化碳、甲苯等;对于完全亲脂性物质如甾醇等,最好采用反相系统,即用甲酚胺、二甲基甲酰胺等浸渍滤纸作固定相,可用含水的醇或与此相近的溶剂作为流动相。

溶剂系统的组成与含水量的变化规律是:有机溶剂的极性越大,所配成的混合溶剂的有机相中含水量越高,反之,含水量越低。在有机溶剂的同系物中,分子量越大,所配成的混合溶剂有机相中水分含量越低。据此,可以根据需要选择合适的有机溶剂,配制一定含水量的溶剂系统,以获得较理想的 R_f 值。

混合溶剂的配制一般是将各组分按配比充分混合即可。如果混合液分层,则必须在充分振荡混合、静置分层之后,分出有机相作为展开剂。

纸色谱用的溶剂一般要求纯度高,有一定的化学稳定性,容易从滤纸上除去。

有时为了适应某些特殊化合物的分离,需对滤纸作特殊处理。如分离酸、碱性物质时,为保持恒定的酸碱度,可将滤纸浸于一定的 pH 缓冲溶液中预处理后再用,或在展开剂中加入一定量的酸或碱。

按照展开方式,纸色谱可分为下行法和上行法两种。展开可以向一个方向进行,也可以双向展开,即先向一个方向展开,取出,待展开剂完全挥发后,将滤纸转动 90°,再用原展开剂或另一种展开剂进行展开;也可多次展开、连续展开或镜像展开等。

纸色谱是一种以滤纸为支持物的色谱方法,其操作与薄层色谱很相似,只是纸色谱的载样量比薄层色谱更小些,常用于多官能团或极性较大的化合物,如糖类、酯类、生物碱、氨基酸等的分离。它具有设备简单、试剂用量少、便于保存、微量、灵敏度高等优点，缺点是实验时间较长，一般需要几小时甚至十几小时。

三、主要仪器与药品

仪器：条形滤纸（140 mm×50 mm）；层析缸（150 mm×75 mm）；内径 0.3 mm 毛细管（微量注射器）；干燥箱；喷雾器；电吹风；剪刀；直尺；铅笔

药品：1%亮氨酸/水溶液；1%赖氨酸/水溶液；样品混合液（含亮氨酸、赖氨酸的水溶液）；0.5%茚三酮乙醇溶液；展开剂（*V*（正丁醇）：*V*（冰乙酸）：*V*（水）=4：1：5，在分液漏斗中充分混合，静止分层，取上层作展开剂）

四、实验装置

纸色谱法实验装置如图 2.27 所示。

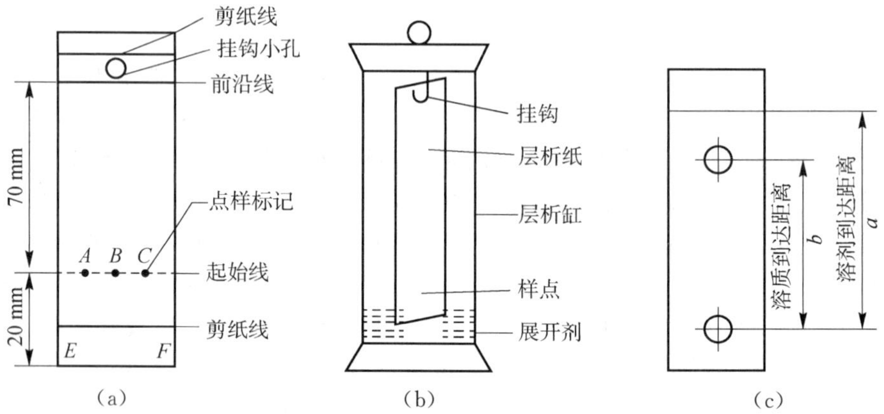

图 2.27　纸色谱法实验装置

五、实验步骤

1. 准备滤纸

取一张 140 mm×50 mm 的层析滤纸，平铺在一张洁净的白纸上，按照图 2.27(a)要求，在距离滤纸底边 20 mm 处用铅笔轻划一直线作为起始线，在起始线上标出三个点 *A*、*B*、*C*，各点间相距 15 mm，*A*、*C* 点距离滤纸边缘 10 mm；在距离起始线 70 mm 处用铅笔画一直线作为前沿线。

2. 点样

取毛细管 3 根，分别插入试样溶液中，借毛细虹吸现象吸取样品溶液少许，在 *A*、*B*、*C* 三点分别对应亮氨酸溶液、样品混合液和赖氨酸溶液，样点直径为 2～3 mm，如果溶液太稀，第一次点样吹干后，用同一毛细管再点第二、第三次，每次都要点在同一位置上。点好样品后，自然风干或用吹风机吹干。

3. 饱和与展开

将 30 mL 展开剂倒入层析缸中，再将点样后的滤纸悬吊于层析缸盖的挂钩上，盖上层析缸盖。注意不可使滤纸与溶剂接触。静置 20～30 min(一般为 1～2 h)让溶剂蒸气对滤纸进行饱和。

点样端向下,将饱和后的滤纸的底边浸入展开剂中 5 mm,盖好,如图 2.27(b)所示,待展开剂到达前沿线后,展开完毕,取出滤纸,吹干或在红外灯下烘干。

4. 显色

用喷壶距滤纸 30～40 cm 向滤纸均匀喷洒显色剂,以滤纸基本打湿为宜。然后用吹风机热风缓缓吹干并加热滤纸,直到显示出紫色斑点为止。

5. 测量 R_f 值与鉴定

用铅笔将所有斑点的轮廓描绘出来,并确定出各斑点的重心位置,该点即为斑点位置。量出点样点到各斑点位置的距离,如图 2.27(b)所示,按照 R_f 值定义计算各斑点的 R_f 值。比较各斑点的 R_f 值大小,确定混合样点上的两个斑点各是什么物质。

六、注意事项

1. 同一毛细管只能用于一种物质的点样,以免不同样品间彼此相互干扰,影响分析或分离效果。

2. 样点不能过大;点样过程中必须在第一滴样品干后再点第二滴,为使样品加速干燥,可用电吹风加热干燥,但要注意温度不可过高,以免破坏氨基酸,影响定量结果。

3. 展开剂液面不能高于起始线。

七、思考题

1. 为什么纸色谱点样点的直径不得超过 5 mm? 斑点过大或样品量过大有什么弊病? 为什么?

2. 纸色谱的展开剂(流动相)中,为什么要含有一定量的水? 层析缸为什么要密闭?

3. 上行展开时,展开剂的液面高出滤纸上的样点,会产生什么样的后果?

4. 作原点标记能否用钢笔或圆珠笔? 为什么?

5. 纸色谱中影响 R_f 值的因素有哪些?

第 3 章 有机合成实验

实验 11 环己烯的制备

一、实验目的

1. 学习环己醇在磷酸或硫酸等酸催化条件下脱水制备环己烯的原理和方法。
2. 了解简单分馏的基本原理，并掌握其操作技术。
3. 复习、巩固固体有机物的洗涤、干燥和水浴蒸馏等基本操作技术。

二、实验原理

实验室中，烯烃主要通过使醇在浓硫酸、浓磷酸等催化作用下脱水或卤代烃在醇钠作用下脱卤化氢来制备。用酸催化醇脱水得到烯烃遵守扎依采夫（Saytezeff）规则，反应基本按照 E1 消除机理进行，脱水速度叔醇＞仲醇＞伯醇。由于在反应过程中有中间体碳正离子生成，所以，消除反应过程中常伴随有重排反应，导致双键异构化和碳骨架的重排。另外，醇脱水反应过程中还容易发生烯烃的聚合及醇分子间的脱水等副反应。环己烯可以通过环己醇脱水而来：

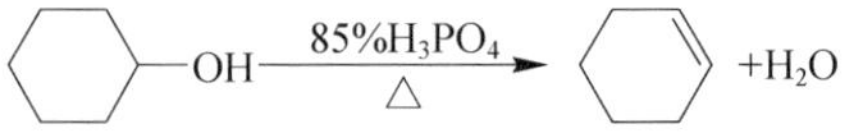

环己醇是仲醇，脱水相对容易，反应产率高，环己醇分子间脱水生成环己醚较难。

纯环己烯为无色透明液体，不溶于水，混溶于乙醇、乙醚、丙酮、苯、四氯化碳、石油醚等，主要用于有机合成、油类萃取及用作溶剂。沸点 85.6 ℃，密度 0.823 g/cm^3，折射率 1.446(20 ℃)。其红外光谱图如图 3.1 所示。

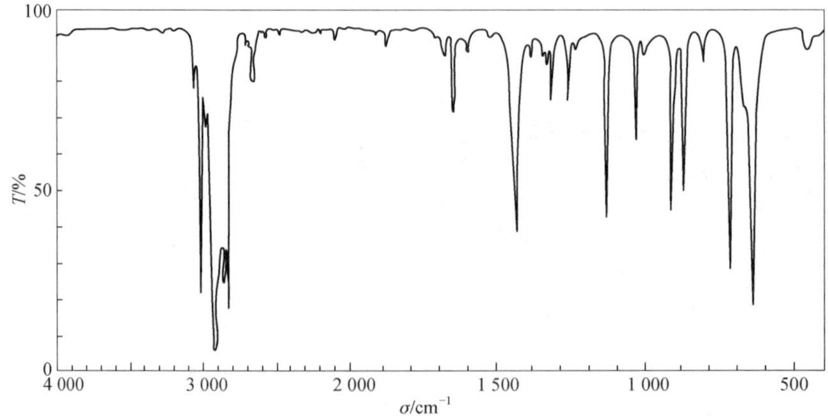

图 3.1 环己烯的红外光谱图

三、主要仪器和试剂

仪器：圆底烧瓶；分馏柱（1 支）；直形冷凝管；蒸馏头；温度计；接引管；锥形瓶等

试剂：环己醇；85%磷酸；饱和食盐水；无水氯化钙等

四、实验步骤

在 50 mL 干燥的圆底烧瓶中，放入 20 g 环己醇及 5 mL 85%磷酸，充分摇荡。投入几粒沸石，安装分馏装置。用小锥形瓶作接收器，并用冰水浴冷却。

慢慢加热混合物至沸腾，利用加热速度控制分馏柱顶部温度不超过 73 ℃。慢慢蒸出环己烯和水的共沸混合物。当无液体蒸出时，可升温继续蒸馏，控制温度不超过 90 ℃，烧瓶中只剩下很少量的残渣并出现阵阵白雾时，停止加热。

将粗产物转移至分液漏斗中，加入等体积的饱和食盐水，摇匀后充分静置分层。分去水层后，有机层用 5% Na_2CO_3 溶液洗涤，然后将有机层倒入到干燥的小锥形瓶中，加入 1～2 g 无水氯化钙干燥。待液体完全澄清透明后，将干燥后的有机相通过滤纸或少量脱脂棉过滤至干燥的 50 mL 蒸馏瓶中，用水浴加热蒸馏，收集 82～85 ℃的馏分。

六、注意事项

1. 环己醇在常温下是黏稠状液体，为避免因黏附容器壁而造成损失，最好用称量法直接称取。

2. 用磷酸作脱水剂比硫酸优越，可避免有机物受热氧化或炭化，可避免刺激性气体二氧化硫的释放。

3. 由于反应形成共沸物，环己烯和水形成的二元共沸物沸点为 70.8 ℃（含水约 10%），环己醇与水形成的二元共沸物沸点为 97.8 ℃（含水 80%）。所以反应开始时加热温度不可过高，蒸馏速度不宜太快，最好稍加回流后再开始蒸出，以 2～3 滴/s 为宜。

4. 反应终点的判断：①反应烧瓶中出现白雾；②加热速度不变的前提下，柱顶温度自动下降或下降后又回升至 85 ℃以上；③接收器中馏出物（环己烯-水的共沸物）的量达到理论计算值。

5. 水层应尽可能分离完全，否则将增加无水氯化钙的用量，使产物更多地被干燥剂吸附造成损失，这里用无水氯化钙干燥较适合，因为它还可与醇形成配合物从而除去少量环己醇。

七、思考题

1. 反应加热以前，为什么要让反应物充分摇匀混合？

2. 反应时为什么要控制分馏柱顶温度不超过 73 ℃？如何控制？

3. 环己烯粗产品为什么不用纯水洗，而是用饱和食盐水进行洗涤？

4. 在分馏终止前，烧瓶中出现的阵阵白雾是什么？

5. 哪些不当操作可能导致实验产率太低或产品纯度低？如何解决？

实验 12　1-溴丁烷的制备

一、实验目的

1. 了解以正丁醇、溴化钠和浓硫酸为原料制备卤代烃的原理和实验方法。
2. 掌握带有害气体吸收装置的加热回流操作。
3. 巩固分液漏斗的使用方法以及液体产品干燥、蒸馏的基本操作。

二、实验原理

实验室中，卤代烷烃一般通过相应的醇与氢卤酸之间的亲核取代反应制备，此反应是可逆反应。根据不同的醇，卤代试剂可以选择氢卤酸、Lucas 试剂、三氯化磷或氯化亚砜等；芳卤一般通过芳烃在催化剂作用下的直接卤化制备。1-溴丁烷可以由正丁醇与溴化钠、浓硫酸共热进行反应得到：

主反应：

$$NaBr + H_2SO_4 \longrightarrow HBr + NaHSO_4 \qquad ①$$

$$CH_3CH_2CH_2CH_2OH + HBr \rightleftharpoons CH_3CH_2CH_2CH_2OBr + H_2O \qquad ②$$

副反应：

$$n\text{-}C_4H_9OH \xrightarrow{H_2SO_4} C_4H_8 + H_2O$$

$$2n\text{-}C_4H_9OH \xrightarrow{H_2SO_4} C_4H_9OC_4H_9 + H_2O$$

主反应②为可逆反应，为使平衡向右移动，提高产率，本实验采取的措施是使用过量 NaBr 和浓 H_2SO_4，边生成 HBr 边参与反应，浓 H_2SO_4 还起到催化脱水作用。反应中，为防止溴化氢的挥发和降低浓硫酸的氧化性，减少副产物的生成，需加入适量的水。同时，HBr 有毒害，为防止 HBr 逸出，污染环境，需安装气体吸收装置。

纯 1-溴丁烷为无色易挥发液体，不溶于水，易溶于醇、醚等有机溶剂。沸点 101.6 ℃，密度 1.276 g/cm^3，折射率 1.440(20 ℃)。其红外光谱图如图 3.2 所示。

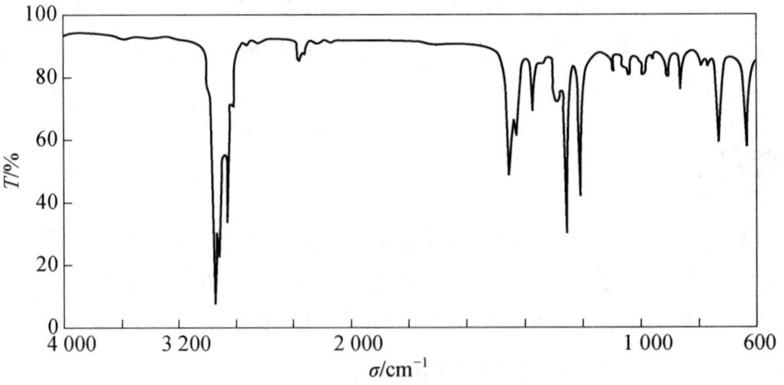

图 3.2　1-溴丁烷的红外光谱图

三、主要仪器和药品

仪器：圆底烧瓶；直形冷凝管；球形冷凝管；蒸馏头；温度计；接引管；锥形瓶；玻璃漏斗等

试剂：正丁醇；溴化钠（无水）；浓硫酸；10％碳酸钠溶液；无水氯化钙等

四、实验装置

回流（含气体吸收）装置如图 3.3 所示。

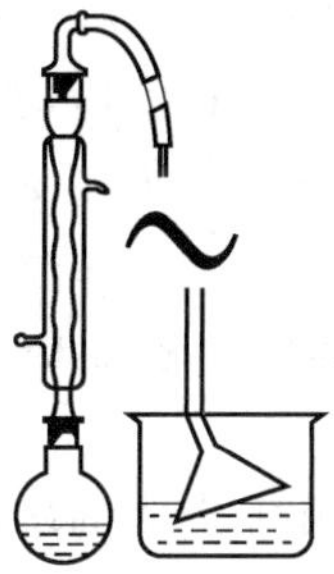

图 3.3 回流（含气体吸收）装置

五、实验步骤

在 150 mL 圆底烧瓶中，加入水 18 mL，在振荡下慢慢加入浓 H_2SO_4 18 mL，混匀后冷却至室温。加入正丁醇 13 mL，混合后加入研细的无水溴化钠 17 g，充分振荡后加入几粒沸石。在圆底烧瓶上垂直安装一支回流冷凝管，冷凝管上端接一溴化氢吸收装置，用水作为吸收剂。

通过石棉网小火加热至沸腾，使反应物保持沸腾而又平稳回流约 45 min。其间，经常振摇烧瓶，促使溴化钠溶解。

反应完成后，待反应液冷却，卸下回流冷凝管，改为蒸馏装置，圆底烧瓶中重新加入几粒沸石。用一个盛有 20 mL 蒸馏水的锥形瓶作为接收器，加热，蒸出粗产品正溴丁烷，仔细观察反应瓶中液面的油层及馏出液，直到反应瓶中油层消失、馏出液中无油滴蒸出为止。

将馏出液转入分液漏斗中，用等体积的水洗涤，将油层从下面放入一个干燥的小锥形瓶中，再用 5～8 mL 的浓硫酸洗涤，如果混合物发热，可用冷水浴冷却。将混合物转入分液漏斗中，静置分层，分去下层的酸层。有机层再依次用 10 mL 水、5 mL 饱和 $NaHCO_3$ 溶液和 10 mL 水分别洗涤。然后将洗涤后得到的有机相（粗 1-溴丁烷）移入干燥小锥形瓶中，加入约 2 g 的无水 $CaCl_2$，塞上塞子，干燥，间歇摇动，直至瓶内液体澄清透明。将干燥好的产物通过有折叠滤纸的玻璃漏斗过滤到蒸馏瓶中进行蒸馏，收集 99～102 ℃馏分于已知质量的锥形瓶中，称量，计算产率。

六、注意事项

1. 溴化钠应先磨细后再称量,为防止其结块,影响溴化氢的生成,加料时应将反应瓶放在冰水浴中,且边加料边振摇。

2. 加料顺序不能改变,先加水再加入硫酸,待酸液冷却后再加入正丁醇、溴化钠。加硫酸时一定要分批加,每次加完后要摇匀,不要让溴化钠黏附在液面以上的烧瓶壁上,加完物料后要充分摇匀,防止硫酸局部过浓,加热时发生氧化副反应,使产品颜色加深。

3. 使倒立的三角漏斗口恰好接触水面,切勿浸入水中,以免压力变化倒吸。

4. 刚开始加热不要过猛,否则回流时反应液的颜色很快变成橙色或橙红色。注意应小火慢慢加热至沸。反应时间大约 30 min,反应时间太短,反应液中残留的正丁醇较多(即反应不完全);但反应时间过长,产率的增加不大,反应周期延长 1 h 仅增加 1%～2% 的产量。

5. 粗蒸正溴丁烷时,反应瓶内的油层会逐渐被蒸出,应蒸至油层消失后,馏出液无油状物蒸出为止。

6. 粗产品中含有未反应的醇和副反应生成的醚,用浓 H_2SO_4 洗涤可将它们除去。如果粗蒸时蒸出的 HBr 用水洗涤时未分离除尽,加入浓硫酸后就被氧化生成 Br_2,而使油层和酸层都变为橙黄色或橙红色。可在随后水洗时,可加入少量 $NaHSO_3$,充分振摇而除去。

7. 酸一定要用水、饱和碳酸氢钠溶液洗干净,否则,蒸馏时将使部分产物发生碳化。

8. 可以通过以下三种方法观察蒸馏是否已达终点。

(1)仔细观察蒸馏烧瓶中正溴丁烷层(即油层)是否完全消失,若完全消失,说明蒸馏已达终点。

(2)用盛有清水的试管检查馏出液,在试管中检查是否有油珠下沉,若有油珠下沉,表明蒸馏还未达到终点,若无油珠下沉,表明蒸馏达到终点。

七、思考题

1. 加料时,可否先使溴化钠和浓硫酸混合,然后再加正丁醇和水? 为什么?

2. 本反应会有哪些副反应产生? 采取什么措施可以抑制副反应的发生? 反应后的粗产物中含有哪些杂质?

3. 产品提纯时,分别采用水、浓硫酸、水、碳酸氢钠、水五次洗涤,各步洗涤的目的何在?

4. 用分液漏斗洗涤产物时,正溴丁烷时而在上层,时而在下层,若不知道产物的密度,可用什么简便的方法加以判断?

5. 正溴丁烷必须蒸完,否则会影响产率,可以从哪些方面判断正溴丁烷已经蒸完?

6. 蒸馏粗产品时,如何判断蒸馏的终点?

实验 13 对氯甲苯的制备

一、实验目的

1. 了解 Sandmeyer 法制备对氯甲苯的反应原理及合成方法。

2. 进一步熟练掌握水蒸气蒸馏的安装及操作方法。

二、实验原理

芳香族伯胺在强酸性介质中和亚硝酸在低温下作用得到重氮盐，制得的重氮盐化学性质活泼，可以发生进一步的取代反应，重氮基可以被—H、—OH、—F、—Cl、—Br、—I、—CN 等取代。重氮盐的盐酸溶液与卤化亚铜作用，将芳香重氮盐转化成卤代芳烃的反应，称为 Sandmeyer 反应，该反应也可以用新制的铜粉和 HCl 或 HBr 来实现(Gattermann 反应)。对氯甲苯的合成反应如下：

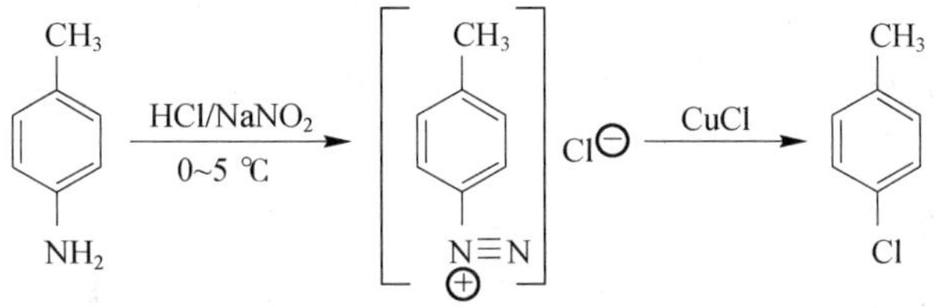

纯对氯甲苯为无色液体，主要用作染料、医药、有机合成的中间体，也可用作溶剂。沸点 162 ℃，密度 1.07 g/cm^3，折射率 1.52(20 ℃)。其红外光谱图如图 3.4 所示。

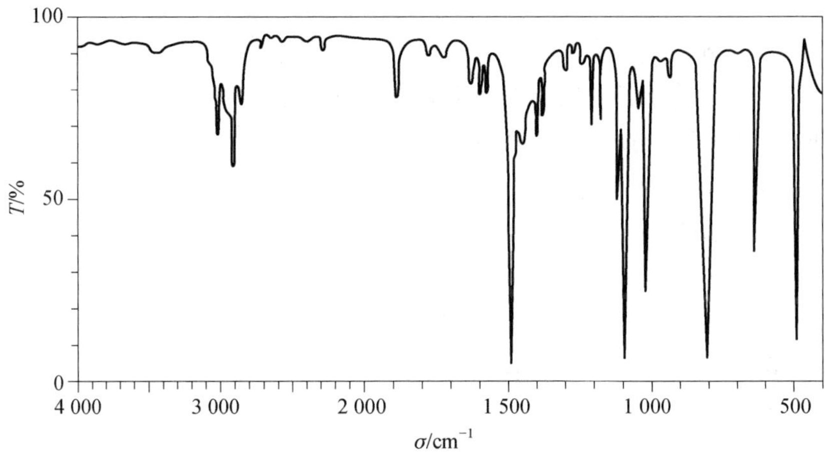

图 3.4 对氯甲苯的红外光谱图

三、仪器和试剂

仪器：500 mL 三口烧瓶；机械搅拌器；回流冷凝管；直形冷凝管；烧杯；分液漏斗；玻璃棒；水浴锅；温度计等

试剂：对甲苯胺；亚硝酸钠；浓盐酸；五水硫酸铜($CuSO_4 \cdot 5H_2O$)；亚硫酸氢钠；氢氧化钠；无水氯化钙；环己烷；淀粉-碘化钾试纸等

四、实验装置

实验装置参见：图 2.9 水蒸气蒸馏装置；图 2.8 蒸馏装置。

五、实验步骤

1. 氯化亚铜的制备

取 500 mL 圆底烧瓶一只，往其中依次加入 30 g 五水硫酸铜、9 g 氯化钠和 100 mL 水，混合后搅拌加热至 40 ℃溶解。然后将混合液升温至 60～70 ℃，再加入由 7 g 亚硫酸氢钠、4.5 g 氢氧化钠及 50 mL 水配制的溶液。溶液由蓝绿色变为浅绿或无色，并析出白色沉淀物。在冷水浴中冷却至室温，并静置分层，倾出上层溶液，沉淀用水洗涤，得到白色粉末状氯化亚铜。加入 50 mL 浓盐酸溶解，即得氯化亚铜盐酸溶液，放入冰水浴中冷却备用。

2. 重氮盐溶液的制备

将 10.7 g 对甲苯胺、30 mL 浓盐酸和 30 mL 水加入到烧杯中，搅拌加热至 60 ℃使其溶解。然后将烧杯中的混合液在冰盐浴中冷却至 5 ℃以下，继续搅拌，并滴加 7.7 g 亚硝酸钠溶解于 20 mL 水的溶液，当滴加亚硝酸钠的量到达 90%以后，用淀粉-碘化钾试纸检验反应混合液，若出现深蓝色，则反应已经到达终点，继续搅拌 5 min。

3. 对氯甲苯的制备

将制得的重氮盐溶液缓慢滴加到冷却的氯化亚铜盐酸溶液中，充分搅拌，析出重氮盐-氯化亚铜橙红色复合物，整个过程保持温度在 15 ℃以下。将混合物在室温下静置 15～30 min，然后水浴加热至 50～60 ℃并保持 30 min，直至没有氮气逸出。

将反应物进行水蒸气蒸馏，蒸出对氯甲苯粗产物。用分液漏斗分出有机层，水层用环己烷萃取(10 mL×2)。合并有机层及环己烷萃取层，然后依次用 10 mL 10% NaOH 溶液、10 mL 水、10 mL 浓 H_2SO_4、10 mL 水洗涤，得到的有机层用无水氯化钙干燥。

蒸馏干燥得到的有机层，先常压蒸馏溶剂，再升温蒸馏目标产物，收集 158～162 ℃馏分。

六、注意事项

1. 配制各溶液时，各种试剂量一定要称量准确。

2. 加入亚硫酸氢钠溶液时一定要保持搅拌状态，否则形成的褐色沉淀易结块，影响氯化亚铜的质量。制备氯化亚铜时要静置，使白色的氯化亚铜完全沉淀，倾倒上层溶液时，应小心操作，不要将沉淀倒出。制备好的氯化亚铜溶于浓盐酸中成为络合物，要避免其氧化成二价铜盐，制备好要冷却密封存放。制备好的重氮盐长时间放置或温度升高则容易分解，所以最好同时制备，尽量减少放置的时间。

3. 重氮化反应要在低温下(<5 ℃)进行，用冰盐浴(m(冰)∶m(盐)=3∶1)。

4. 要控制好加入 $NaNO_2$ 的量，检验反应终点时要充分搅拌，在加入 85%～90% 的 $NaNO_2$ 后即可用试纸测试，变蓝则无须继续加入。

七、思考题

1. 什么是重氮化反应？该反应在有机合成中有何用途？
2. 在分离纯化对氯甲苯过程中，碱洗、酸洗的目的分别是除去什么？
3. 为什么重氮化反应必须在低温下进行？反应为何要保持强酸性的环境？
4. 如何判断重氮化反应的终点？
5. 为什么不直接将甲苯氯化而通过本实验的方法来制备对氯甲苯？

实验 14　2-甲基-2-丁醇的制备

一、实验目的

1. 了解格利雅试剂的制备、应用和格氏反应的条件。

2. 掌握利用格氏反应制备醇的原理和方法。

3. 巩固蒸馏、回流、萃取、干燥等基本操作；学习无水实验操作方法。

二、实验原理

利用格利雅(Grignard)试剂和醛、酮的加成反应是实验室制备一、二、三级醇的有效方法。但由于格利雅试剂遇水分解、遇氧会继续发生插入反应，所以，格氏反应必须在无水无氧条件下进行。无水乙醚具有高挥发性，在实验中如果用无水乙醚作溶剂，其挥发产生的蒸气可赶走容器中的水分和氧气，从而可获得无水无氧的条件，确保醇制备反应的顺利进行。

格氏试剂的生成反应是放热反应，因此在制备格氏试剂时应控制好溴乙烷的滴加速度，不宜过快，保持反应液微沸即可。格氏试剂和醛酮的加成反应也是放热反应，因此要在冷却条件下进行。

本实验利用乙基溴化镁和丙酮反应制备 2-甲基-2-丁醇，反应式如下：

$$CH_3CH_2Br + Mg \xrightarrow{\text{无水乙醚}} CH_3CH_2MgBr$$

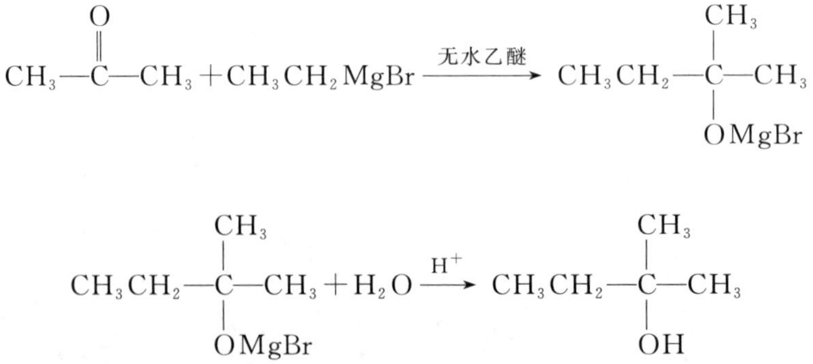

2-甲基-2-丁醇为无色透明液体，微溶于水，能溶解甲醇、乙醇、丙酮、乙酸乙酯、油酸、硬脂酸和石蜡等，主要用作合成香料、农药的原料，也是优良的溶剂。沸点 101.6 ℃，密度 0.805 g/cm^3，折射率 1.405(20 ℃)。其红外光谱图如图 3.5 所示。

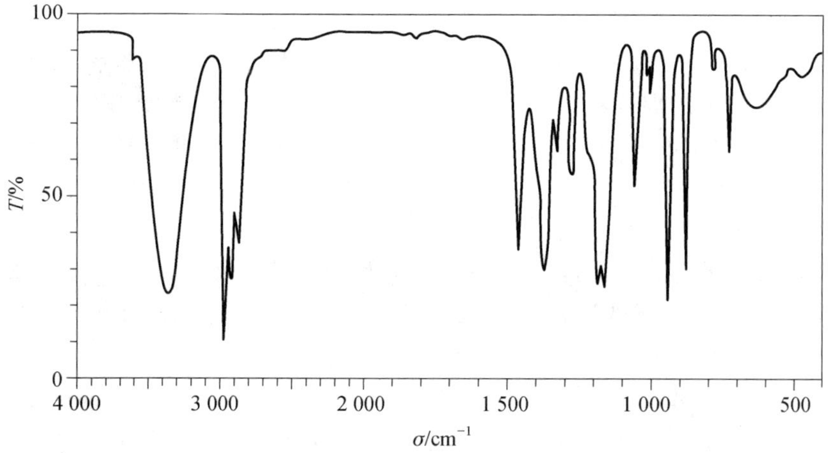

图 3.5　2-甲基-2-丁醇的红外光谱图

三、主要仪器及药品

仪器：三口烧瓶(250 mL)；圆底烧瓶；滴液漏斗；回流冷凝管；直形冷凝管；搅拌器；电热套等

药品：溴乙烷；镁屑；丙酮(无水)；无水乙醚；碘；浓硫酸；无水碳酸钾；10%碳酸钠溶液等

四、实验装置

2-甲基-2-丁醇的合成实验中，所用仪器应充分干燥。所以，在其装置图(图 3.6)中，在滴液漏斗和冷凝管上端均加装盛有 $CaCl_2$ 的干燥管。

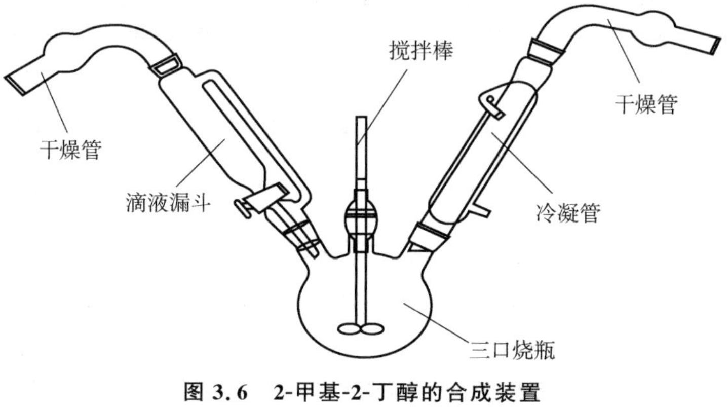

图 3.6　2-甲基-2-丁醇的合成装置

五、实验步骤

1. 乙基溴化镁的制备

称取 3.5 g 镁屑放入在 250 mL 三口瓶内，同时往烧瓶内加入一小粒碘和 20 mL 无水乙醚，滴液漏斗中放入 13 mL 溴乙烷和 15 mL 无水乙醚的混合液。

打开滴液漏斗下端旋塞，往烧瓶中滴入 5～7 mL 混合液，数分钟后即可见溶液呈微沸状态，乙醚自行回流。反应开始时较剧烈，待反应缓和后，启动搅拌器，从滴液漏斗向三口瓶中慢慢滴加剩余的混合液，控制滴加速度，保持平稳回流。当滴液漏斗中的混合液全部滴加完毕后，关闭滴液漏斗旋塞，在水浴上继续保持回流，温度控制在 50～60 ℃，至镁几乎反应完毕。

2. 与丙酮的加成反应

将上面的反应混合物置于冰水浴中，搅拌，利用滴液漏斗往混合物中滴加 10 mL 无水丙酮和 10 mL 无水乙醚的混合液，滴加速度仍保持乙醚的微沸状态。滴加完毕后，继续在室温下搅拌，回流 15 min，可以观察到灰白色物质析出。

3. 水解及产物分离

将反应瓶在冰水浴冷却及搅拌下，从滴液漏斗缓慢滴加预先配制好的由 6 mL 浓硫酸和 90 mL 水配成的混合液，分解产物。滴加完毕后，将反应混合物转入分液漏斗中进行分离，静置，保留水层，分出醚层，醚层用 15 mL 10%碳酸钠溶液洗涤，洗涤的碳酸钠溶液层与上面保留的水层合并，用乙醚萃取两次，每次 10 mL，合并醚层，加入无水碳酸钾干燥。将干燥后的醚层转入到蒸馏烧瓶中，加入几粒沸石，安装好常压蒸馏装置，先用热水浴蒸除乙醚（乙醚蒸完后回收），再用电热套加热蒸馏，收集 95～105 ℃的馏分。

纯 2-甲基-2-丁醇为无色液体，沸点 102.5 ℃，$n_D^{20}=1.4025$。

六、注意事项

1. 格利雅试剂的化学性质非常活泼，能与含有活泼氢的化合物（如水、醇、醛、酮、酯等）发生反应，因此本实验必须无水操作，仪器和药品都需要经过干燥处理。

2. 镁屑应该是保存完好的。实验可以使用剪碎的去掉氧化膜的镁条。

3. 加入一小粒碘起催化作用，反应开始后，碘的颜色立即褪去。

4. 产物和水能形成共沸物，因此需要很好地进行干燥，如果干燥不彻底，就有相当量的液体在 95 ℃以下被蒸出，前馏分增加。

5. 乙醚沸点低、易燃、有麻醉性。蒸馏乙醚必须用水浴，蒸馏装置搭建完整后方可开始加热蒸馏。

七、思考题

1. 本实验在将格氏试剂加成物水解前各步中，所用仪器和药品为何都需要经过干燥处理？

2. 萃取水层的目的是什么？萃取水层时需不需要用无水乙醚？为什么？

3. 制备的粗产物为何不能用无水氯化钙干燥？

4. 用本法制备叔戊醇还可选用其他什么原料？写出反应式。

5. 本实验可能发生的副反应有哪些？如何避免？

实验 15　相转移催化法合成苯甲醇

一、实验目的

1. 了解相转移催化反应的原理，学习利用相转移催化反应制取苯甲醇的方法。

2. 复习巩固机械搅拌、加热回流、萃取、干燥、常压蒸馏等基本操作。

二、实验原理

用氯化苄制苯甲醇是由卤代烃水解制备醇的一个实际例子。水解在碱性水溶液中进行。由于卤代烃均不溶于水，这个两相反应进行得很慢，有机合成中的非均相反应往往需要强烈搅拌；加入相转移催化剂如四乙基溴化铵，反应时间可以大大缩短。

反应式：

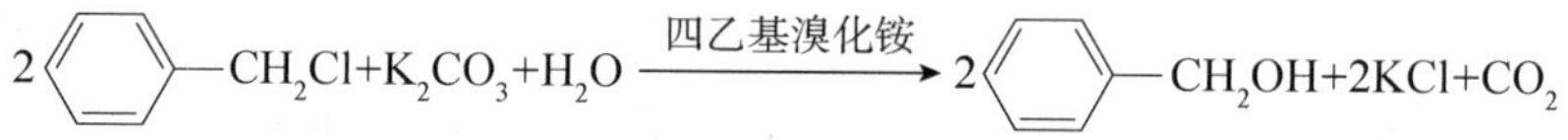

纯苯甲醇为无色带有芳香气味的液体，微溶于水，与乙醇、三氯甲烷或乙醚能任意混合。沸点 204.7 ℃，密度 1.042 g/cm^3，折射率 1.539(20 ℃)。其红外光谱图如图 3.7 所示。

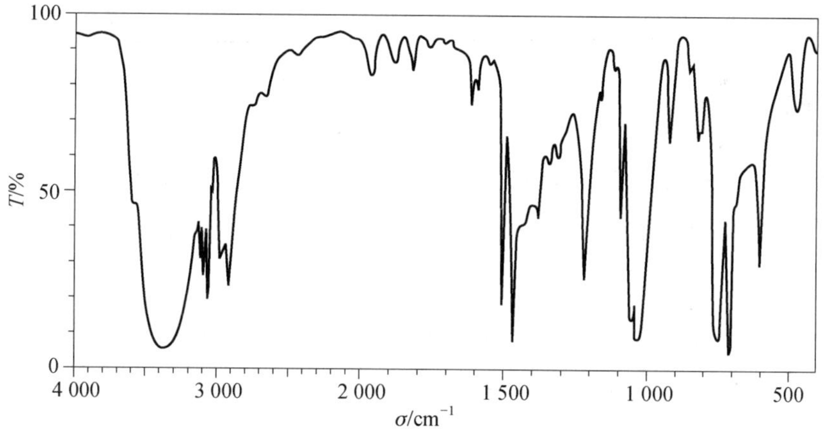

图 3.7　苯甲醇的红外光谱图

三、实验装置

反应装置和高温蒸馏装置如图 3.8 和图 3.9 所示。

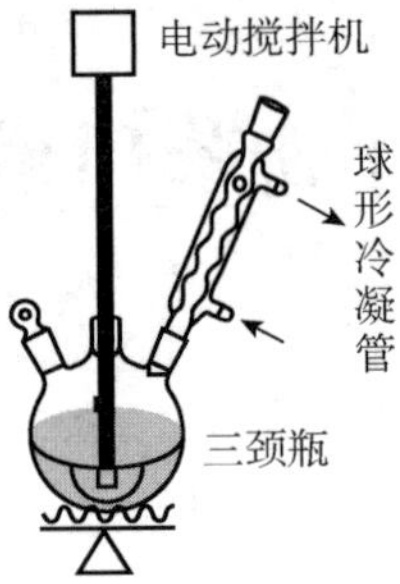

图 3.8　反应装置

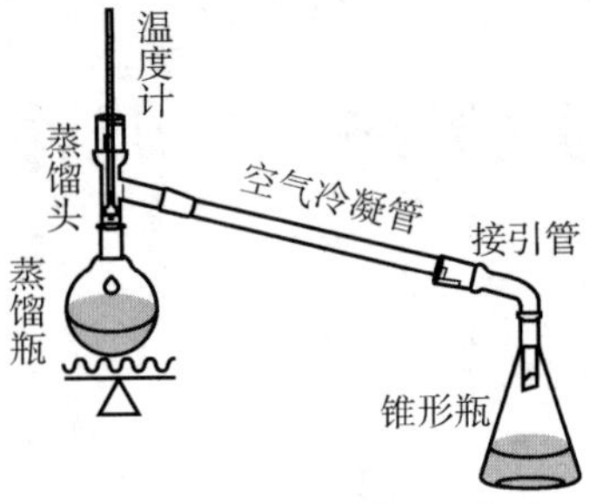

图 3.9　高温蒸馏装置

四、主要实验仪器和药品

仪器：电动搅拌机；250 mL 三口烧瓶；量筒；125 mL 分液漏斗；蒸馏烧瓶；回流冷凝管；直形冷凝管；空气冷凝管等

药品：氯化苄；溴化四乙基铵；无水碳酸钾；乙酸乙酯；无水硫酸镁等

五、实验步骤

在装有电动搅拌机的 250 mL 三口烧瓶中加入 8 g 碳酸钾、80 mL 水，搅拌溶解，再依次加入 2 mL 溴化四乙基铵和 9.5 mL 氯化苄，搅拌并加热回流反应 1～1.5 h，停止加热。

将反应混合物冷却，转入 125 mL 分液漏斗中，分出油层（粗苯甲醇），水层用 3×10 mL 乙酸乙酯萃取，合并粗苯甲醇和萃取液，用无水硫酸镁干燥。

将有机相滤入蒸馏烧瓶中，加入几粒沸石，用一般的蒸馏装置蒸馏，回收乙酸乙酯后，将直形冷凝管改为空气冷凝管，继续蒸馏收集 200～208 ℃的馏分。称重，计算产率。

六、注意事项

1. 本反应虽然加入了相转移催化剂，反应中仍然需要搅拌来加快相转移的速度。但在开启搅拌前应检查装置是否稳妥，刚启动时转速不宜太快，正常转速以两相充分混合为宜。

2. 相转移催化剂溴化四乙基铵可用氯化三乙基苄基铵代替。

3. 氯化苄有腐蚀性，加料时要细心，不要弄到皮肤上。一旦洒到皮肤上，要立即用水冲洗，再用肥皂水洗。

4. 反应结束后，冷却到 30～40 ℃为宜，过低的温度碱会析出，影响下一步的分离操作。

5. 蒸馏分离乙酸乙酯时使用直形冷凝管；蒸馏苯甲醇时使用空气冷凝管，空气冷凝管温度较高，小心烫伤。

七、思考题

1. 苄基氯碱性水解的反应历程是什么？

2. 简述相转移催化反应的原理，常用的相转移催化剂有哪些种类。

3. 本实验为什么要进行机械搅拌？

4. 反应后的水相为什么要用乙酸乙酯萃取？能否用其他溶剂代替？

5. 在什么情况下使用球形冷凝管、直形冷凝管或空气冷凝管？

实验 16　正丁醚的制备

一、实验目的

1. 掌握醇分子间脱水制备醚的反应原理。
2. 掌握分水器使用的基本实验操作。

二、实验原理

正丁醇在硫酸催化下，分子间脱水生成正丁醚。反应方程式如下：

为从可逆反应中获得较好收率，在反应过程中，不断将生成的水除去，使平衡向右移动，提高产率。该反应可能的副反应：

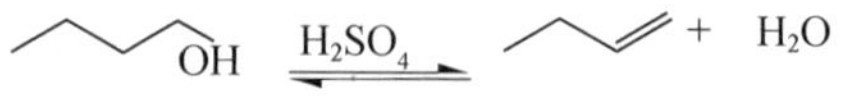

纯正丁醚为无色液体，微溶于水，溶于丙酮、二氯丙烷、汽油，可混溶于乙醇、乙醚，主要用作溶剂、电子级清洗剂，也可用于有机合成。沸点 142 ℃，密度 0.764 g/cm^3，折射率 1.399(20 ℃)，其红外光谱图如图 3.10 所示。

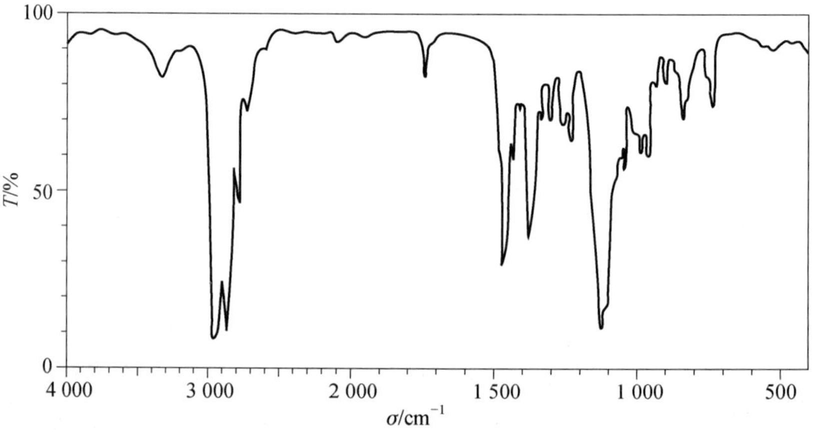

图 3.10　正丁醚的红外光谱图

三、主要实验仪器和药品

仪器：100 mL 二口烧瓶；球形冷凝管；分水器；温度计；125 mL 分液漏斗；50 mL 蒸馏瓶

试剂：正丁醇；浓硫酸；无水氯化钙；5%氢氧化钠

四、实验装置

分水回流装置如图 3.11 所示。

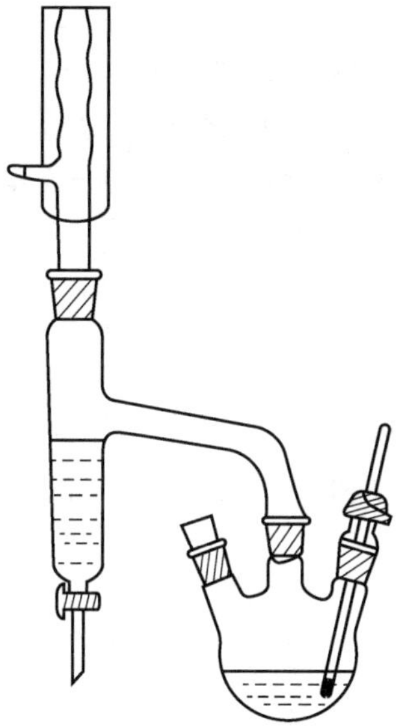

图 3.11 分水回流装置

五、实验操作

在 100 mL 二口烧瓶中，加入 13.5 mL 正丁醇、2.5 mL 浓硫酸和几粒沸石，摇匀后，一口装上温度计，温度计插入液面以下，另一口装上分水器，分水器的上端接一球形冷凝管。然后将二口烧瓶放在电热套加热至回流，回流时间大约 1.5 h。当分水器全部被水充满时停止反应，此时二口瓶中反应液温度可达 134～136 ℃。若温度继续升高，则反应液变黑并有较多副产物烯烃生成。

将反应液冷却到室温后倒入盛有 25 mL 水的分液漏斗中，充分振摇，静置后弃去下层液体。上层粗产物依次用 12 mL 水、8 mL 5%氢氧化钠溶液、8 mL 水和 8 mL 饱和氯化钙溶液洗涤，用 1 g 无水氯化钙干燥。干燥后的产物滤入 50 mL 蒸馏瓶中，加上几粒沸石，在电热套上蒸馏，收集 140～144 ℃馏分。

纯正丁醚的沸点 142.4 ℃，$n_D^{20}=1.3992$。

六、实验注意事项

1. 硫酸应小心加入烧瓶，加入后不断振荡，使反应物混合均匀。

2. 在分水器中预先加水，加水量须计算，同时要保证醇能及时回到反应体系继续参加反应。根据理论计算失水体积为 1.5 mL，故分水器在加满水后先放掉约 1.7 mL 水。

3. 制备正丁醚的较宜温度是 130～140 ℃，但开始回流时，这个温度是达不到的，因为水和正丁醚可形成沸点为 94.1 ℃的共沸物(含水 33.4%);生成的正丁醚与水及正丁醇可形成沸点为 90.6 ℃的三元共沸物(其中含水 29.9%,含正丁醇 34.6%),正丁醇也可与水形成沸点 93 ℃的共沸物(含水 44.5%),故应在 100~115 ℃之间反应 30 min 之后可达到 130 ℃以上。

4. 在用碱洗过程中,不要太剧烈地摇动分液漏斗,以免生成乳浊液,造成分相困难。如一旦形成乳浊液,可加入少量 NaCl 等电解质,使之分层。

5. 正丁醇能够溶在饱和氯化钙溶液中,而正丁醚微溶。

七、思考题

1. 如何得知反应已经比较完全?

2. 反应物冷却后为什么要倒入 25 mL 水中? 各步的洗涤目的何在?

3. 能否用本实验方法由乙醇和 2-丁醇制备乙基仲丁基醚? 你认为用什么方法比较好?

实验 17 环己酮的制备

一、实验目的

1. 掌握环己醇氧化法制备环己酮的原理和方法。

2. 学习和巩固搅拌、滴加、回流、蒸馏、萃取、分离和干燥等实验的基本实验操作技术以及空气冷凝管的应用。

3. 进一步了解醇和酮之间的联系和区别。

二、实验原理

实验室制备脂肪族醛酮，分别由相应的伯醇或仲醇氧化得到，比较常见的氧化剂是铬酸，铬酸可由重铬酸盐和 40%～50%硫酸混合而得。铬酸氧化伯醇制备脂肪醛时，由于脂肪醛易被继续氧化成羧酸，因此，很难得到高产率的脂肪醛。但利用铬酸氧化仲醇却可得到较高产率的脂肪酮，因为酮对氧化剂稳定，不容易继续被氧化(但遇到强氧化剂时，仍然可以被氧化)。醇的铬酸氧化是个放热过程，反应中需要严格控制温度。

近年来，曾有报道铬酸及其盐具有致癌作用，加之价格较贵，为克服其不足，出现了以次氯酸钠氧化醇制备酮的方法。该法产率高，且不污染环境。

以铬酸或次氯酸钠为氧化剂，环己醇被氧化生成环己酮的反应式分别如下：

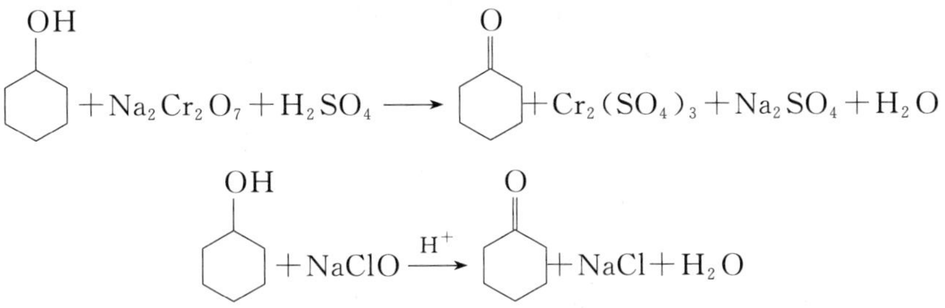

纯环己酮为无色透明液体，带有泥土气息，含有痕迹量的酚时，则带有薄荷味。不纯物呈浅黄色，随着存放时间生成杂质而显色，呈水白色到灰黄色，具有强烈的刺鼻臭味。在工业上主要用作有机合成原料和溶剂，可溶解硝酸纤维素、涂料、油漆等。沸点 155 ℃，密度 0.947 g/cm^3，折射率 1.450(20 ℃)，其红外光谱图如图 3.12 所示。

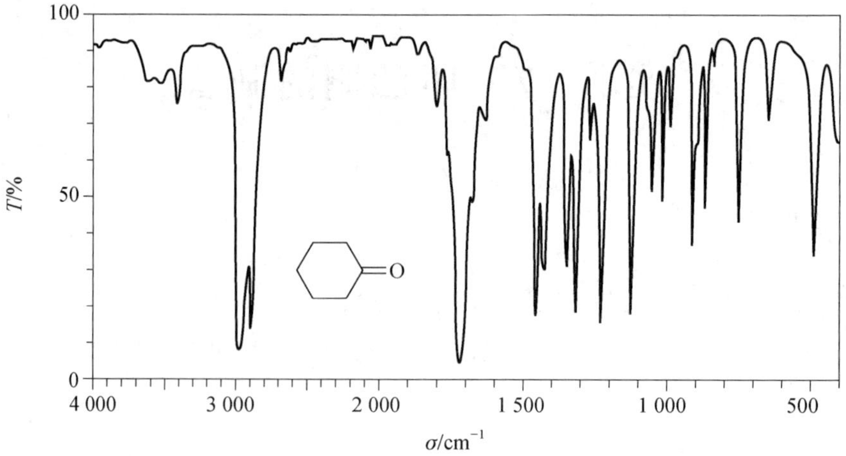

图 3.12　环己酮的红外光谱图

三、主要仪器和药品

仪器：机械搅拌器；三口烧瓶；分液漏斗；冷凝管等

药品：环己醇 5.2 mL(0.05 mol)；重铬酸钠($Na_2Cr_2O_7 \cdot 2H_2O$)10.4 g(0.035 mol)浓硫酸；无水硫酸镁等

四、实验装置

环己酮合成装置(次氯酸钠氧化法)如图 3.13 所示。

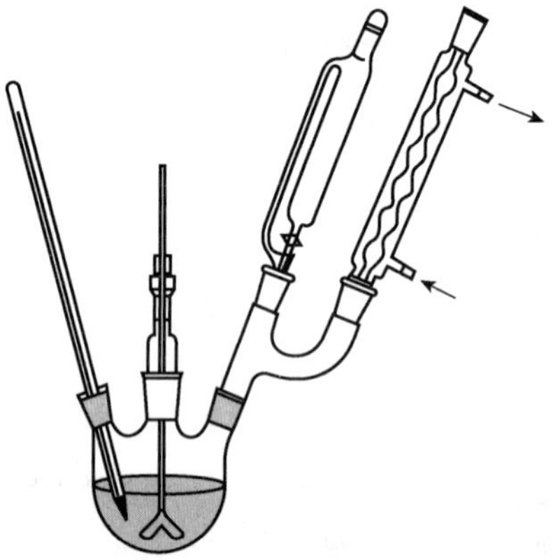

图 3.13　环己酮合成装置(次氯酸钠氧化法)

五、实验步骤

方法一：

1. 铬酸溶液配制

在 100 mL 烧杯内，加入 5.25 g 重铬酸钠、30 mL 水，搅拌溶解，冷却，边搅拌边加入 4.3 mL 浓硫酸，冷却到 30 ℃以下备用。

2. 合成

向 100 mL 圆底烧瓶中，加入 5.3 mL 环己醇，缓慢加入冷却好的铬酸溶液，搅拌混合，过程中利用冰水浴控制反应温度为 55～60 ℃。当混合液温度开始下降(约 30 min)时，移去水浴，继续振荡 1 h，直至反应液最终呈墨绿色为止。

3. 分离，提纯

量取 30 mL 水，加入到上述烧瓶中，用简易水蒸气蒸馏装置将产物环己酮和水一起蒸出，直至馏出液不浑浊再多蒸出 8～10 mL 为止(馏出液总量约 25 mL)。

馏出液用氯化钠饱和，之后转入分液漏斗中静置分层，分出有机相和无机相，无机相用乙醚萃取(10 mL×2)。合并乙醚层和有机层萃取液，无机相倒入指定的废液缸中，合并有机相分别用 10 mL 5%碳酸钠溶液、水(15 mL×2)洗涤，用无水硫酸钠干燥。

粗产品滤入 100 mL 圆底烧瓶中，加几粒沸石，水浴蒸除乙醚(回收)。再通过石棉网加热蒸馏环己酮，收集 152～155 ℃馏分。

4. 称重或量取产品体积，并计算产率。

5. 产物鉴定

①测产物沸点或折射率。

②测产物的红外光谱图。

方法二：

1. 次氯酸钠水溶液的配制

在 100 mL 烧杯内，加入 5.0 g 次氯酸钠、37 mL 水，搅拌溶解，配制浓度为 1.8 mol/L 的次氯酸钠水溶液(浓度可用间接碘量法测定)，并在冰水浴中冷却。

2. 合成

在 100 mL 三口烧瓶中分别安装搅拌器、Y 形管和温度计，Y 形管的一口安装滴液漏斗，另一口接回流冷凝管。将 5.0 g 环己醇和 12.5 mL 冰醋酸依次加入到烧瓶中。开动搅拌器，将事先冷却好的次氯酸钠溶液通过滴液漏斗逐滴加入反应瓶中，瓶内温度维持在 30～35 ℃，随着次氯酸钠的不断滴加，反应液会从无色最终变成黄绿色。为确认氧化反应是否完全，可用碘化钾淀粉试纸进行检验，若呈阳性则说明次氯酸钠过量，氧化已完全；反之，则说明没完全氧化，可再加入 2～3 mL 的次氯酸钠，直至完全氧化为止。加完后在室温下继续搅拌 15 min，然后加入饱和亚硫酸氢钠溶液 1～5 mL(直至反应液变成无色)，用碘化钾淀粉试纸检验呈阴性，确认次氯酸钠已被完全除去。

3. 分离和提纯

拆除烧瓶上其他装置，向瓶内的混合物中加入 30 mL 水，进行简易的水蒸气蒸馏，收集 20～25 mL 馏出液(含有环己酮、水和乙酸)。冷却后，一边搅拌一边分批向馏出液中加入约 3.5 g 无水碳酸钠中和乙酸，用 pH 试纸检测到溶液显中性为止，然后加入精制氯化钠(4 g 左右)使有机相析出，将生成液倒入分液漏斗，分出有机层，水层用乙醚萃取(10 mL×2)，合并环己酮及乙醚萃取液，无机相倒入指定的废液缸中。用无水硫酸镁干燥，再用普通漏斗过滤，用干燥的 100 mL 圆底烧瓶收集过滤液，加几粒沸石，水浴蒸除乙醚(回收)后，再通过石棉网加热蒸馏环己酮，收集 152～155 ℃馏分。

4. 称重或量取产品体积，并计算产率。

5. 产物鉴定

①测产物沸点或折射率。

②测产物的红外光谱图。

六、注意事项

1. 环己醇和环己酮吸入或皮肤接触有中等毒性，使用过程中应避免吸入或与皮肤接触；次氯酸钠与酸接触能放出有毒气体，有腐蚀性，能引起烧伤，对皮肤有刺激性，应密封避光低温保存；冰醋酸易燃，有腐蚀性，能引起严重烧伤，使用时避免吸入或与皮肤、衣服接触；浓硫酸具有强腐蚀性，能引起严重烧伤，应避免与皮肤或衣服接触。

2. 乙醚不但易燃，而且具有麻醉作用，使用时需远离明火，并要避免吸入。

3. 铬酸氧化醇是一个放热反应，实验中必须严格控制反应温度以防反应过于剧烈。反应中控制好温度，温度过低反应困难，过高则副反应增多。

4. 产物密度(0.947 8)与水相差不大且在水中有一定溶解度(2.4 g/100 mL 水，31 ℃)。如果出现馏出液分层不明显的情况，可加入饱和食盐水增大水层密度，同时利用盐析的作用使两层分开。

七、思考题

1. 对比分析两种氧化法制备环己酮的优缺点。本实验的氧化剂能否改用硝酸或高锰酸钾，为什么？

2. 两种方法中，为何氧化剂都要进行冷却处理？

3. 本实验为什么要严格控制反应温度，温度过高或过低有什么不好？

4. 蒸馏产物时为何使用哪一种冷凝管？

5. 环己醇用硝酸氧化得到的产物是什么？

八、备注

间接碘量法：碘量法是氧化还原滴定法中，应用比较广泛的一种方法。这是因为电对 I_2/I^- 的标准电位既不高，也不低，碘可作为氧化剂而被中强的还原剂(如 Sn^{2+}，H_2S)等所还原；碘离子也可作为还原剂而被中强的或强的氧化剂(如 H_2SO_4，IO_3^-，$Cr_2O_7^{2-}$，MnO_4^- 等)所氧化。直接碘量法，即是指待测的物质和碘反应，当碘稍过量时，淀粉和碘反应显蓝色；而间接碘量法，则是加入定量的碘化钾，通过与被分析物反应释放出碘，加淀粉显蓝色，然后加入硫代硫酸钠与碘反应，滴定终点为蓝色消失。

实验 18　苯乙酮的合成

一、实验目的

1. 掌握 Friedel-Crafts 酰基化反应合成芳香酮的原理与方法。

2. 掌握无水操作、机械搅拌、带有干燥管的气体吸收、回流与蒸馏等基本实验操作技术。

二、实验原理

合成芳酮最常用的方法之一是通过 Friedel-Crafts 反应来制备，该反应在无水三氯化铝、氯化锌、氯化锡、氯化铁、氯化硼等路易斯酸存在下，由酰基化试剂酰氯或酸酐与活泼的芳香族化合物反应得到高产率的烷基芳基酮或二芳香酮，其中，以无水氯化铝或溴化铝催化效果最佳。酰化反应由于羰基的致钝作用，阻碍了进一步的取代反应，因此产物纯度高，不存在烷基化的多元产物。酰基化试剂中，酸酐原料易得，纯度高，无污染，反应平稳，操作方便，无明显的副反应或有害气体放出，所得产物易提纯，因此制备中常用酸酐代替酰氯作为酰基化试剂。反应常用的溶剂通常为过量的液体芳烃、二硫化碳、硝基苯等。本实验以乙酸酐为酰化试剂，在无水氯化铝作用下，与苯发生乙酰化反应生成苯乙酮，其中苯既是反应物，又作为反应溶剂，反应方程式如下：

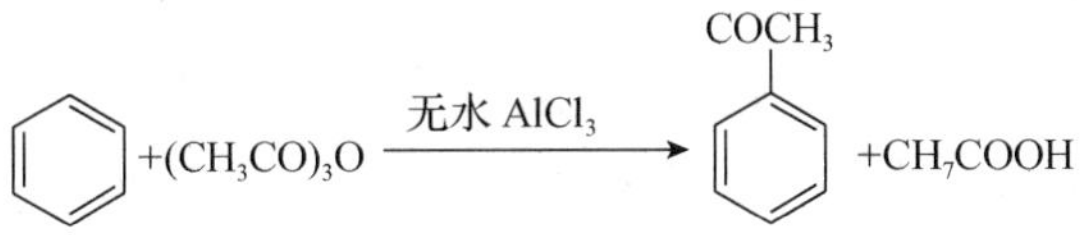

对于 Friedel-Crafts 酰基化反应而言，由于三氯化铝会与芳酮发生下列反应生成配合物[ArCOR]+[$AlCl_4$]$^-$，同时，有机羧酸也会与三氯化铝反应，故其催化剂用量远大于 Friedel-Crafts 烷基化反应。

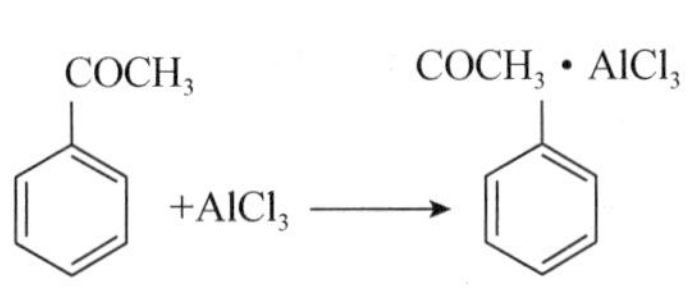

$$CH_3COOH + AlCl_3 \longrightarrow CH_3COOAlCl_2 + HCl$$

当选用酰氯作为酰基化试剂时，氯化铝与酰氯的摩尔比为 1.1，而烷基化反应时，氯化铝与卤代烃的摩尔比为 0.1。当选用酸酐做酰基化试剂时，三氯化铝与酸酐的摩尔比至少为 2：1，在实际制备中，通常三氯化铝还要过量 10%～20%。酰基化反应一般是放热反应，反应过程中应注意控制温度。

纯粹苯乙酮为无色或淡黄色液体，不溶于水，易溶于多数有机溶剂。沸点 202 ℃，密度 1.03 g/cm^3，折射率 1.512(20 ℃)。其红外光谱图如图 3.14 所示。

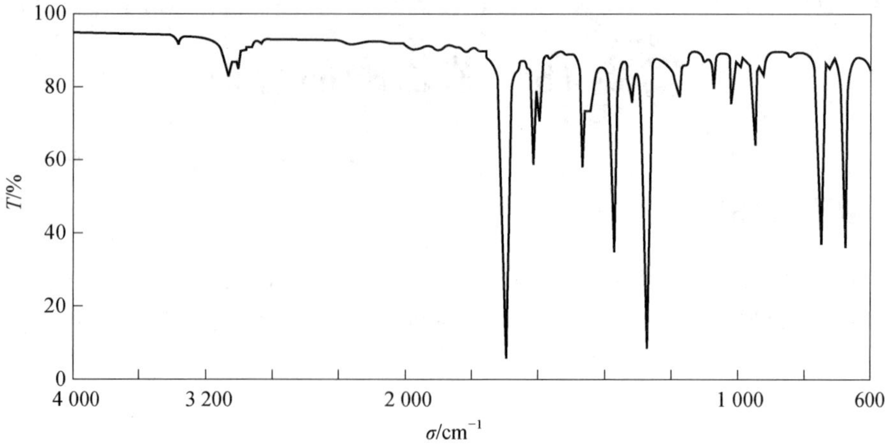

图 3.14　苯乙酮的红外光谱图

三、仪器和药品

仪器：机械搅拌器；球形冷凝管；恒压滴液漏斗；100 mL 三口烧瓶；温度计等

药品：乙酸酐；无噻吩无水苯(制备方法见附录)；无水三氯化铝；浓盐酸；5%氢氧化钠溶液；无水硫酸镁

实验装置见图 1.8。

四、实验步骤

1. 安装装置

在 100 mL 干燥的三口烧瓶中，分别安装回流冷凝管、恒压滴液漏斗和电动搅拌器，冷凝管的上口接一个装有无水氯化钙的直形干燥管，干燥管再与氯化氢气体吸收装置相连，用 5%氢氧化钠水溶液作吸收液。

2. 合成

迅速称取 13 g(0.097 mol)经研细的粉状无水三氯化铝，加入三口瓶中，再加入 16 mL 无噻吩无水苯。开动搅拌器，边搅拌边自恒压滴液漏斗逐滴滴加 4 mL(约 4.3 g，0.042 mol)新蒸馏过的乙酸酐和 4 mL 无噻吩无水苯的混合液，先加几滴，待反应后再继续滴加，控制滴加速度，使苯平缓回流，避免反应过于剧烈，约 15～20 min 滴加完毕。加完后，关闭滴液漏斗旋塞，待反应稍缓和后，边搅拌边水浴缓慢加热，并保持回流反应，直到不再有氯化氢气体逸出为止(耗时 30～60 min，此时氯化铝溶解完全)。

3. 分离和提纯

待反应物冷至室温，在通风橱中，边搅拌边将反应混合液倒入盛有 20 mL 浓盐酸和约 40 g 碎冰的烧杯中，若还有固体存在，补加浓盐酸至完全溶解。静置冷却后，将混合液转移至分液漏斗中，分出上层有机相。下层用 30 mL 苯分两次萃取，合并有机相，依次用 15 mL 5%氢氧化钠溶液、15 mL 水洗涤，用无水硫酸镁干燥。将干燥后的有机相滤入 100 mL 烧瓶中，加入沸石，装上蒸馏头，水浴蒸除苯，稍冷后，将粗产品转移到 50 mL 圆底烧瓶中并装上蒸馏头，再换用空气冷凝装置继续蒸馏，收集 196～202 ℃的馏分。

4. 称重或量取产品体积，并计算产率。

5. 产物鉴定

①测产物沸点或折射率。

②测产物的红外光谱图。

六、注意事项

1. 本实验是在无水条件下合成苯乙酮，所用仪器和试剂均需充分干燥，为了反应顺利进行，装置中凡是和空气相通的部位，应装置干燥管。

2. 无水 $AlCl_3$ 的质量优劣对实验的影响也是至关重要的。无水 $AlCl_3$ 在空气中极易吸水分解而失效，应使用新升华的或包装严密的试剂，研细、称量及投料均需迅速，并立即塞好烧瓶和试剂瓶瓶盖，避免长时间暴露在空气中。

3. 所用的乙酸酐必须在临用前重新蒸馏，取 137～140 ℃馏分使用。乙酸酐强烈腐蚀皮肤和眼睛，使用时应避免接触其蒸气。

4. 酰化反应的温度不宜过高，一般应控制在 60 ℃以下，过高温度对反应不利。

5. 由于产品量少，最后蒸馏产品的蒸馏烧瓶体积应恰当选择。

6. 蒸出的苯一定要回收，切勿倒入水池中，以防污染环境，同时可在后面实验中继续使用。

7. 本实验可以用人工振荡来替代电动搅拌，但需增加回流时间。

8. 用减压蒸馏效果更好。苯乙酮在不同压力下的沸点见表 3.1。

表 3.1 苯乙酮压力和沸点之间的关系

p/kPa	0.67	1.33	3.3	4.0	6.7	13.33	101.3
b. p/℃	64	78	98	102	115.5	133.6	202

七、思考题

1. 本实验装置为什么要干燥？取料、加料为何要快速？

2. 本实验用水作为尾气吸收液，如何避免水的倒吸？其潜在危险是什么？

3. 为什么反应完成后要将冷却后的反应液慢慢倒入到含有浓盐酸的冰水中？

4. 在烷基化和酰基化反应中，三氯化铝的用量有何不同？为什么？

5. 苯中如果含有噻吩，对实验有什么影响？为什么？

6. 本实验中，为什么苯和三氯化铝需要过量？

实验 19　二苄叉丙酮的合成

一、实验目的

1. 学习利用羟醛缩合反应增长碳链的原理和方法。

2. 学习利用反应物的投料比控制反应产物。

二、实验原理

两分子具有 α-活泼氢的醛酮在稀酸或稀碱催化下发生分子间缩合反应生成 β-羟基醛酮；若提高反应温度则进一步失水生成 α,β-不饱和醛酮，这种反应称为羟醛缩合反应。这是合成 α,β-不饱和羰基化合物的重要方法，也是有机合成中增长碳链的重要方法。

羟醛缩合分为自身缩合和交叉羟醛缩合两种。两种具有不同 α-活泼氢的醛酮发生交叉的羟醛缩合共生成四种产物，在合成上没有意义。但如果我们选择没有 α-活泼氢的芳醛和另外一种有 α-活泼氢的醛酮发生羟醛缩合，得到 α,β-不饱和醛酮，此时缩合的产物会减少到两种，在合成上具有很重要的意义，两种这种交叉的羟醛缩合称为 Claisen-Schmidt 反应。

这是合成侧链上含两种官能团的芳香族化合物及含几个苯环的脂肪族体系中间体的重要方法。

在苯甲醛和丙酮的交叉羟醛缩合反应中，通过改变反应物的投料比可得到两种不同产物：

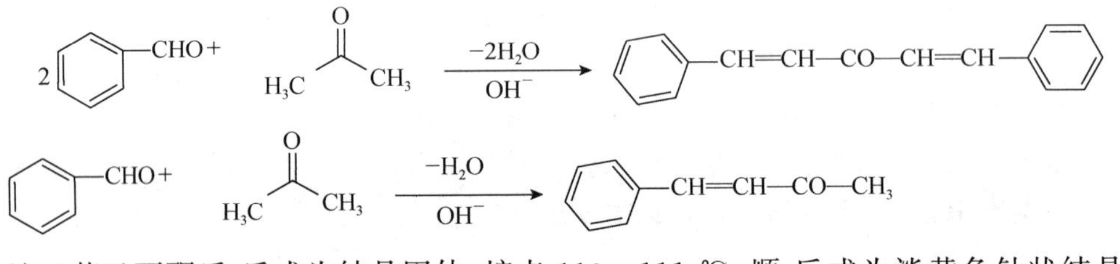

纯二苄叉丙酮反-反式为结晶固体，熔点 110～111 ℃；顺-反式为淡黄色针状结晶，熔点 60 ℃；顺-顺式为黄色油状液体，沸点 130 ℃(2.7 Pa)。溶于乙醇、丙酮、氯仿，不溶于水。其红外光谱图如图 3.15 所示。

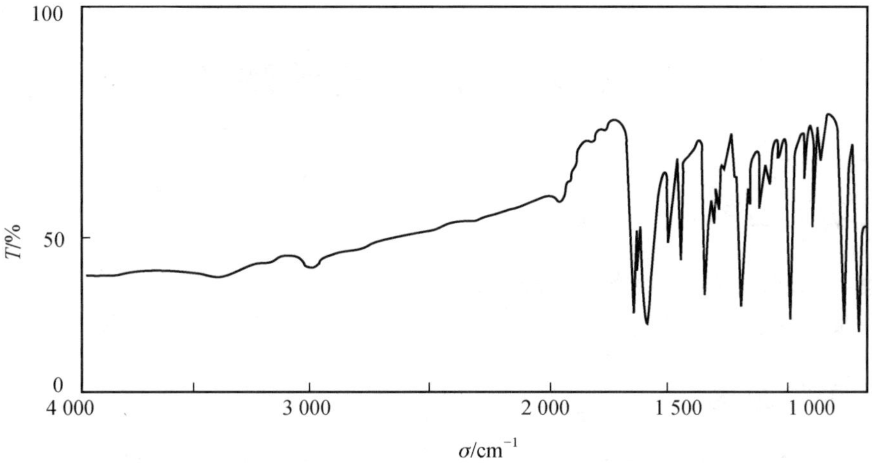

图 3.15 二苄叉丙酮的红外光谱图

三、主要实验仪器及药品

仪器:圆底烧瓶;磁力搅拌器;布氏漏斗;抽滤瓶;三角烧瓶;表面皿

药品:苯甲醛;丙酮;95%乙醇;10%氢氧化钠;冰醋酸;无水乙醇

四、实验步骤

将 5.3 mL(0.05 mol)新蒸馏的苯甲醛、1.8 mL(0.025 mol)丙酮、40 mL 95%乙醇和 50 mL10%氢氧化钠溶液在电磁搅拌下一次性加入 250 mL 圆底烧瓶中,继续搅拌 20 min,抽滤后,用水洗涤固体,抽干水分。用 1 mL 冰醋酸和 25 mL 95%乙醇配成混合液浸泡、洗涤,最后再用水洗涤一次。将固体移到 100 mL 圆底烧瓶中用无水乙醇进行重结晶。将饱和溶液用冰水冷到 0 ℃,抽滤,干燥,产量 4 g,测定熔点。

本实验约 4 h。

五、注意事项

1. 苯甲醛和丙酮的量应准确量取,丙酮一定不能过量。
2. 抽滤后,洗涤、浸泡都可在布氏漏斗上进行(拨去抽气管)。
3. 若溶液颜色不是淡黄色而呈棕红色,可加入少量活性炭脱色。

六、思考题

1. 本实验中可能产生的反应?
2. 若碱的浓度偏高时对反应的影响?
3. 生成二苄叉丙酮和苄叉丙酮的反应条件及产物的区别?
4. 二苄叉丙酮进行重结晶的方法?
5. 若反应生成的产品为红棕色的处理方法?

实验 20　己二酸的制备

一、实验目的

1. 学习用环己醇氧化制备己二酸的原理和方法。
2. 掌握浓缩、过滤、重结晶等操作技能。

二、实验原理

己二酸是合成尼龙-66 的主要原料之一，可以用硝酸氧化环己醇制得。

反应方程式如下：

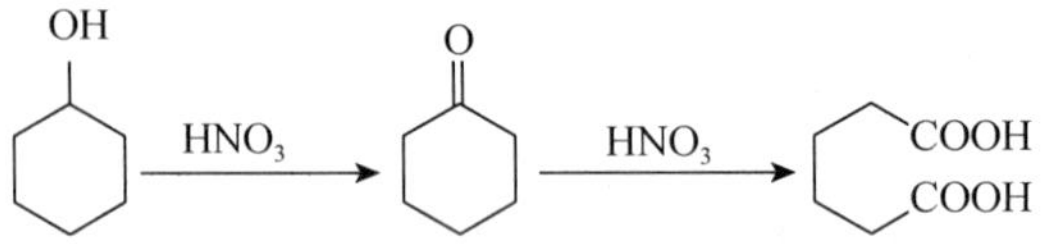

纯己二酸为白色结晶体或结晶性粉末，有骨头烧焦的气味，稍溶于水，微溶于醚，易溶于醇，不溶于苯。熔点 152 ℃，密度 1.36 g/cm^3。其红外光谱图如图 3.16 所示。

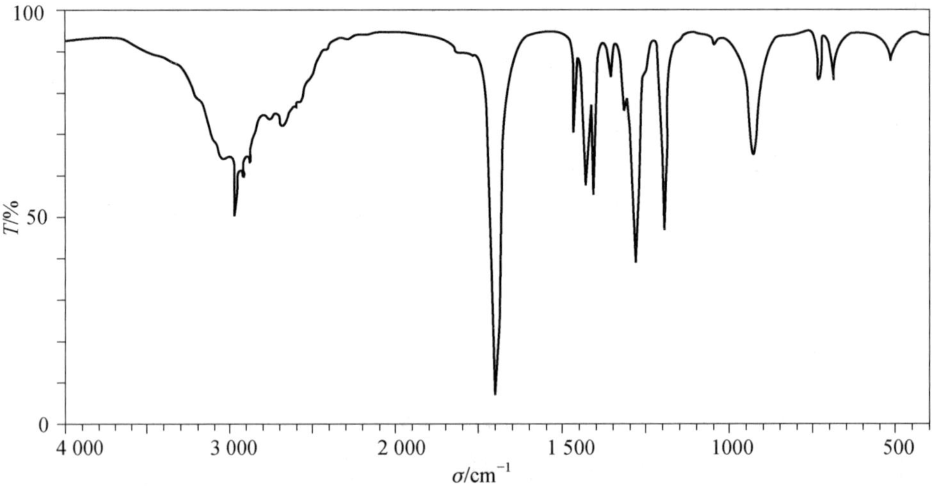

图 3.16　己二酸的红外光谱图

三、主要仪器和药品

仪器：水浴锅；电磁搅拌器；三口烧瓶；恒压滴液漏斗；空心塞；球形冷凝管；温度计(100 ℃)；布氏漏斗；抽滤瓶；烧杯；滤纸；水泵

试剂：环己醇；硝酸(50%)

四、实验步骤

在 125 mL 的三口烧瓶上安装滴液漏斗，温度计和回流冷凝管。在冷凝管上接一气体吸收装置，用 10%的氢氧化钠溶液作为吸收液。在三口烧瓶中加入 16 mL 50%的硝酸，放入磁力搅拌子，然后用水浴预热并在电磁搅拌器上搅拌使硝酸溶液升温到 80 ℃，在不断搅拌下慢慢滴加 5.3 mL 环己醇，控制滴加速度，使瓶内温度维持在 85～90 ℃。滴加结束后，继续振荡并用 80～90 ℃的水浴加热，反应 15 min，至几乎无红棕色气体放出为止。将反应瓶冷却，这时有固体析出。将固体进行减压抽滤，用 3 mL 冷水洗涤固体，并抽干水分，得到粗产品己二酸，粗产品用热水重结晶后得到纯的己二酸固体。晾干后，称重并计算产率。

五、注意事项

1. 该反应会有大量的二氧化氮气体放出。二氧化氮气体有毒，装置应严密不漏气，反应最好在通风橱内进行。而且 NO_2 易溶于水，因此吸收装置的导气管应防止倒吸。

2. 环己醇与浓硝酸不可用同一量筒量取，两者相遇会发生剧烈的放热反应，甚至发生爆炸。此反应为强放热反应，滴加环己醇的速度不宜过快，以免反应过剧，引起爆炸，为防止反应太过剧烈，可在环己醇中加 1 mL 水，一是避免反应过剧，二是减少环己醇因黏度过大而带来的损失。

3. 温度过高可用冷水浴冷却，过低时可用水浴加热。

六、思考题

1. 为什么必须严格控制氧化反应的温度？

2. 用同一量筒量取硝酸和环己醇，行吗？为什么？

3. 用环己醇氧化制备己二酸时，为什么要在回流冷凝管的上端接气体吸收装置？吸收此尾气是用水还是用碱液好？

4. 用硝酸法制备己二酸时，为什么要用 50%的硝酸而不用浓度更高的浓硝酸？

实验 21 苯甲酸的制备

一、实验目的

1. 掌握由甲苯氧化制备苯甲酸的原理和方法。
2. 掌握机械搅拌、回流、抽滤、重结晶等基本操作技术。

二、实验原理

芳香族羧酸通常用芳香烃的氧化来制备。芳香烃的苯环比较稳定，不易氧化，但环上的侧链不论长短，在强烈氧化时，其 α－H 均容易被氧化，最后变成羧基。一般情况下，可用高锰酸钾氧化甲苯制备苯甲酸，由于酸性条件下，反应过于剧烈。为此，可使氧化在水溶液中进行，然后再进行酸化。反应式如下：

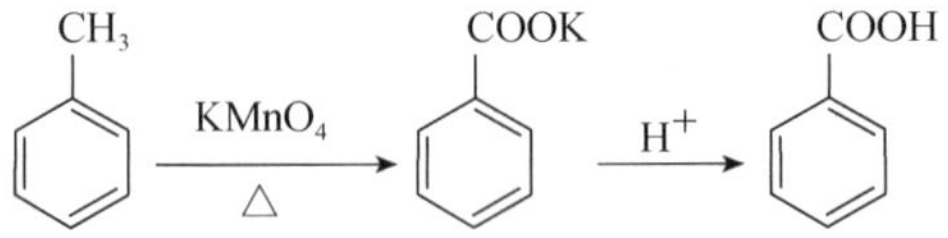

苯甲酸最初由安息香胶制得，故称安息香酸，略微具有苯甲醛或安息香的气味，为白色针状或鳞片状结晶。微溶于冷水、己烷，溶于热水、乙醇、乙醚、氯仿、苯、二硫化碳和松节油等。熔点 122.13 ℃，相对密度 1.266。其红外光谱图如图 3.17 所示。

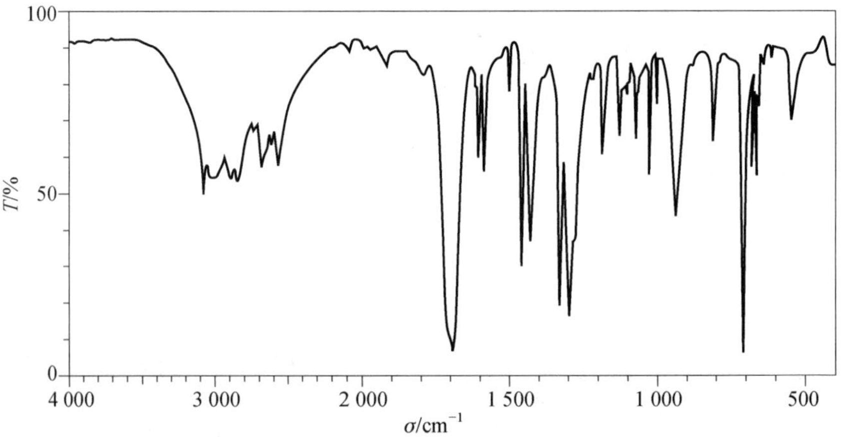

图 3.17 苯甲酸的红外光谱图

三、主要仪器和化学试剂

仪器：机械搅拌器；三口圆底烧瓶；回流冷凝管；布氏漏斗；抽滤瓶、烧杯、水浴锅；表面皿等

药品：甲苯；高锰酸钾；浓盐酸；活性炭等

四、实验步骤

在 250 mL 三口烧瓶中依次加入 3.5 mL 甲苯、10.4 g 高锰酸钾和 140 mL 水，装上回流冷凝管和机械搅拌器，启动搅拌，开冷凝水，在石棉网上加热至沸腾，保持回流反应 3～4 h，直到甲苯层消失，回流液中无明显油珠出现为止。

停止加热，至无回流时停止搅拌，趁热减压过滤反应混合物，用少量热水洗涤滤渣。合并滤液和洗涤液，放在冰水浴中冷却，然后用浓盐酸酸化至 pH 为 1～3，苯甲酸全部析出为止。

将析出的苯甲酸减压过滤，用少量冷水洗涤，挤压除去水分，把得到的苯甲酸放在表面皿上晾干，称重，计算产率。如果要得到纯净产物，可在水中重结晶。

五、注意事项

1. 为保证氧化完全，反应时间不能低于 3 h。甲苯完全反应以后，回流液中无其他的有机物。

2. 滤液如果显紫色，可加入少量亚硫酸氢钠使紫色褪去，重新抽滤。

3. 苯甲酸在 100 g 水中的溶解度为：4 ℃，0.18 g；18 ℃，0.27 g；75 ℃，2.2 g。

六、思考题

1. 本实验使用机械搅拌的目的是什么？

2. 氧化反应过程中，影响苯甲酸产量的主要因素有哪些？

3. 反应完成后，若溶液呈紫色，为什么要加亚硫酸氢钠？

4. 滤液用稀盐酸酸化对实验结果有什么影响？

实验22　苯甲酸和苯甲醇的制备

一、实验目的

1.学习由苯甲醛在浓碱条件下进行歧化反应制备苯甲醇和苯甲酸的原理和方法，从而加深对坎尼查罗(Cannizzaro)反应的认识。

2.进一步熟悉分液漏斗的使用方法，加深对萃取和洗涤原理的认识。

3.巩固重结晶和蒸馏等基本实验操作，初步掌握减压蒸馏的操作方法。

二、实验原理

坎尼扎罗反应是指无α-活泼氢的醛类在浓的强NaOH或KOH水或醇溶液作用下发生的歧化反应。此反应的特征是醛自身同时发生氧化及还原作用，一分子醛被氧化成羧酸(在碱性溶液中成为羧酸盐)，另一分子醛则被还原成醇。芳香醛是发生Cannizzaro反应最常见的类型，甲醛及三取代乙醛也能发生此类歧化反应。苯甲醛发生Cannizzaro反应生成苯甲醇和苯甲酸的反应式如下：

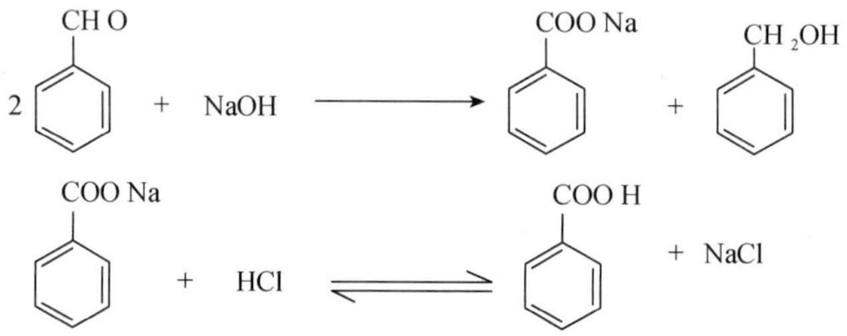

反应的实质是羰基的亲核加成，其反应机理是：醛首先和氢氧根负离子进行亲核加成得到负离子，然后碳上的氢带着一对电子以氢负离子的形式转移到另一分子的羰基碳原子上。

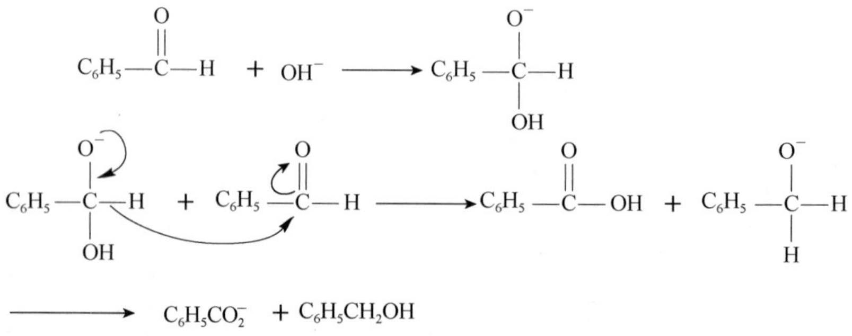

在Cannizzaro反应中，通常使用50%的浓碱，其中碱的物质的量要比醛的物质的量多一倍以上，否则，反应不完全，未反应的醛与醇混合在一起，通过一般的蒸馏很难将二者进行分离。

三、主要仪器和试剂

仪器：150 mL 锥形瓶；250 mL 分液漏斗；50 mL 蒸馏烧瓶；100 mL 蒸馏烧瓶；直形冷凝管；空气冷凝管；台天平；温度计（300 ℃）；烧杯；布氏漏斗；吸滤瓶；水泵；热水漏斗；真空泵

试剂(分析纯)：氢氧化钾；苯甲醛；乙醚；10%碳酸钠；盐酸；饱和亚硫酸钠；刚果红试纸

四、实验步骤

1. 歧化反应

方法一：

将 11 g 氢氧化钠(0.27 moL)和 11 mL 水加入到 150 mL 的锥形瓶中，振摇使氢氧化钠溶解，然后冷却至室温。在不断搅拌下，分批加入 13.2 g(12.7 mL，0.124 mol)新蒸过的苯甲醛，每次约加入 3 mL，每加一次，都应塞紧瓶塞，用力振荡，使反应物充分混合，过程中若反应温度过高，可适时地把锥形瓶放入冷水浴中冷却，直到反应液最终转变为白色蜡状物，塞紧瓶塞，放置 24 h 以上进行反应。

方法二：

在反应瓶中加入 11 g 氢氧化钠和 11 mL 水，冷却至室温后，加入 13.2 g 新蒸过的苯甲醛。在电动搅拌下在电热套上加热回流，时间 1 h 左右，当反应物呈透明状，油层消失时停止加热并冷却反应物。

2. 苯甲醇的制备

(1)溶解

向反应物中逐渐加入约 45 mL 的水，微热，不断搅拌或振摇，使其中的苯甲酸盐全部溶解。

(2)萃取、分离、提纯

将溶解后的混合物冷却，转入到分液漏斗中，每次用 10 mL 乙醚萃取苯甲醇，连续萃取三次，合并乙醚萃取液(水层保留)，依次用 5 mL 饱和亚硫酸氢钠溶液、10 mL 10%碳酸钠溶液及 10 mL 冷水洗涤乙醚层，分离出乙醚提取物，用无水硫酸镁或无水硫酸钾干燥此有机相。

将经过干燥的乙醚溶液转入 50 mL 蒸馏烧瓶中，用热水浴加热、水冷凝管冷却蒸馏除去乙醚(倒入指定的回收瓶内回收)，当温度计读数达到 85 ℃时，停止加热，改用空气冷凝管，在电炉上通过石棉网加热蒸馏，收集馏程在 198～204 ℃范围内的馏分(或用减压蒸馏)。

(3)产物测定

①量取体积，计算产率。

②测产物的红外光谱图，并与苯甲醇的标准红外光谱图做对比分析。

3. 苯甲酸的制备

(1)粗制

在不断的搅拌下,将经过乙醚萃取后分离出来的下层水溶液用 25%盐酸酸化,至刚果红试纸变蓝,充分冷却后使苯甲酸析出完全,减压过滤得粗产品苯甲酸。

(2)纯化

利用少量冷水洗涤得到的粗产品,挤压去水分,取出产物,晾干,再用热水重结晶。

(3)产物测定

①称重,计算产率。

②测产物的红外光谱图,并与苯甲醇的标准红外光谱图做对比分析。

五、注意事项

1. 为避免歧化反应过快产生大量热量,造成温度过高增加氧化副反应,需将苯甲醛分几批加入。

2. 向反应瓶中加入水之后,应在磁力搅拌器上尽量搅拌时间长一些,以保障苯甲酸钾盐充分溶解在水中,减少与苯甲醇分子的包裹,有利于下一步的乙醚萃取。

3. 用亚硫酸氢钠溶液洗涤乙醚溶液时,不能长时间振荡,避免下层的水中溶解过多的乙醚而降低亚硫酸氢钠在水中的溶解度,可能达到饱和析出大量晶体。

4. 久置的苯甲醛因氧化含有苯甲酸,使用前应重新蒸馏,收集 179 ℃的馏分。最好采用减压蒸馏,收集 62 ℃/1.333 kPa 的馏分或 90.1 ℃/5.332 kPa 的馏分。

5. 充分振摇是反应成功的关键,如混合充分,放置 24 h 后,混合物通常在瓶内固化,苯甲醛气味消失。

六、思考题

1. 本实验中两种主要产物是根据什么进行分离提纯的?

2. 用饱和亚硫酸钠、碳酸钠和水洗涤乙醚萃取各洗去什么物质?萃取过的水溶液是否也需要用饱和亚硫酸钠溶液处理?为什么?

3. 能否用石蕊试纸替代刚果红试纸?用 pH 试纸呢?

4. 在利用康尼查罗反应制备苯甲酸苯甲醇的实验中,为什么苯甲醇产率会过低?怎样利用歧化反应,将苯甲醛都转化成苯甲醇?

5. 苯甲酸和苯甲醇的制备时的白色糊状物是什么?

6. Cannizzaro 反应和羟醛缩合反应的反应条件和产物有什么不同?

7. 为什么要用新蒸的苯甲醛?长期放置的苯甲醛含有什么杂质?若不除去此杂质,对本实验有何影响?

实验 23 肉桂酸的制备

一、实验目的

1. 掌握 Perkin 反应原理及用芳香醛和脂肪酸酐反应合成 α,β-不饱和芳香酸的基本操作。

2. 掌握水蒸气蒸馏的原理和应用操作。

3. 学习并掌握脱色、重结晶等固体有机化合物的提纯方法。

二、实验原理

醋酐(含有 α-H)在碱的作用下失去 α-H 原子,生成醋酐负离子,该负离子和苯甲醛发生亲核加成反应得到 β-羧基酸酐中间体,该中间体受热脱水和水解得到 α,β-不饱和芳香酸,这就是 Perkin 反应。催化剂通常使用相应的酸酐的羧酸钾或羧酸钠盐,也可用碳酸钾或叔胺代替:

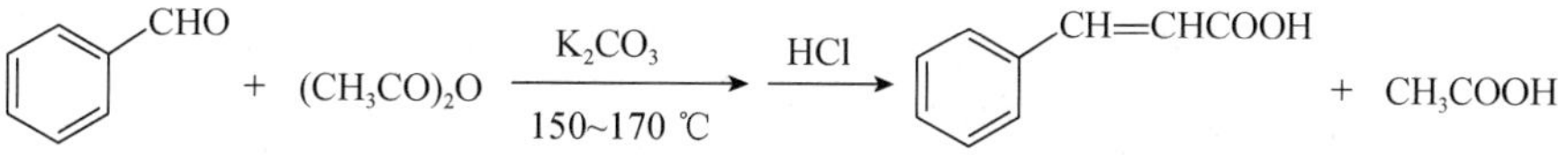

肉桂酸,是从肉桂皮或安息香分离出的有机酸。主要用于香精香料、食品添加剂、医药工业、美容、农药、有机合成等方面。沸点 101.6 ℃,密度 0.810 g/cm^3,折射率 1.275 (20 ℃),肉桂酸存在顺、反异构,反式更为稳定,为白色片状晶体。熔点约 133 ℃,密度 1.248 g/cm^3。

其红外光谱图如图 3.18 所示。

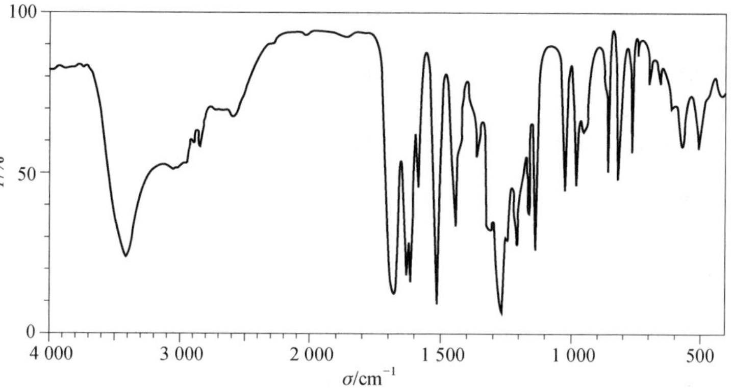

图 3.18 肉桂酸的红外光谱图

三、主要仪器和试剂

仪器:250 mL 三口烧瓶;回流冷凝管;温度计;蒸馏头;锥形瓶;烧杯;水蒸气发生装置等

试剂:苯甲醛;无水碳酸钾;乙酸酐;无水碳酸钠;浓盐酸;活性炭等

四、实验步骤

在 250 mL 干燥的三口烧瓶中加入 7 g 研细的无水碳酸钾,5.3 g(5 mL,0.05 mol)新蒸馏的苯甲醛,15 g(14 mL,0.145 mol)乙酸酐,振荡使其混合均匀。三口烧瓶中间口接上回流冷凝管,其中一个侧口装上温度计,另一个用塞子塞上。加热,使其在 160～180 ℃温度范围内加热回流 1 h。

冷却后,向三口烧瓶中加入 50 mL 水,浸泡数分钟,用玻璃棒或刮刀轻轻捣碎烧瓶中的固体,用饱和碳酸钠溶液调到弱碱性(pH=8)。然后进行水蒸气蒸馏,蒸除未反应的苯甲醛。直到馏出液中无油珠为止。

卸下水蒸气蒸馏装置,向三口烧瓶中小心加入约 1.0 g 活性炭,加热沸腾 2～3 min 后趁热进行过滤。将滤液转移至干净的 200 mL 烧杯中,在搅拌下向滤液中小心加入浓盐酸和水的等体积混合液,酸化溶液呈明显的酸性(pH=3～4)。冷却,待结晶全部析出后,抽滤。晶体用少量冷水洗涤。减压抽滤,晶体在 100 ℃下干燥。

五、注意事项

1. Perkin 反应所用仪器必须彻底干燥(包括称取苯甲醛和乙酸酐的量筒)。

2. 可以用无水碳酸钾和无水醋酸钾作为缩合剂,但是不能用无水碳酸钠。

3. 苯甲醛易氧化,久置的苯甲醛中含有苯甲酸。

4. 回流时加热强度不能太大,否则会把乙酸酐蒸出。

5. 为了合理利用时间,可以在回流结束之前约 30 min 开始加热蒸气发生烧瓶使水预热至接近沸腾。本实验进行水蒸气蒸馏的目的是去掉未反应的“杂质”苯甲醛,反应目标产物在三口瓶中不能随水蒸气蒸馏出来,因此,可以向三口瓶中加适量水直接蒸出苯甲醛和水的共沸物,即直接水蒸气蒸馏。

6. 进行脱色操作时一定取下烧瓶,稍冷之后再加热活性炭。

7. 热过滤时布氏漏斗和抽滤瓶要事先在热水中预热,动作要快。

8. 酸化时加入浓盐酸速度要慢,不要加过量。

9. 肉桂酸结晶完全后,进行冷过滤。

六、思考题

1. 为什么乙酐和苯甲醛要在实验前重新蒸馏才能使用?

2. 简述 Perkin 反应的机理,在 Perkin 反应中,如果使用与酸酐不同的羧酸盐会得到什么? 为什么?

3. 是否能用氢氧化钠代替碳酸钠中和反应混合物? 为什么?

4. 通常在什么情况下使用水蒸气蒸馏? 本实验中如何控制水蒸气蒸馏的终点?

5. 加入活性炭的目的是什么? 杂质是如何产生的?

6. 在本实验条件下,苯甲醛与丙酸酐在丙酸钾作用下反应得到的产物是什么?

实验 24 乙酰水杨酸的制备

一、实验目的

1. 通过本实验了解乙酰水杨酸(阿司匹林)的制备原理和方法。

2. 进一步熟悉重结晶、熔点测定、抽滤等基本操作。

3. 了解乙酰水杨酸的应用价值。

二、实验原理

乙酰水杨酸商品名为阿司匹林,为常用的退热镇痛药。广泛应用于治疗感冒、头痛、发热、关节痛、牙痛和风湿病,并且能够抑制血小板凝集,预防手术后血栓形成,心肌梗死。

制备乙酰水杨酸最常用的方法是将水杨酸与乙酸酐作用,通过乙酰化反应,使水杨酸分子中酚羟基上的氢原子被乙酰基取代,生成乙酰水杨酸。

水杨酸又名 2-羟基苯甲酸,分子内易形成氢键而难以乙酰化,通常加入少量浓硫酸破坏水杨酸分子中羧基与酚羟基间形成的氢键,从而加速反应的进行,使酰化作用更容易完成。在生成乙酰水杨酸的同时,水杨酸分子之间也可发生缩合反应,生成少量的聚合物。其反应式如下:

主反应:

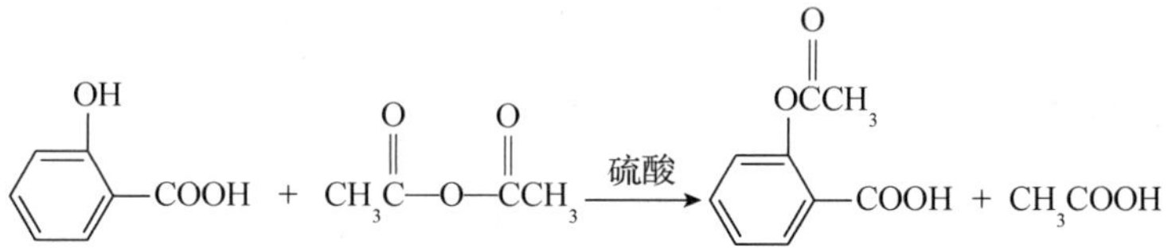

副反应:

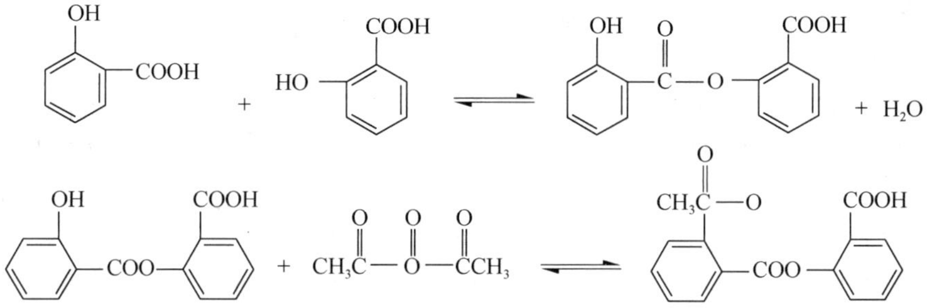

通过乙酰化反应先得到的是粗制乙酰水杨酸混合物,其中含有未反应原料和副产物,催化剂等,必须经过进一步的纯化才能得到纯品。

乙酰水杨酸能与碳酸氢钠反应生成水溶性钠盐,而副产物聚合物不能溶于碳酸氢钠,这种性质上的差别可用于乙酰水杨酸的纯化。其中可能存在于最终产物中的杂质还有水杨酸本身,可以通过重结晶而除去。水杨酸与大多数酚类化合物一样,可以与三氯化铁发生颜色反应，形成深色络合物，而乙酰水杨酸因酚羟基已被酰化，不再与三氯化铁发生颜色反应，因此可以通过这个方法判断水杨酸杂质是否被完全除去。

乙酰水杨酸为白色结晶性粉末，无臭，微带酸味。相对密度 1.35，熔点 135～138 ℃。在干燥空气中稳定，遇潮即缓缓水解成水杨酸与乙酸。微溶于水，溶于乙醇、乙醚、氯仿，也溶于氢氧化钠溶液或碳酸钠溶液，同时分解。其红外光谱图如图 3.19 所示。

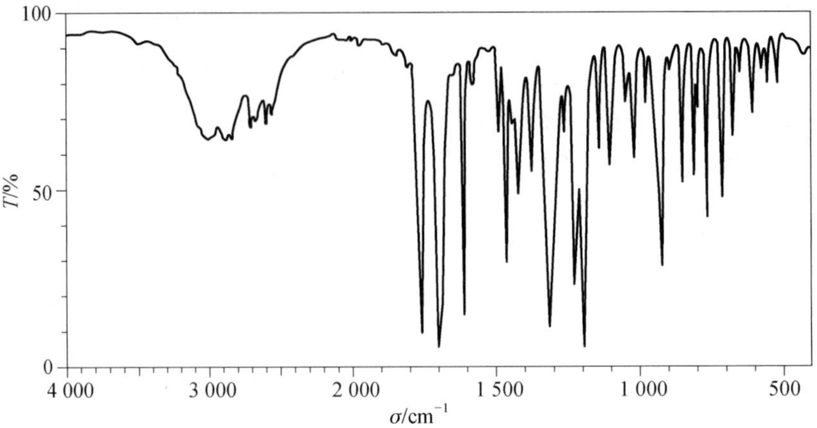

图 3.19　乙酰水杨酸的红外光谱图

三、主要实验仪器与试剂

仪器：50 mL 的圆底烧瓶；100 mL 的圆底烧瓶；温度计；蒸馏头；真空尾接管；锥形瓶；布氏漏斗；抽滤瓶；小烧杯；表面皿；滤纸

试剂：水杨酸；乙酸酐；饱和碳酸氢钠；1%$FeCl_3$；乙酸乙酯；浓硫酸；浓盐酸

四、实验步骤

1. 重蒸乙酸酐：将 30 mL 乙酸酐放入 50 mL 的圆底烧瓶中进行蒸馏，收取 137～140 ℃的馏分备用。

2. 加料：在 100 mL 圆底烧瓶中加入 2 g(0.014 mol)水杨酸、5 mL(0.05 mol)新蒸乙酸酐和 5 滴浓硫酸。

3. 反应：不断摇动圆底烧瓶使水杨酸全部溶解后，在 85～90 ℃的水浴上加热 5～10 min，然后冷却至室温，即有乙酰水杨酸结晶析出（若不结晶，可用玻璃棒摩擦瓶壁或置于冰水中冷却）。然后在烧瓶中加入 50 mL 水，放在冰水浴中继续冷却使结晶完全。减压抽滤，结晶用少量冷蒸馏水洗涤，抽干得粗产物乙酰水杨酸，产物约 1.8 g。

4. 纯化：将粗产物转移至 100 mL 烧杯中，在不断搅拌下加入 25 mL 饱和碳酸氢钠溶液，加完后继续搅拌几分钟，直至无二氧化碳气泡产生，过滤，用 5～10 mL 水冲洗漏斗，合并滤液，将滤液倒入预先盛有将 5 mL 浓盐酸和 10 mL 水配成的溶液的烧杯中，搅拌均匀，即有乙酰水杨酸沉淀析出。将烧杯置于冰水浴中冷却，使结晶完全。抽滤，用冷蒸馏水洗涤 2～3 次，抽干后，将结晶移至表面皿上，干燥后约 1.5 g。

5. 检验纯度：取少量的结晶加入盛有 5 mL 水的试管中，加入 1～2 滴 1%三氯化铁溶液，观察有无颜色反应。如有颜色，可将上述结晶用少量的乙酸乙酯（4～6 mL）重结晶，可得纯产品。

五、注意事项

1. 由于分子内氢键的作用，水杨酸与醋酸酐直接反应需要控制在150～160 ℃才能生成乙酰水杨酸。加入浓硫酸的目的主要是破坏氢键，加快反应速度，使反应在较低的温度下（90 ℃）就能够进行，而且还可以使副产物的量大大减少，因此实验中要注意控制好温度。因此水浴加热温度不宜过高，时间不宜过长，否则副产物可能增加。

2. 为了检验产品中是否还有水杨酸，利用水杨酸属酚类的衍生物，可与三氯化铁发生颜色反应的特点，检验是否有水杨酸的存在。

六、思考题

1. 反应时加入浓硫酸的作用是什么？

2. 反应中有哪些副产物？如何除去？

实验 25　扁桃酸的制备

一、实验目的

1. 通过扁桃酸的合成进一步了解相转移催化反应。
2. 进一步认识卡宾的形成和反应。
3. 巩固萃取及重结晶操作技术。

二、实验原理

扁桃酸又名苦杏仁酸，是有机合成的重要中间体，常用来制备口服治疗尿路感染的药物。扁桃酸含有一个手性碳原子，因此通过化学方法合成得到的是外消旋体。将外消旋体用旋光性的碱(如麻黄素)进行拆分，得到具有旋光性的一对异构体。本实验采用相转移催化反应，一步可得到产物，显示相转移催化反应的优点。反应式如下：

$$C_6H_5CH{=}O+CHCl_3 \xrightarrow[\text{TEBA}]{\text{NaOH}} \xrightarrow{H^+} C_6H_5\underset{\underset{\text{OH}}{|}}{\text{CH}}-COOH$$

反应机理一般认为是反应中产生的二氯卡宾与苯甲醛的羰基加成，再经重排及水解生成扁桃酸：

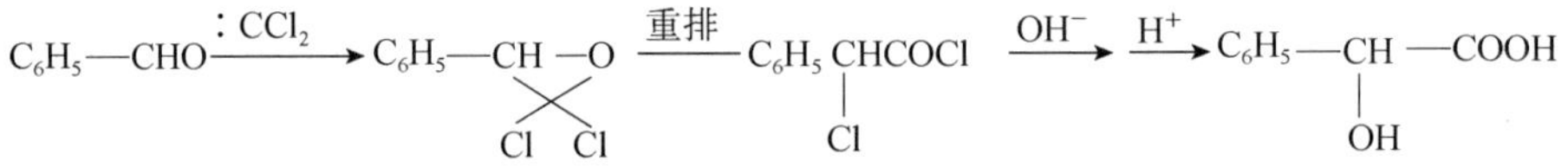

扁桃酸为白色斜方片状结晶。密度 1.30 g/cm^3，熔点 119 ℃。易溶于热水、乙醚、异丙醇与乙醇。曝光过久，会引起变色和分解。其红外光谱图如图 3.20 所示。

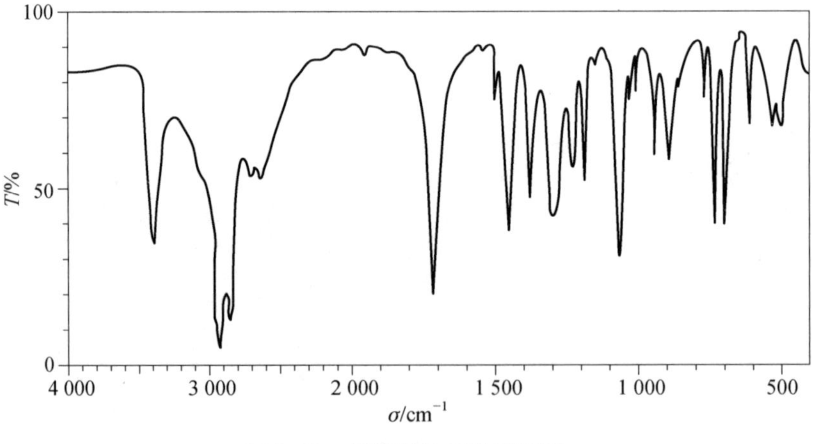

图 3.20　扁桃酸的红外光谱图

三、实验主要仪器及试剂

仪器：圆底烧瓶；球形冷凝管；三口烧瓶；滴液漏斗；温度计；布氏漏斗；吸滤瓶

试剂：苯甲醛；TEBA（苄基三乙基氯化铵）；氯仿；30%氢氧化钠溶液；乙醚；无水硫酸钠；甲苯

四、实验步骤

在装有搅拌器、温度计和回流冷凝管及滴液漏斗的 250 mL 三口瓶中，加入 10 mL 苯甲醛、1.0 g TEBA 和 16 mL 氯仿，在搅拌下在水浴上慢慢加热反应液。当温度达 56 ℃，开始由滴液漏斗慢慢滴加由 19 g 氢氧化钠溶于 19 mL 水而形成的溶液，滴加过程中需维持温度在 60～65 ℃或稍高，但不得超过 70 ℃，滴加约需 1 h。滴加完毕后，反应温度控制在 65～70 ℃之间，在搅拌下继续反应 1 h 左右，用试纸测反应液的 pH，直到 pH 接近中性可停止反应。

将反应液冷却后用 200 mL 水稀释，分别用 20 mL 乙醚萃取两次（萃取的目的是除去反应液中未反应完的氯仿），将有机相萃取液合并后回收。水相用 50%硫酸酸化至 pH 约为 2～3 后，每次用 40 mL 乙醚分两次萃取，合并萃取液后用 20 mL 的水洗涤一次，有机相用无水硫酸钠干燥，蒸出乙醚，并在减压下尽可能抽净乙醚（产物在乙醚中溶解度大），得粗产品约 11.5 g，产率 76%。

将粗产物用甲苯-无水乙醇（8∶1 体积比）进行重结晶，趁热过滤，母液在室温下放置时结晶慢慢析出。冷却后抽滤，并用少量石油醚（30～60 ℃）洗涤促使其快速干燥。产品为白色结晶，m. p. 为 118～119 ℃。

本实验约 6 h。

五、注意事项

1. 此时如 pH 未接近中性可适当延长时间，直到接近中性。
2. 产物在乙醚中溶解度大，应尽可能抽净乙醚，冷却后即得固体粗产物。
3. 亦可单独用甲苯重结晶（每克约需 1.5 mL）。

六、思考题

1. 本实验中，酸化前后两次用乙醚萃取的目的何在？
2. 根据相转移反应原理，写出本反应中离子的转移和二氯卡宾的产生及反应过程？
3. 本实验反应过程中为什么必须保持充分搅拌？
4. 本实验中，如果不加入季铵盐会产生什么后果？

实验 26　乙酸乙酯的制备

一、实验目的

1. 掌握乙酸乙酯的合成、分离和提纯的原理及操作。
2. 进一步学习和掌握分液漏斗的使用及蒸馏、干燥等的操作。

二、实验原理

酸与醇作用生成酯和水的反应，称为酯化反应。酯化反应常用的催化剂是少量浓硫酸、浓盐酸、干燥的氯化氢气体、磺酸、阳离子交换树脂等强酸催化剂。酸的作用是使羰基质子化，从而提高羰基的反应活性。酯化反应是一个可逆反应，反应进行到一定程度后达到动态平衡。为了使反应有利于向生成酯的方向进行，增加产物的产量，可以通过控制原料配比，使其中一种原料过量，或不断移去产物酯和水，或者二者同时采用等方法来实现。在具体实践中，究竟采用哪一种物料过量，取决于物料来源是否方便、价格是否便宜、产物分离纯化和过量物料分离回收的难易程度。此外，反应温度、时间、催化剂和加料速度等也会影响主要产物的产率。

传统实验中，乙酸乙酯的制备是以乙醇、冰醋酸为原料，在过量的浓硫酸的作用下得到，此实验中，浓硫酸除作催化剂外，还具有吸水作用，有利于反应向右进行。另外，由于酯化反应一般是可逆反应，一般只有 2/3 的原料转化为酯，为了提高产量，往往还可使乙醇过量(乙醇的成本比冰醋酸低)，并将刚生成的乙酸乙酯立即蒸出。此实验中，若反应温度超过 130 ℃，则会促使副反应发生，产生乙醚。合成乙酸乙酯的主副反应方程式如下：

主反应：

$$CH_3COOH + CH_3CH_2OH \xrightleftharpoons{\text{浓 } H_2SO_4} CH_3COOCH_2CH_3 + H_2O$$

副反应：

$$2CH_3CH_2OH \xrightleftharpoons[140\ ℃]{\text{浓 } H_2SO_4} CH_3CH_2OCH_2CH_3 + H_2O$$

浓硫酸催化法技术成熟，效果好，产率高，目前使用较为普遍。但浓硫酸是一种危险性极高的试剂，其来源管控比较严格，市面上购买较困难，另一方面，学生在实际操作中，稍有不慎容易引发事故，为此，本书还分别选择强酸性一水合硫酸氢钠和对甲基苯磺酸替代浓硫酸做催化剂，用于制备乙酸乙酯，供参考。

纯乙酸乙酯是具有果香的无色液体，主要用作溶剂、食用香料、清洗去油剂。沸点 77.1 ℃，密度 0.900 3 g/cm^3，折光率(20 ℃)1.372 3。其红外光谱图如图 3.21 所示。

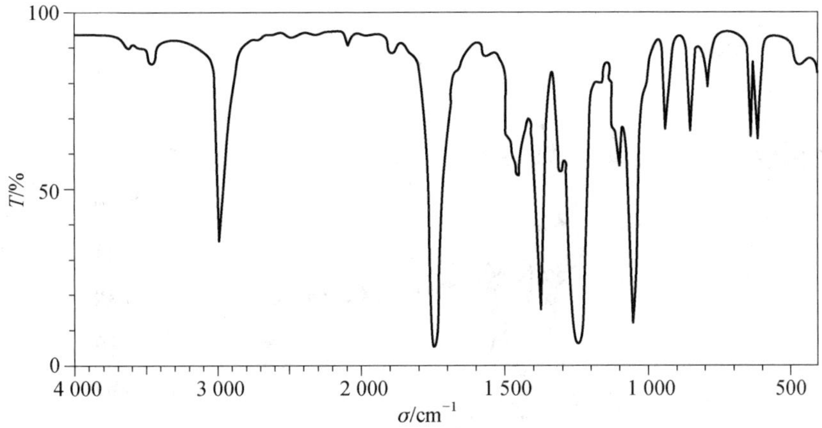

图 3.21 乙酸乙酯的红外光谱图

三、主要仪器和试剂

方法一：

仪器：125 mL 三口烧瓶；50 mL 单口烧瓶；60 mL 滴液漏斗；125 mL 分液漏斗；50 mL 量筒；50 mL 蒸馏烧瓶；直形冷凝管；100 ℃和 200 ℃温度计；50 mL 锥形瓶；500 mL 烧杯；酒精灯或电热套；铁夹；台天平；接引管

试剂：无水乙醇（分析纯）；浓硫酸（分析纯）；冰醋酸（分析纯）；碳酸钠饱和溶液；氯化钙饱和溶液；饱和食盐水；无水硫酸镁或无水硫酸钠

方法二（供参考）：

仪器：125 mL 二口烧瓶；50 mL 单口烧瓶；球形冷凝管；直形冷凝管；125 mL 分液漏斗；20 mL 量筒；150 mL 锥形瓶；400 mL 烧杯；100 ℃和 200 ℃温度计；酒精灯或电热套；铁夹；台天平；接引管；空心玻璃塞

试剂：无水乙醇（分析纯）；冰醋酸（化学纯）；一水合硫酸氢钠（化学纯）；碳酸钠饱和溶液；氯化钙饱和溶液；饱和食盐水；无水硫酸镁或无水硫酸钠

方法三（供参考）：

仪器：125 mL 二口烧瓶；50 mL 单口烧瓶；60 mL 滴液漏斗；125 mL 分液漏斗；50 mL 量筒；50 mL 蒸馏烧瓶；直形冷凝管；100 ℃和 200 ℃温度计；50 mL 锥形瓶；500 mL 烧杯；酒精灯或电热套；铁夹；台天平；接引管

试剂：无水乙醇（分析纯）；冰醋酸（分析纯）；一水合对甲基苯磺酸（分析纯）；碳酸钠饱和溶液；氯化钙饱和溶液；饱和食盐水；无水硫酸镁或无水硫酸钠

四、实验装置

方法一：

乙酸乙酯制备装置(方法一)如图 3.22 所示。

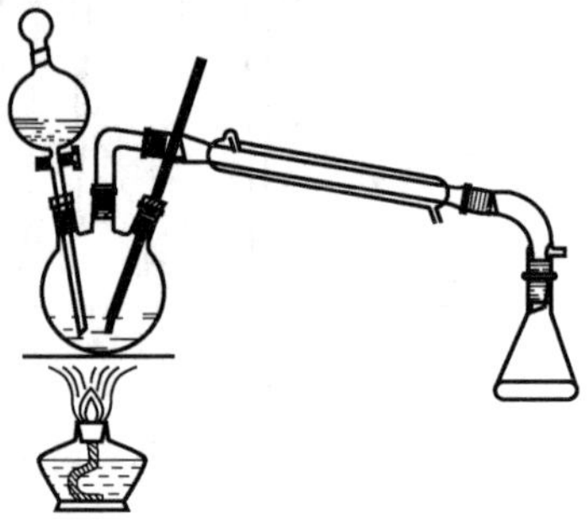

图 3.22　乙酸乙酯制备装置(方法一)

方法二、三：

乙酸乙酯制备装置(方法二、三)如图 3.23 所示。

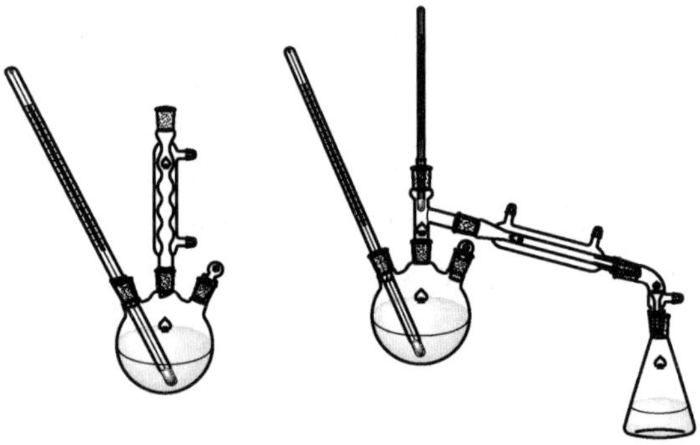

图 3.23　乙酸乙酯制备装置(方法二、三)

五、实验步骤

1. 乙酸乙酯粗产品的合成

方法一：

(1)安装装置

如图 3.22 所示装配仪器。三口烧瓶底部与石棉网之间留 0.3 cm 的间隙，以形成空气浴。

三口烧瓶中间口安装 75°弯管或蒸馏头，另两口分别插入滴液漏斗和温度计。滴液漏斗活塞的手柄应安装在里侧(靠中间口一侧)，以免松动或脱落造成漏液。漏斗颈末端及温度计的水银球均应浸入液面以下，距瓶底 0.5～1 cm 处。玻璃弯管或蒸馏头的支管与直形冷凝管连接，再连上接引管和锥形瓶。

(2)合成

在 125 mL 三口烧瓶中加入 12 mL 无水乙醇，在冷水冷却下，一边振摇一边将 4 mL

浓硫酸分5～6次加入其中，充分混合均匀，再加2～3粒沸石。

将12 mL无水乙醇和12 mL冰醋酸(约12.6 g，0.21 mol)在冷却下混匀，加入到滴液漏斗中，调节温度计的水银球及滴液漏斗的角口高度，使其浸在烧瓶里混合液面以下距瓶底0.5～1 cm处，打开滴液漏斗，将漏斗中3～4 mL的混合液滴入到三口烧瓶内，为确保滴液顺利进行，滴液漏斗上口颈部小孔要对准顶塞小孔，或用小纸片卡在塞口之间。

将三口烧瓶在石棉网上小火加热，当烧瓶中反应温度升到110 ℃时，将乙醇与冰醋酸的混合液从滴液漏斗中逐滴滴入瓶内，控制滴入的速度为1滴/3～4 s，待有馏出液后，控制混合液滴入的速度与粗产品馏出的速度大致相等，保持温度在110～125 ℃之间，直至滴加完毕。

混合液滴加完毕后，关闭滴液漏斗的活塞，继续加热10 min，待无馏出液馏出时停止加热。

方法二：

(1)安装装置

在125 mL干燥的两口烧瓶中，两口分别安装球形冷凝管和量程为200 ℃的温度计。

(2)合成

往上述两口烧瓶中加入冰醋酸14.3 mL(0.25 mol)，无水乙醇30 mL(0.52 mol)和一水合硫酸氢钠1.8 g(0.015 mol)，混匀后，加入2～3粒沸石，将温度计水银球插入液面以下。加热保持缓慢回流反应30～60 min。

反应结束后，停止加热，待反应物冷却后，将回流装置改成蒸馏装置，加热蒸出粗乙酸乙酯，蒸馏时，烧瓶中溶液的温度不得超过130 ℃。

方法三：

(1)安装装置

在250 mL干燥的两口烧瓶中，两口分别安装球形冷凝管和量程为200 ℃的温度计。

(2)合成

往上述两口烧瓶中加入冰醋酸14.3 mL(0.25 mol)，无水乙醇30 mL(0.52 mol)和一水合对甲基苯磺酸2.85 g(0.015 mol)，混匀后，投入2～3粒沸石，将温度计水银球插入液面以下。加热保持缓慢回流反应30～60 min。

反应结束后，停止加热，待反应物冷却后，将回流装置改成蒸馏装置，加热蒸出粗乙酸乙酯，蒸馏时，烧瓶中溶液的温度不得超过130 ℃。

2.乙酸乙酯粗产品的提纯

(1)去乙酸

在接受粗产品的锥形瓶中分批加入饱和碳酸钠溶液，每次1～2 mL，以除去未反应的乙酸，边加边摇动，并用pH试纸检验，直至不再有二氧化碳气体产生或上面酯层对pH试纸不显酸性为止(需10～20 mL)。

(2)去碳酸钠

将混合液移入分液漏斗，充分振摇(注意放气)，然后静置。待界面清晰后分去下层水相，保留上层酯层。

留在分液漏斗内的酯层先用 15 mL 饱和食盐水洗涤，充分振摇、静置、弃去下层液，以除去过量的碳酸钠，降低酯的溶解度。

(3)去乙醇

用饱和氯化钙溶液洗涤上面的酯层，每次用 10 mL，洗涤 2～3 次，弃去下层液（注意：最后一次分液时下层的水溶液一定要分离干净），保留上层酯层。

(4)去水

将酯层自分液漏斗的上口倒入事先干燥并放凉的 50 mL 锥形瓶中，加少量粉状固体无水硫酸镁（或无水硫酸钠），振摇锥形瓶，如果发现硫酸镁全部附着于瓶底，则说明干燥剂用量不够，需补加，直至有少量粉状固体随锥形瓶振摇而流动为止。静置后液体是清澈的。若混浊不清，同样说明干燥剂用量不够。塞好瓶口，放置片刻，间歇振摇，约 20 min 后进行下一步操作。

(5)提纯

取一三角漏斗，用小团脱脂棉塞住其底口，将干燥的粗乙酸乙酯通过漏斗滤入到干燥的 50 mL 蒸馏烧瓶中，加入 1～2 粒沸石，在水浴上进行蒸馏。收集 77～78 ℃的馏分。

3. 称重或量取产品体积，并计算产率。

4. 产物鉴定

①测产物沸点或折射率。

②测产物的红外光谱图。

六、注意事项

1. 进行酯化反应的玻璃仪器应尽量干燥，额外引入水分对反应不利。

2. 方法一中，浓硫酸与乙醇要混合均匀，否则易引起底部温度过高，使乙醇由底部开始，迅速大量碳化而不利于反应。

3. 方法一中，混合液的滴加速度不宜太快，否则会导致反应温度迅速下降，同时，乙酸和乙醇间来不及反应而被蒸出，影响产率。

4. 随时调节酒精灯火焰，温度控制在 120 ℃为最佳。要使反应液保持良好的沸腾状态。

5. 乙酸腐蚀皮肤，但起初并无感觉，若沾到皮肤上要立即用水冲洗；乙酸乙酯为易燃液体，加热时烧瓶口与蒸馏头等的接口处须严密不漏气，以防火灾；浓硫酸腐蚀性强，勿滴到桌上、手上、衣服上。

6. 进行分液操作时，观察分层的界面时不可将分液漏斗举高抬头仰视，应将其置于眼睛平视线的下方，略向下俯视才能看清楚界面。

7. 水与乙醇、乙酸乙酯间可以形成二元或三元共沸物（沸点及组成见表 3.2），故在未干燥前已是清亮透明溶液。因此，不能根据产品透明度作为干燥效果的评判标准，而应以干燥剂加入后吸水情况而定，并放置一段时间，其间需不断振摇。若洗涤不净或干燥不够，会使沸点降低，前馏分增加，影响实验结果。

表 3.2 乙酸乙酯与水或醇形成二元或三元共沸物的沸点及各组成质量分数

沸点/℃	各组成质量分数/%		
	乙酸乙酯	水	乙醇
70.2	82.6	9.0	8.4
70.4	91.9	8.1	
71.8	69.0		31.0

8. 当产品用饱和碳酸钠溶液洗后，如果直接用氯化钙溶液洗涤，会产生碳酸钙絮状物，使分离困难。所以，干燥前需先洗去多余的碳酸钠。但由于乙酸乙酯在水中有一定的溶解度，故为了减少酯的损失，需先用饱和食盐水替代水洗去过量的碳酸钠。

七、思考题

1. 本实验中若采用醋酸过量，是否合适？为什么？
2. 能否用氢氧化钠溶液代替饱和碳酸钠溶液，用水代替饱和氯化钙溶液来洗涤？为什么？
3. 在方法一的酯化反应中，用作催化剂的硫酸量，一般只需醇重量 3%就够了，这里为何用 12 mL？
4. 酯化反应有什么特点？在实验室中如何创造条件提高酯化反应的产率和减少副反应的发生？
5. 粗产品经过洗涤、干燥纯化后为何还要进行蒸馏提纯？
6. 为什么乙酸乙酯产品不用无水氯化钙而用无水硫酸钠进行干燥？

实验 27　乙酸正丁酯的制备

一、实验目的

1. 认识酯化反应原理，掌握通过醇与酸进行酯化反应制备乙酸正丁酯的方法。
2. 学习并掌握共沸蒸馏分水法的原理和分水器（油水分离器）的使用。
3. 巩固回流、洗涤、萃取、干燥、蒸馏等基本操作技术。

二、实验原理

有机酸酯通常用醇和羧酸在少量酸性催化剂存在下进行酯化反应制备。酯化反应是一个典型的可逆反应。为了提高目标产物的收率，可以采取以下措施：

(1)使用过量的醇或酸。

(2)在反应中移除某一产物（蒸出反应生成的酯或水）。

(3)使用特殊催化剂，当然也可以兼而有之。

利用酸和醇制备酯，在实验室中有三种方法：

(1)共沸蒸馏分水法：生成的酯和水以共沸物形式蒸出，冷凝后通过分水器分出水，油层回到反应器中。

(2)提取酯化法：加入溶剂，使反应物、生成的酯溶于溶剂中，和水层分开。

(3)直接回流法：使一种反应物过量后直接回流。

制备乙酸正丁酯用共沸蒸馏分水法效果较好，以乙酸和正丁醇为原料，酸催化可以直接酯化制备乙酸正丁酯，反应式如下：

$$n\text{-}C_4H_9OH + CH_3COOH \xrightleftharpoons{H_2SO_4} CH_3COOC_4H_9\text{-}n + H_2O$$

纯乙酸正丁酯是一种具有水果香味的无色透明可燃性液体，它能与醇、酮、酯和大多数常用有机溶剂互溶。沸点 126.5 ℃，密度 0.882 g/cm^3，折光率(20 ℃)1.395 1。其红外光谱图如图 3.24 所示。

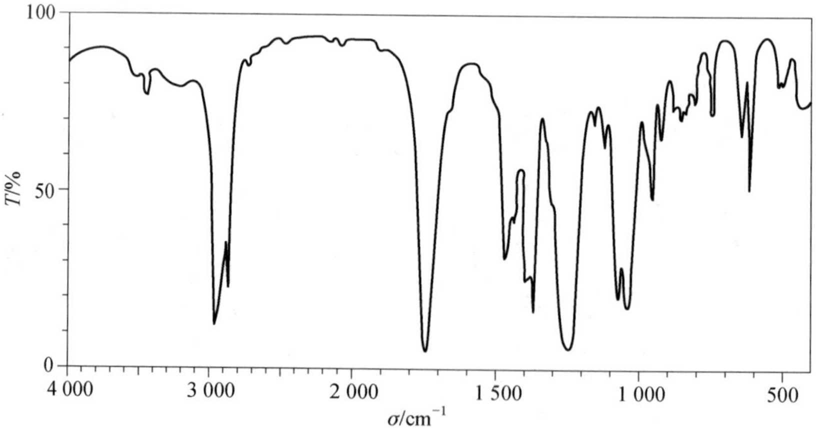

图 3.24　乙酸正丁酯的红外光谱图

三、仪器和试剂

仪器：圆底烧瓶、分水器、球形冷凝管、直形冷凝管、分液漏斗。

试剂：正丁醇 11.5 mL(9.3 g，0.125 mol)；冰醋酸 7.2 mL(7.5 g，0.125 mol)；浓硫酸；10%碳酸钠溶液；无水硫酸镁等。

四、实验装置

实验装置参见图 3.6 回流分水装置和图 2.8 简单蒸馏装置。

五、实验步骤

在干燥的 100 mL 圆底烧瓶中，装入 11.5 mL 正丁醇和 7.2 mL 冰醋酸，并小心加入 3～4 滴浓硫酸，混合均匀，加入几粒沸石。按图 3.6 安装分水器和回流冷凝管，并在分水器中预先加水略低于支管口，标记水位。

通过石棉网加热，回流反应，随着反应的进行，开始有水生成分出。从分水器下端放出水分，保持分水器中水层液面在原来的高度，约 40 min 后不再有水生成，表明反应完成，停止加热，记录分出水的量。

冷却，卸下回流冷凝管，将分水器中的酯层与烧瓶中的反应液一起倒入分液漏斗中，依次用 10 mL 水、10 mL 10%碳酸钠溶液、10 mL 水洗洗涤，分去水层，将酯层置于锥形瓶中，加少量无水硫酸镁进行干燥。将干燥后的乙酸正丁酯倒入干燥的 50 mL 圆底烧瓶中，加入沸石，安装好蒸馏装置，在石棉网上加热蒸馏，收集 124～126 ℃馏分。前后馏分倒入指定的回收瓶中。

六、注意事项

1. 冰醋酸在低温时易凝结成结晶状固体(熔点 16.6 ℃)，取用时可用热水浴加热使其熔化注意不要触及皮肤，防止烫伤。

2. 浓硫酸在反应中起催化作用，只需少量即可。滴加浓硫酸时，要边加边摇，以免局部碳化。也可用固体超强酸作催化剂。

3 在分水器中预先加水量应略低于支管口的下沿，不能进入反应瓶。根据分出的水量可以初步判断反应是否完成。

4. 回流冷凝管安装时应注意使其最下端远离分水器支管出口，以避免回流冷凝液来不及分出水分直接返回至反应瓶。

5. 加热速度不宜过快，应控制均匀的回流速度。

6. 本实验中不能用无水氯化钙做干燥剂，因为它与产品能够形成络合物而影响产率。

七、思考题

1. 酯化反应有哪些特点？乙酸正丁酯的合成实验是根据什么原理来提高产品产量的？

2. 如何判断本反应的终点？

3. 乙酸正丁酯的粗产品中，除产品乙酸正丁酯外，还有什么杂质？怎样将其除掉？

4. 计算反应完全时应该分出多少水？

实验 28　苯甲酸乙酯的制备

一、实验目的

1. 掌握酯化反应原理及苯甲酸乙酯的制备方法。
2. 复习分水器的使用及液体有机化合物的精制方法。
3. 进一步练习蒸馏、萃取、干燥及折光率测定等基本操作。

二、基本原理

羧酸酯可由羧酸和醇在催化剂存在下直接酯化来制备，或采用酰氯、酸酐和腈的醇解，有时也可以利用羧酸盐与卤代烷或硫酸酯反应来制备，其中，直接酸催化酯化反应是工业或实验室制备羧酸酯的重要方法。利用苯甲酸和乙醇在硫酸催化作用下进行酯化反应可生成苯甲酸乙酯和水，该反应是可逆反应，正逆反应之间存在着动态平衡。为了提高酯的转化率，使用过量乙醇或将反应生成的水从反应体系中除去，都可以使平衡向生成酯的方向移动，从而提高转化率。本实验中，制备苯甲酸乙酯的化学反应式如下：

$$Ph-COOH+C_2H_5OH \xrightarrow{H_2SO_4/苯} PhCO_2C_2H_5+H_2O$$

反应机理

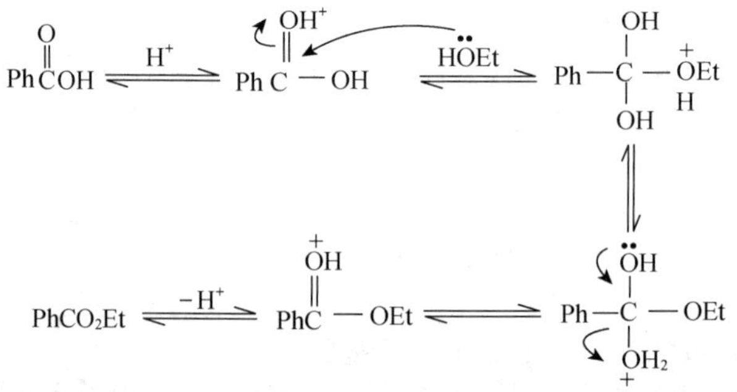

苯甲酸乙酯为无色透明液体，稍有水果气味。不溶于水，微溶于热水，与乙醇、乙醚、石油醚、丙二醇、氯仿、矿物油和大多数非挥发性油等混溶，不溶于甘油。沸点 212.6 ℃，相对密度（水＝1）1.05 g/cm^3，折射率 1.500 1（20 ℃）。其红外光谱图如图 3.25 所示。

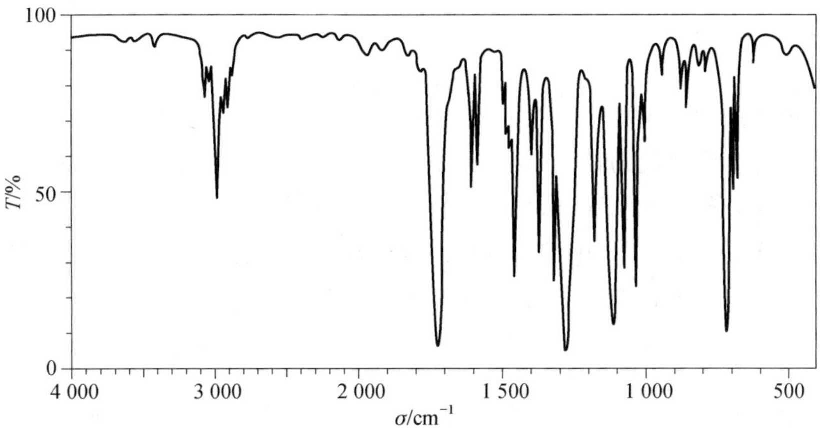

图 3.25 苯甲酸乙酯的红外光谱图

三、主要实验仪器与试剂

仪器：圆底烧瓶；回流冷凝器；分液漏斗；锥形瓶；150 mL 烧杯；量筒球形冷凝管；直形冷凝管分水器；加热套水浴锅蒸馏头牛角管

试剂：苯甲酸 4 g(0.033 mol)；无水乙醇 10 mL(0.17 mol)；环己烷；浓硫酸 3 mL；Na_2CO_3；无水 $CaCl_2$；乙酸乙酯

四、实验装置

实验装置参见图 3.6 回流分水装置和图 4.1 简单蒸馏装置。

五、实验步骤

1. 加料：于 100 mL 圆底烧瓶中加入 8 g 苯甲酸、20 mL95％乙醇、15 mL 环己烷和 3 mL 浓硫酸，摇匀，加入几粒沸石。

2. 分水回流：按照图组装好仪器(安装分水器)，加热回流，开始回流速度要慢，随着回流的进行，分水器中出现了上下两层液体，且下层渐多，约 1 h 后，下层液体达 5～6 mL 时停止加热。放出上、下层液体并记录下层液体体积。然后继续加热蒸出多余的环己烷和乙醇至瓶内有白烟或回流下来的液体无滴状为止，移去火源。

3. 中和：将烧瓶中剩余的反应液倒入盛有 60 mL 水的烧杯中，分批加入碳酸钠粉末中和硫酸和苯甲酸至溶液呈中性(或弱碱性)，无二氧化碳逸出，用 pH 试纸检验。

4. 分离萃取、干燥：用分液漏斗分出有机层，水层用 20 mL 乙酸乙酯分 2 次萃取，然后合并至有机层。用约 2 g 的无水氯化钙进行干燥。

5. 精馏：粗产物进行蒸馏，低温蒸出乙酸乙酯，当温度超过 140 ℃时，用牛角管直接接收 210～213 ℃的馏分。$n_D^{20}=1.5001$。

六、注意事项

1. 注意浓硫酸的取用安全。加入浓硫酸应慢加且混合均匀，防止碳化。

2. 回流时温度和时间的控制（反应初期小火加热、反应终点的正确判断）。

3. 分水回流开始要控制温度，控制先前 1 h 保持回流蒸汽在分水器接圆底烧瓶内管处中和酸的操作是否彻底，苯甲酸为有机酸，与盐的反应较慢（中和不彻底的话，最后蒸馏时温度超过 100 ℃会有白烟产生，为苯甲酸升华所致）。

4. Na_2CO_3 粉末的加入应分批进行，加入过快会产生大量泡沫，导致液体逸出。

七、思考题

1. 本实验采用何种措施提高酯的产率？

2. 为什么采用分水器除水？

3. 何种原料过量？为什么？为什么要加环己烷？

4. 浓硫酸的作用是什么？常用酯化反应的催化剂有哪些？

5. 为什么用水浴加热回流？

6. 在萃取和分液时，两相之间有时出现絮状物或乳浊液，难以分层，如何解决？

实验 29　乙酰乙酸乙酯的制备

一、实验目的

1. 了解克莱森(Claisen)酯缩合反应的基本原理。

2. 掌握乙酰乙酸乙酯的制备及无水操作方法。

3. 巩固减压蒸馏操作技术。

二、实验原理

一分子含 α-H 的酯在醇钠作用下，与另一分子的酯发生缩合反应，生成 β-酮酸酯，该反应称为克莱森(Claisen)酯缩合反应。乙酸乙酯通过 Claisen 缩合反应可以制备乙酰乙酸乙酯：

$$2CH_3COOC_2H_5 \xrightarrow[②H_2O/H^+]{①C_2H_5ONa} CH_3COCH_2COOC_2H_5 + C_2H_5OH$$

反应通常以酯和金属钠为原料，并以过量的酯作溶剂。利用酯中含有的微量醇与金属钠反应来制备醇钠，随着反应的进行，乙醇就可以不断生成并和金属钠继续作用，直至钠耗尽。不含醇则反应不能发生，但作为原料的酯，其含醇量也不宜过高，否则会影响缩合反应产率。

纯乙酰乙酸乙酯为无色或微黄色透明液体，有果香。用于合成染料和药物，也是其他有机合成中的重要中间体，沸点 180.8 ℃，密度 1.028 2 g/cm^3，折光率(20 ℃)1.419 9。其红外光谱图如图 3.26 所示。

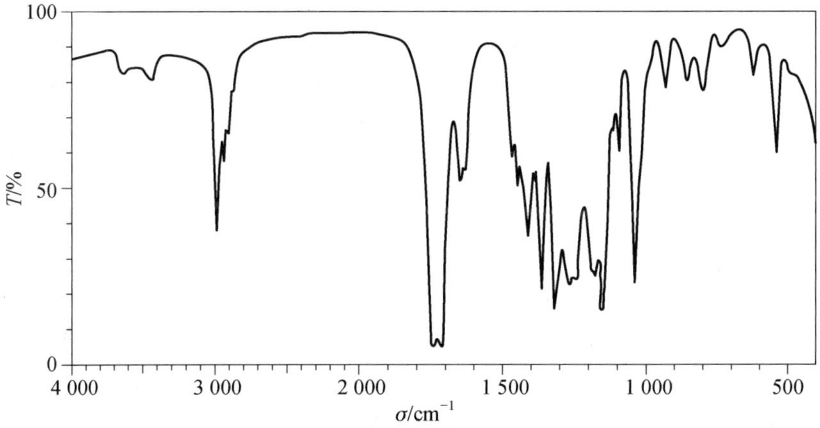

图 3.26　乙酰乙酸乙酯的红外光谱图

三、主要仪器和试剂

仪器：圆底烧瓶；克氏蒸馏烧瓶；直形冷凝管；干燥管；真空泵；分液漏斗等

试剂：金属钠 2.5 g(0.11 mol)；乙酸乙酯；二甲苯；醋酸；饱和氯化钠溶液；无水硫酸钠等

四、实验步骤

在干燥的 50 mL 圆底烧瓶中加入 1 g 金属钠和 5 mL 二甲苯，装上回流冷凝管，通过石棉网加热使钠熔融成一亮白色小球，停止加热，稍冷后，拆去冷凝管，用磨口玻塞塞紧圆底烧瓶 3～5 次，使钠分散成细粒状钠珠。

稍静置，待二甲苯冷却至室温后，倾去上层二甲苯(切勿倒入水槽或废物缸，以免着火)，即得新鲜钠珠。然后迅速向瓶中加入 10 mL 乙酸乙酯，重新装上冷凝管，并在其顶端装一氯化钙干燥管。反应随即开始，并有氢气泡逸出。如反应很慢时，可用小火加热。待激烈的反应过后，置反应瓶于石棉网上小火加热，使反应体系保持微沸，直至金属钠全部作用完为止。反应约需 1.5 h。结束时，生成的乙酰乙酸乙酯钠盐为橘红色透明溶液(有时也可能夹带少量黄白色沉淀)。

待反应物稍冷后，在摇荡下加入 8～12 mL 50%醋酸溶液，直到反应液呈弱酸性(pH 为 5～6)。此时，所有的固体物质均已溶解。将溶液转移到分液漏斗中，加入等体积的饱和氯化钠溶液，用力摇振后，静置分层，分出上层乙酰乙酸乙酯粗产物，水层用 8 mL 苯萃取，萃取液和酯层合并，用无水硫酸钠干燥，将干燥后的有机相滤入蒸馏烧瓶中。先在沸水浴上蒸去苯和未作用的乙酸乙酯，再将烧瓶内剩余液转移到克氏蒸馏烧瓶中，缓慢加热，用减压蒸馏装置进行减压蒸馏，待残留的低沸物蒸出后，再升高温度，收集 71 ℃/12 mmHg 和 88 ℃/30 mmHg 馏分。

五、注意事项

1. 本实验所用仪器必须是干燥的，所用乙酸乙酯必须是无水的。水的存在会与金属钠发生激烈的反应生成氢气并释放出大量的热，易导致燃烧和爆炸。NaOH 的存在易使乙酸乙酯水解成乙酸钠，更重要的是水的存在使金属钠被消耗难以形成碳负离子中间体，导致实验失败。

2. 金属钠遇水易燃烧爆炸，在空气中易氧化，故在称量压丝和切成片的过程中，操作要迅速。制备钠珠时须佩戴防护眼镜，振摇使钠珠尽可能细小，有利于反应的进行，但振摇过程最好离开桌面，将圆底烧瓶置于胸口之下。

3. 缩合反应是放热反应，应控制加热速度，让上升蒸气在回流冷凝管的第一个小球下，以免挥发损失。反应完毕后得一透明带有绿色荧光的橘红色液体，有时会出现少量黄白色固体，可能是部分析出的乙酰乙酸乙酯的烯醇或钠盐。

4. 乙酰乙酸乙酯在常压下蒸馏至沸点时很容易发生分解，其分解产物为“失水乙酸”，故采用减压蒸馏法。“失水乙酸”通常溶于酯类，随着过量的乙酸乙酯的蒸出，特别是最后减压蒸馏时随着部分乙酰乙酸乙酯的蒸出，“无水乙酸”就呈棕黄色固体析出。

乙酰乙酸乙酯沸点与压力的关系如表3.3所示。

表3.3 乙酰乙酸乙酯在不同压力下的沸点

压力/mmHg	760	80	60	40	30	20	18	14	12	10	5	1.0	0.1
沸点/℃	181	100	97	92	88	82	78	74	71	67.3	54	28.5	5

六、思考题

1. 所用仪器未经干燥处理，对实验有何影响？为什么？

2. 加入50%的醋酸及氯化钠饱和溶液的目的是什么？

3. 乙酰乙酸乙酯在合成上有什么用途？烷基取代乙酰乙酸乙酯与稀碱和浓碱作用将分别得到什么产物？

实验30　甲基橙的制备

一、实验目的

1. 通过甲基橙的制备学习重氮化反应和偶合反应的实验操作。
2. 进一步巩固盐析与重结晶的原理和操作。

二、实验原理

甲基橙是常用的指示剂，它是由对氨基苯磺重氮盐与N，N-二甲基苯胺的醋酸盐在弱酸介质中通过偶合而得到。在偶合时先得到的是红色的酸性甲基橙（又称酸性黄），在碱性中酸性黄转变为甲基橙的钠盐，即甲基橙。

1. 重氮化反应

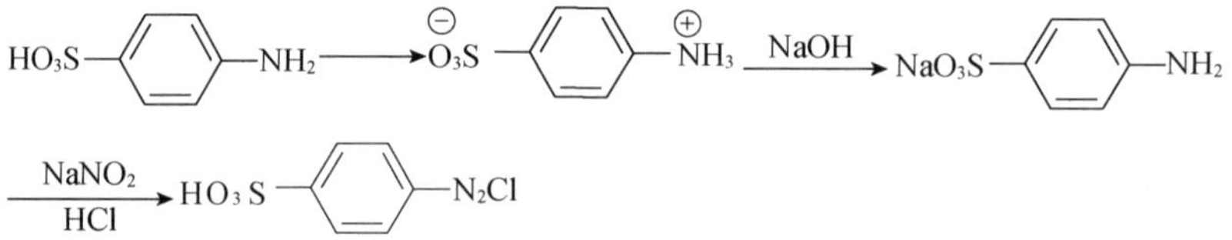

2. 偶合反应

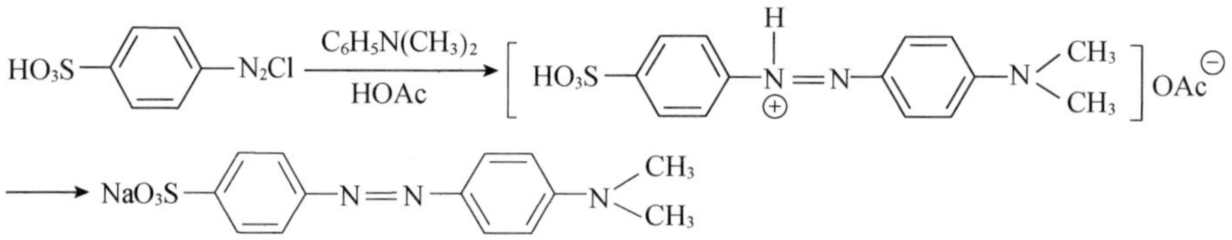

甲基橙为黄色至橙黄色粉末，熔点300 ℃，密度0.987 g/cm^3，微溶于水，常用作酸碱指示剂。其红外光谱图如图3.27所示。

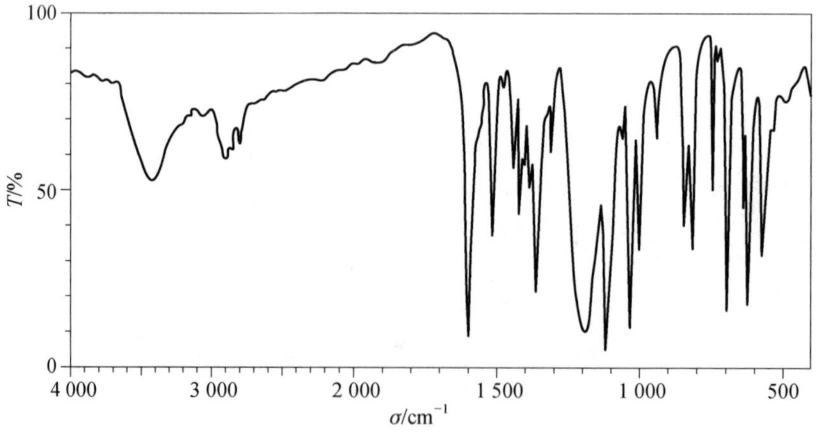

图3.27　甲基橙的红外光谱图

三、主要仪器和试剂

仪器：100 mL 圆底烧瓶；温度计；100 mm 表面皿；玻璃棒；滴管；小试管；电热套；500 mL 抽滤瓶；布氏漏斗；循环水真空泵；电磁搅拌器

试剂：对氨基苯磺酸；10%氢氧化钠；亚硝酸钠；浓盐酸；冰醋酸；N，N-二甲基苯胺；乙醇；乙醚；淀粉-碘化钾试纸；饱和氯化钠；冰；食盐

四、实验步骤

1. 重氮盐的制备

在 100 mL 圆底烧瓶中、加入 1 g 对氨基苯磺酸结晶和 5 mL 5%氢氧化钠溶液，加入磁力搅拌子，将烧瓶用热水浴温热，并用电磁搅拌器不断搅拌使固体溶解，然后用冰盐浴冷却至 5 ℃以下。将事先配制好的 0.04 g 亚硝酸钠和 3 mL 水的溶液加入到烧瓶中。通过冰盐浴维持温度 0～5 ℃，在不断搅拌下，慢慢用滴管滴加 1.5 mL 浓盐酸和 5 mL 水溶液，直至用淀粉-碘化钾试纸检测呈现蓝色为止，继续在冰盐浴中搅拌 15 min，使反应完全，这时有白色细小晶体析出。

2. 偶合反应

在试管中加入 0.7 mL N，N-二甲基苯胺和 0.5 mL 冰醋酸，并混合均匀。在搅拌下将此混合液缓慢加到上述冷却的重氮盐溶液中，加完后继续搅拌 10 min。然后，缓缓加入约 8 mL 10%氢氧化钠水溶液，直至反应物变为橙色(此时体系为碱性)，甲基橙粗品呈细粒状沉淀析出。

将反应物置于沸水浴中加热 5 min，冷却后，再放置冰浴中冷却，使甲基橙晶体析出完全。抽滤，用 10 mL 饱和氯化钠溶液洗涤两次，压紧抽干。干燥后得粗品约 1.5 g。

粗产品用 1%氢氧化钠溶液进行重结晶。待结晶析出完全，抽滤，依次用少量水洗涤，然后再分别用少量乙醇和乙醚洗涤，压紧抽干，得片状结晶。产量约 1 g。

3. 检验

将少许甲基橙溶于水中，加几滴稀盐酸，然后再用稀碱中和，观察颜色变化。

本实验需 4～6 h。

五、注意事项

1. 对氨基苯磺酸为两性化合物，酸性强于碱性，它能与碱作用成盐而不能与酸作用成盐。

2. 重氮化过程中，应严格控制温度在 5 ℃以下，反应温度若高于 5 ℃，重氮盐易分解，存在爆炸的危险，降低产率。

3. 若试纸不显色，则需要进一步补充亚硝酸钠溶液。

4. 重结晶操作要迅速，否则由于产物呈碱性，在温度高时易变质，颜色变深。用乙醇和乙醚洗涤的目的是使其迅速干燥。

六、思考题

1. 在重氮盐制备前为什么还要加入氢氧化钠？如果直接将对氨基苯磺酸与盐酸混合后，再加入亚硝酸钠溶液进行重氮化操作可行吗？为什么？

2. 制备重氮盐为什么要维持 0～5 ℃的低温，温度高有何不良影响？

3. 重氮化为什么要在强酸条件下进行？偶合反应为什么要在弱酸条件下进行？

4. 甲基橙在酸碱中介质中变色的原因，并用反应式表示之。

5. N,N-二甲基苯胺与重氮盐偶合为什么总是在氨基的对位上发生？

实验 31 对甲苯胺的制备

一、实验目的

1. 掌握通过还原反应从硝基甲苯制备对甲苯胺的原理和实验方法。
2. 巩固水蒸气蒸馏等基本操作。
3. 掌握分馏柱除水的原理及方法。

二、实验原理

对甲苯胺可用于生产染料和医药中间体，可通过三种方法从对硝基甲苯还原制备，即：铁粉还原法、硫化物还原法和加氢还原法。铁粉还原法具有工艺简单、适用面广、副反应少、对设备要求低等优点，但污染较大。硫化物用于还原芳香硝基化合物，反应比较缓和，可使多硝基化合物中的硝基选择性地部分还原。加氢还原法能使反应定向进行、副反应少、产品质量好、产率高，因此是胺类生产的发展方向。本实验采用铁粉还原法，反应式如下：

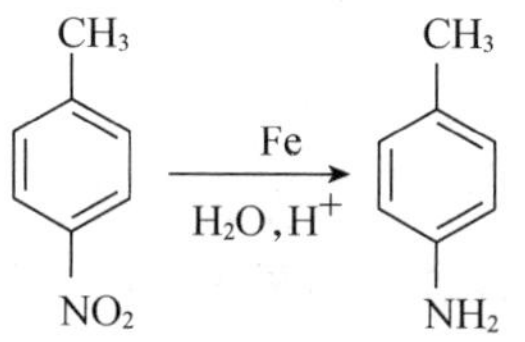

纯对甲苯胺，为无色结晶性粉末，微溶于水，主要用作分析试剂，也可用于有机合成及制备染料。沸点 197.4 ℃，熔点 41～46 ℃，密度 0.973 g/cm^3。其红外光谱图如图 3.28 所示。

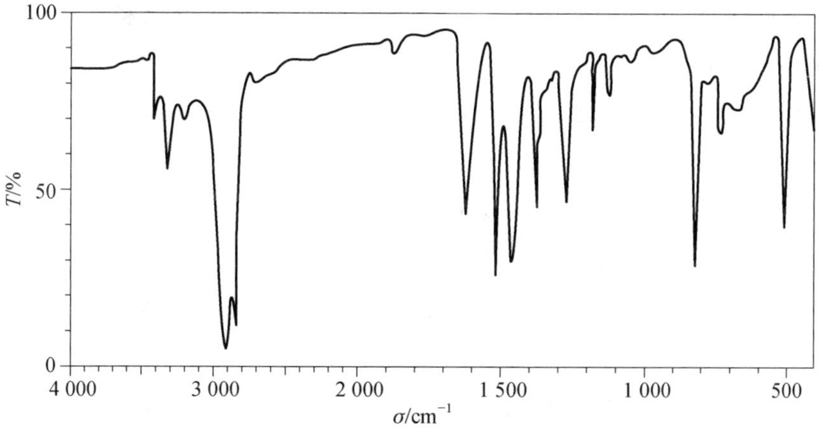

图 3.28 对甲苯胺的红外光谱图

三、主要实验仪器和试剂

仪器：三口烧瓶；回流冷凝管；直形冷凝管；电动搅拌器；温度计

试剂：对硝基甲苯；细铁屑（还原铁粉）；冰醋酸等

四、实验步骤

在 250 mL 三口烧瓶上装配好电动搅拌器、回流冷凝管和温度计，然后向三口瓶中加入 10 g 细铁屑、50 mL 水和 3 mL 冰醋酸，搅拌混合均匀。用加热套加热至混合液沸腾，回流 15 min 后，冷却至回流停止，加入 9.2 g 对硝基甲苯，继续搅拌并加热回流 1.5 h，使还原反应完全。

将装置改装为水蒸气蒸馏装置，用水蒸气蒸馏法蒸出对甲苯胺，直至馏出液无油滴。将馏出液充分冷却，则有对甲苯胺结晶析出，过滤，干燥，得到白色固体，称重并计算产率。

五、注意事项

1. 水在铁屑还原硝基芳烃的反应中，既作介质又做还原反应中的氢源。水与硝基芳烃的用量比为 50∶1～100∶1。对于低活性硝基芳烃，可以加入甲醇、乙醇等与水相混，有利于反应。

2. 通常，1 mol 硝基化合物的还原需要 3～4 mol 的铁屑，大大超过理论值。在以铁屑作还原剂的反应过程中，电解质的存在可提高溶液的导电能力，加速铁的腐蚀过程，加快还原速度。不同电解质对还原速度影响的活性顺序是：

$$NH_4Cl > FeCl_2 > (NH_4)_2SO_4 > BaCl_2 > CaCl_2 > NaCl > Na_2SO_4 > KBr > NaAc$$

3. 根据胺类产物的不同性质，可以采用相应的分离提纯方法：

(1)对于不溶于水且具有一定蒸气压的芳胺，可以采用水蒸气蒸馏法分离。例如苯胺、对甲苯胺、邻甲苯胺、对氯苯胺、邻氯苯胺等。

(2)对于易溶于水且可蒸馏的芳胺，可以采用过滤除铁泥、简单蒸馏除水分、最后作减压蒸馏的方法进行分离。例如间苯二胺、对苯二胺、2,4-二氨基甲苯等。

(3)对于易溶于热水的芳胺，可以采用先热过滤、然后冷却结晶的方法进行分离。例如邻苯二胺、邻氨基苯酚、对氨基苯酚等。

(4)对于不溶于水且蒸气压很低的芳胺，可以采用溶剂萃取的方法进行提取。例如 α-萘胺等。

4. 水蒸气蒸馏时，对甲苯胺易在冷凝管中凝结而堵塞通道。遇此情况可暂停通入冷凝水。

5. 可用乙醇-水混合溶剂进行重结晶的方法纯化对甲苯胺，这样得到的产物为对甲苯胺的水合物，m. p. 42～43 ℃；如果产品颜色较深或呈油状物，可用蒸馏法精制，收集195～201 ℃馏分即为产品；采用蒸馏法时，可用苯作溶剂萃取粗产品，然后将对甲苯胺酸化为盐酸盐，再碱化使之析出，达到纯化的目的。

六、思考题

1. 在还原反应开始前，为什么要对铁粉做预处理？
2. 试比较各种还原法的优缺点。
3. 如何判断还原反应的终点？
4. 制备对甲苯胺的反应中有哪些副反应？
5. 该反应是放热反应还是吸热反应？是均相反应还是非均相反应？

实验32　乙酰苯胺的制备

一、实验目的

1. 掌握由苯胺乙酰化制备乙酰苯胺的原理和方法。
2. 掌握分馏的基本原理，巩固分馏操作技术。
3. 巩固重结晶、趁热过滤和减压过滤等基本的操作方法。

二、实验原理

乙酰苯胺为无色晶体，具有退热镇痛作用，是较早使用的解热镇痛药，因此俗称“退热冰”。乙酰苯胺也是磺胺类药物合成中重要的中间体。由于芳环上的氨基易氧化，在有机合成中为了保护伯胺和仲胺等氨基官能团，以降低芳胺对氧化性试剂的敏感性，往往先将其乙酰化转化为乙酰苯胺，然后再进行其他反应，最后水解除去乙酰基。

除了保护氨基，芳胺的酰化在有机合成中还有如下的作用：

(1)氨基经酰化后，降低了氨基在亲电取代反应(特别是卤化)中的活化能力，使其由很强的第Ⅰ类定位基变成中等强度的第Ⅰ类定位，使反应由多元取代变为有用的一元取代。

(2)由于乙酰基的空间效应，往往选择性地生成对位取代产物。

(3)在某些情况下，酰化可以避免氨基与其他官能团或试剂(如 RCOCl、$—SO_2Cl$ 等)之间发生不必要的反应。

乙酰苯胺可由苯胺与乙酰化试剂如：乙酰氯、乙酸酐或乙酸等直接作用来制备。反应活性是乙酰氯＞乙酸酐＞乙酸。乙酸酐一般来说是比酰氯更好的酰化试剂，但是当用游离胺与纯乙酸酐进行酰化时，常伴有二乙酰胺[$ArN(COCH_3)_2$]副产物的生成。另外，乙酰氯和乙酸酐的价格较贵，而冰醋酸试剂易得，价格便宜，所以，实验室一般选用纯的乙酸(俗称冰醋酸)作为乙酰化试剂。反应式如下：

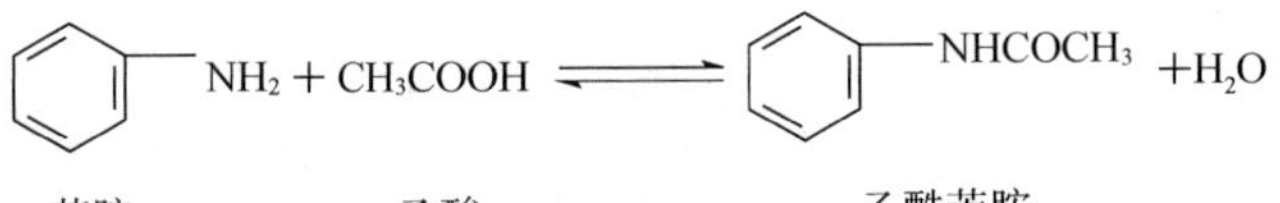

苯胺　　　　乙酸　　　　乙酰苯胺

冰醋酸与苯胺的反应速率较慢，且反应是可逆的，为了提高乙酰苯胺的产率，一般采用冰醋酸过量的方法，同时利用分馏柱将反应中生成的水从平衡中移去。由于苯胺易氧化，加入少量锌粉，防止苯胺在反应过程中氧化。

乙酰苯胺为无色有闪光的小叶状固体或白色结晶性粉末，是磺胺类药物的原料，可用作止痛剂、退热剂、防腐剂和染料中间体。微溶于冷水，溶于热水、甲醇、乙醇、乙醚、氯仿、丙酮、甘油和苯等。熔点 113～115 ℃，密度 1.121 g/cm^3。其红外光谱图如图 3.29 所示。

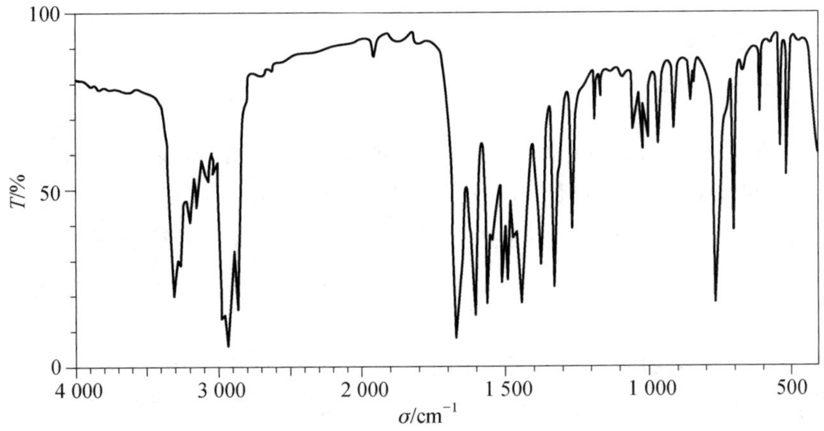

图 3.29　乙酰苯胺的红外光谱图

三、主要实验仪器与试剂

仪器：圆底烧瓶(50 mL)；刺形分馏柱；直形冷凝管；接液管；接收瓶；量筒(10 mL)；温度计(200 ℃)；烧杯(250 mL)；吸滤瓶；布氏漏斗；循环水泵；保温漏斗；电热套；铁架台；铁圈；石棉网；酒精灯

试剂：苯胺；冰醋酸；锌粉；活性炭

四、实验装置

乙酰苯胺的制备装置如图 3.30 所示。

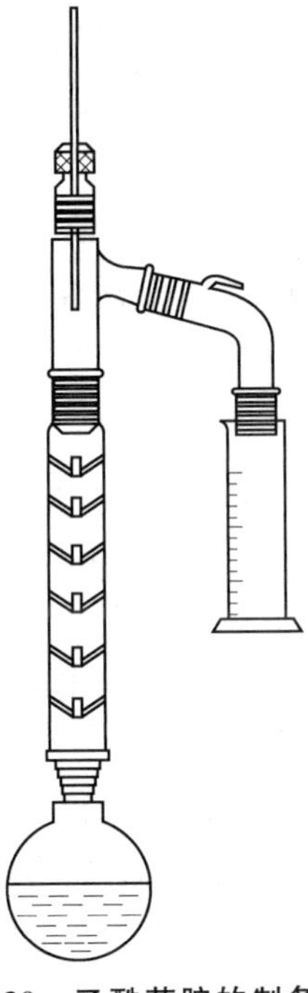

图 3.30　乙酰苯胺的制备装置

五、实验步骤

1. 投料

在 50 mL 圆底烧瓶中，加入 5 mL 新蒸苯胺、8 mL 冰醋酸、少许锌粉(约 0.1 g，不宜过多，加到溶液呈淡黄色或无色即可)及几粒沸石，然后装上一个韦氏分馏柱，顶端插上蒸馏头和一温度计，蒸馏头支管通过接引管与烧杯(或锥形瓶)相连，接收瓶外部用冷水浴冷却。

2. 反应

用小火通过石棉网加热圆底烧瓶，使反应物保持微沸约 15 min。然后逐渐升高温度，当温度计读数达到 100 ℃左右时，支管开始有液体流出。维持温度在 100～110 ℃之间反应 40～60 min，当温度计读数出现下降或上、下波动(反应器中出现白雾)，则表明反应达到终点，反应所生成的水及大部分醋酸已基本馏出。停止加热。

3. 分离提纯

在烧杯中加入 100 mL 冷水，将反应液趁热以细流倒入水中，边倒边不断搅拌，直到有细粒状固体析出。充分冷却后抽滤，并用少量冷水洗涤固体，得到白色或带黄色的乙酰苯胺粗品。

4. 重结晶

将粗产品转移到盛有 100 mL 热水的烧杯中，在搅拌下加热至沸，使之全部溶解。如果有未溶解的油状物，补加水直到油珠全溶(注意判断不溶性的杂质)。稍冷后，加入 0.5 g 活性炭，加热煮沸 10 min。趁热将饱和溶液用保温漏斗过滤除去活性炭和杂质。滤液趁热倒入干净的烧杯中，然后自然冷却至室温，再冰水冷却，待结晶完全析出后，进行抽滤。用少量冷水洗涤滤饼两次，压紧抽干。将结晶转移至表面皿中，自然晾干或摊开后在红外灯下烘干(不要离灯太近，以防温度过高导致乙酰苯胺被熔化)。

5. 产物测定

①称重，计算产率。

②测产物的红外光谱图，并与乙酰苯胺的标准红外光谱图做对比分析。

六、注意事项

1. 久置的苯胺因为氧化而产生杂质，颜色较深，含有杂质会影响乙酰苯胺的制备，故最好用新蒸的苯胺。另一原料乙酸也最好用新蒸的。

2. 蒸馏苯胺时加入少量锌粉，可防止苯胺在反应过程中被氧化，生成有色的杂质。锌粉不宜加得过多，因为处理过程中会产生不溶于水的氢氧化锌絮状物质，该絮状物会吸收产品。

3. 产物之一——水和原料醋酸的沸点相差很小。所以用分馏的方法分出水。可用 10 mL 量筒作为分馏接收器，量筒置于盛有冷水的烧杯中。收集乙酸和水的总体积约 2.25 mL。

4. 不可以用过量的水处理乙酰苯胺。

5. 不应将活性炭加入沸腾的溶液中，否则会引起暴沸，会使溶液溢出容器。

6. 反应物冷却后会产生结晶，沾在瓶壁不易处理。所以须趁热在搅动下倒入冷水中，既可冷却使结晶析出，又可除去未反应的醋酸和苯胺(苯胺与醋酸生成苯胺醋酸盐而溶于水中)。

7. 反应时分馏温度不能太高，以免大量乙酸蒸出而降低产率。

8 冰乙酸在室温较低时凝结成冰状固体(凝固点 15.5 ℃)，可将试剂瓶置于热水浴中加热熔化后量取。另外，冰醋酸具有强烈刺激性，要在通风橱内取用。

9. 反应所用玻璃仪器必须干燥。

10. 重结晶时，热过滤是关键一步。布氏漏斗和抽滤瓶一定要预热，抽滤过程要快，避免产品在布氏漏斗中结晶。

七、思考题

1. 反应时分馏柱顶温度为什么控制在 100～110 ℃之间？过高过低有何不妥？

2. 本实验是采用什么方法来提高乙酰苯胺收率？

3. 在制备乙酰苯胺的饱和溶液进行重结晶时，在烧杯下有一油珠出现，试解释原因。怎样处理才算合理？

4. 从苯胺制备乙酰苯胺时可采用哪些化合物作酰化剂？各有什么优缺点？

5. 合成乙酰苯胺时，锌粉起什么作用？加多少合适？

6. 合成乙酰苯胺时，反应达到终点时为什么会出现温度计读数的上下波动？

7. 除了用水作溶剂重结晶提纯乙酰苯胺外，还可以选用其他什么溶剂？

八、备注

乙酰苯胺在水中的溶解度见表 3.4。

表 3.4 乙酰苯胺在水中的溶解度

t/℃	20	25	50	80	100
溶解度/(g·100 mL^{-1})	0.46	0.56	0.84	3.45	5.5

实验33　1-苯乙醇的制备

一、实验目的

1. 学习硼氢化反应制备醇的原理和方法。
2. 掌握减压蒸馏的基本操作。

二、实验原理

金属氢化物 $NaBH_4$、$LiALH_4$ 等可以将醛、酮还原为醇的重要还原剂。硼氢化钠与氢化铝锂比较，硼氢化钠的还原性比较温和，价格便宜，对水、醇相对稳定，后处理简单，废弃物少，因而在合成上被大量应用。还原醛酮的反应为放热反应，在还原的过程中需要慢慢加入还原剂。

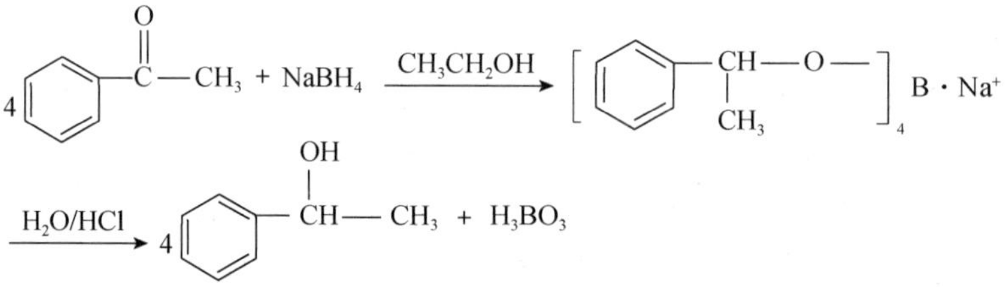

1-苯乙醇为无色透明的油状液体，具有玫瑰花香，沸点为 204 ℃，密度为 1.019 g/cm^3（25 ℃），在水中溶解度较低，但能与乙醇、乙醚等有机溶剂任意混溶，用于日化和食用香精，也可制成乙酸酯、丙酸酯等酯类香料。其红外光谱图如图 3.31 所示。

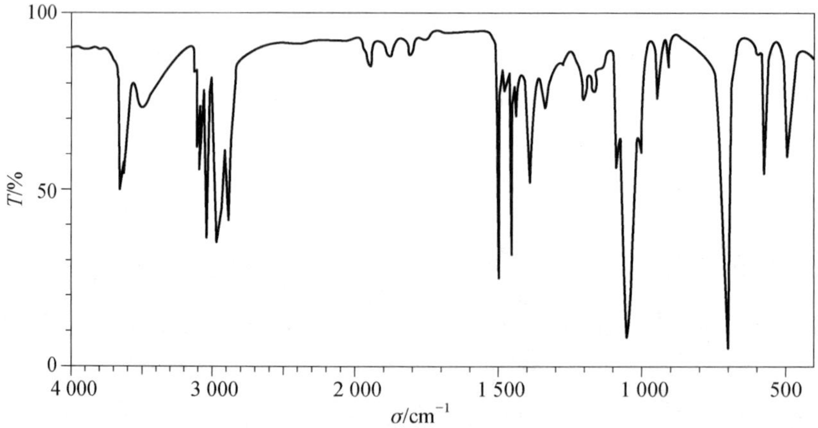

图 3.31　1-苯乙醇的红外光谱图

三、主要实验仪器及试剂

仪器：100 mL 三口烧瓶；球形冷凝管；125 mL 分液漏斗；减压蒸馏装置一套，直形冷

凝管;蒸馏头,真空尾接管;温度计

试剂:95%乙醇,硼氢化钠;乙醚;苯乙酮、无水硫酸镁;无水碳酸钾;环已烷

四、实验步骤

在 100 mL 的三口烧瓶中加入 15 mL 95%乙醇和 0.1 g 硼氢化钠。在三口烧瓶的一口插入温度计,一口连接球形冷凝管,另一口连接恒压漏斗,在电磁搅拌下将 8 mL 苯乙酮慢慢滴加到上述的三口烧瓶里,整个过程温度需要控制在 50 ℃以下。苯乙酮滴加完毕后,室温下继续搅拌放置 15 min。在搅拌下慢慢将 6 mL、3 mol/L 盐酸溶液加入到烧瓶中淬灭反应。加完后使用水浴蒸出烧瓶中的大部分乙醇,冷却后使用每次用 10 mL 的乙醚萃取两次,合并萃取液,用无水硫酸镁干燥有机相。在已干燥的有机相中加入 0.6 g 无水碳酸钾,在水浴上进行简单蒸馏除去乙醚,然后用减压蒸馏,收集 102～103.5 ℃(19 mmHg)的馏分,产量 4～5 g。

五、注意事项

1. 滴加苯乙酮时搅拌速度要均匀,保持恒定的滴加速度,同时保证反应温度在 48～50 ℃之间。

2. 滴加盐酸是在低温下进行,要慢慢加入,过程中会放出氢气,严禁明火。

3. 低沸物乙醚蒸馏时选择水浴加热,不能有明火,且接收部分要冰水冷却。

4. 减压蒸馏装置仪器一定要干燥,要求控制较高的真空度,不能太低,记录在特定压力下收集馏分对应的温度范围。

六、思考题

1. 滴加苯乙酮时,为什么要控制体系温度在 50 ℃以下?

2. 实验中加入碳酸钾的作用是什么?

3. 本实验除了使用金属氢化物 $NaBH_4$、$LiALH_4$ 外还能使用哪些催化剂?

实验 34　查尔酮的制备

一、实验目的

1. 学习使用羟醛缩合制备查尔酮的原理和方法。
2. 掌握 TLC(薄层色谱)检测反应进度的基本方法。
3. 进一步巩固重结晶纯化有机物的基本方法。

二、实验原理

二苯基丙烯酮，又称查尔酮，是合成黄酮类化合物的重要中间体，其广泛地存在于自然界中，对植物抵抗疾病、寄生虫等起重要作用。其本身也有重要的药理作用。由于其分子结构具有较大的柔性，能与不同的受体结合，因此具有广泛的生物活性。查尔酮还是一种重要的有机合成中间体，可用于香料和药物等精细化学品的合成。

合成查尔酮的方法很多，经典的合成方法是使用强碱或强酸在无水乙醇中或水中催化苯乙酮和苯甲醛的羟醛缩合，合成路线为：

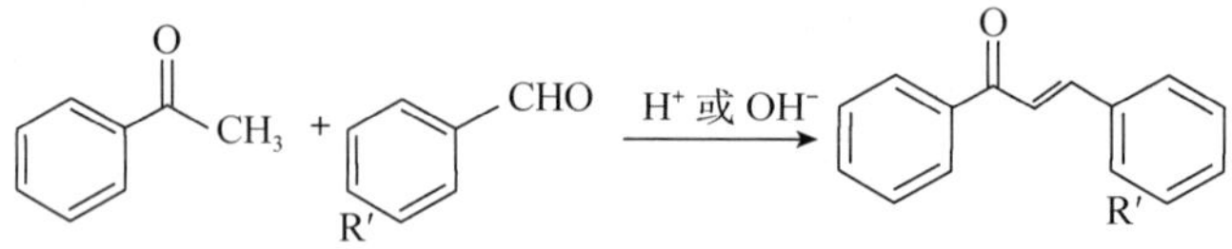

查尔酮为淡黄色斜方晶或棱形结晶，熔点范围为 55～59 ℃，沸点 345～348 ℃(在 2.0 kPa 下)，密度约 1.071 2 g/cm^3(20 ℃)，微溶于醇类，易溶于醚、氯仿、二硫化碳和苯，难溶于冷石油醚。其红外光谱图如图 3.32 所示。

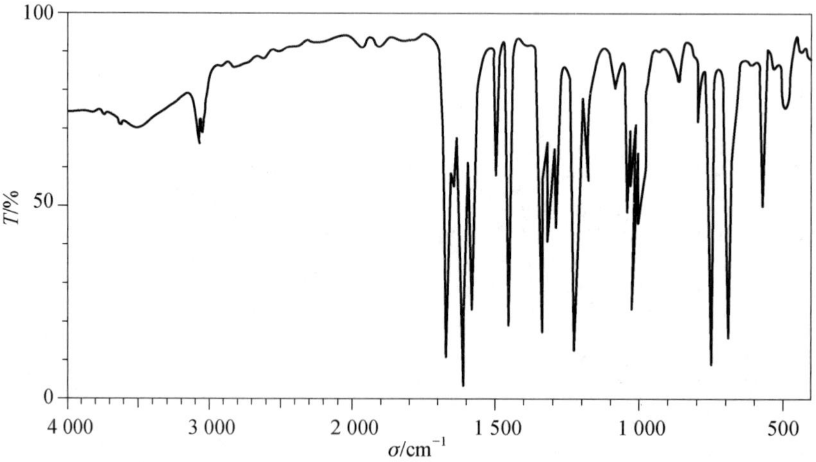

图 3.32　查尔酮的红外光谱图

三、主要实验仪器及试剂

仪器：100 mL 圆底烧瓶；球形冷凝管；500 mL 抽滤瓶，布什漏斗，磁力搅拌器；真空泵；电热套；紫外灯

试剂：苯甲醛；苯乙酮；氢氧化钠；乙醇

四、实验步骤

在配有搅拌、温度计、回流冷凝器及滴液漏斗的 100 mL 的三颈瓶中，加入 2.2 g 氢氧化钠，20 mL 水，15 mL 乙醇溶液及苯乙酮 5.2 g，水浴加热至约 20 ℃，滴加苯甲醛 4.6 g，滴加过程中维持反应温度 20～25 ℃，加毕，于该温度下继续搅拌大约 2 h，具体根据薄层色谱分析(TLC)来判断是否反应完全。反应结束后静置，并用冷水冷却结晶，即有微黄色的产物析出，水洗至洗水呈中性，抽干得粗产品，以乙酸乙酯为溶剂重结晶，得精品为浅黄色针状结晶，熔点 55～56 ℃。

五、注意事项

1. 滴加苯甲醛时，控制一定的滴加速度，不能太快。

2. 薄层色谱跟踪，以苯甲醛消失即为反应终点的依据。

3. 反应结束后用冷水冷却结晶，如没有结晶，可用刮刀轻轻刮擦瓶壁，或加入少量查尔酮的晶体作为晶种。

六、思考题

1. 本实验中可能的副反应有哪些？如何避免？

2. 怎样通过 TLC 判断反应是否完全？

3. 能否使用碳酸钠和碳酸钾作为碱？

实验 35　聚醋酸乙烯乳液的制备

一、实验目的

1. 熟悉乳液聚合的特点，了解乳液聚合中各组分的作用。
2. 了解聚醋酸乙烯乳液的合成方法。
3. 熟练掌握电动搅拌器的操作。

二、基本原理

聚醋酸乙烯(PVAc)乳液，又称白乳胶，为乳白色黏稠浓厚液体，是一种应用广泛的胶黏剂，它系醋酸乙烯(醋酸乙烯酯)单体用乳液聚合的方法制得的聚合物乳液。

乳液聚合体系的主要成分有分散介质、乳化剂、单体以及引发剂。所用的分散介质一般为水，所用的乳化剂通常为阴离子型的表面活性剂，也可采用非离子型表面活性剂或两种同时并用。

聚醋酸乙烯乳液的聚合反应机理与一般乳液的聚合相同。引发剂采用过硫酸盐，为了使反应平稳进行，单体及引发剂以分批投料方式加入。

聚醋酸乙烯乳液聚合中最常用的乳化剂就是聚乙烯醇。它除了起乳化剂的作用外，还可以起到保护乳液和增稠剂的作用。实践中还经常把两种乳化剂混合使用，乳化效果和稳定性比单独用一种好，操作也更容易。

本实验采用乳液聚合的方法，以聚乙烯醇为分散剂、以 OP-10 为乳化剂，在乳液体系中进行聚合。

三、主要仪器和试剂

仪器：250 mL 四口烧瓶；电动搅拌棒；球形冷凝管；滴液漏斗；温度计；烧杯；台天平；量筒

试剂：醋酸乙烯酯；过硫酸铵；聚乙烯醇；邻苯二甲酸二丁酯；乳化剂 OP-10；碳酸氢钠

四、实验步骤

1. 聚乙烯醇溶解

称取 8.8 g 聚乙烯醇和 96.6 g 水放入装有电动搅拌棒、球形冷凝管和温度计的四口烧瓶中，加热至 90～95 ℃，充分搅拌至聚乙烯醇完全溶解。

2. 乳液聚合

称取 0.18 g 过硫酸铵，置于小烧杯中，然后加入 5 mL 蒸馏水进行溶解。

在上述已溶解的聚乙烯醇溶液中加入 1.12 g OP-10 乳化剂，再加入醋酸乙烯酯单体 20 g 及约一半的过硫酸铵水溶液。

开动电动搅拌棒，用热水浴控制浴温在 65～70 ℃，反应一段时间后，在(70±1) ℃下滴加醋酸乙烯单体 40 g，加完后，把余下的过硫酸铵溶液的一半加入滴液漏斗中，并滴入四口烧瓶内。以后重复滴加 40 g 醋酸乙烯单体及余下的过硫酸铵溶液，投料完毕后，加热回流逐步升温以不产生大量泡沫为准，最后升至 90～95 ℃，保温直至无回流现象为止。

撤去水浴，自然冷却至 40 ℃，用 10%碳酸氢钠水溶液调节 pH=5～6，加入邻苯二甲酸二丁酯 10 g，充分混合后停止搅拌，出料，即得白色黏稠的、均匀而无明显粒子的聚醋酸乙烯乳液。

五、注意事项

1. 单体滴入三口烧瓶中时，滴加速度不要太快，以连续滴液为宜。
2. 在逐步升温的过程中，为了防止产生大量的泡沫，注意升温不要太快。

六、思考题

1. 聚醋酸乙烯乳液在组成上包括哪些主要成分？
2. 如何防止乳液粒子变粗？
3. 在本实验中，乳化剂的作用是什么？

实验 36　抗癫痫药——苯妥英的制备

实验Ⅰ　安息香的辅酶合成

一、实验目的

1. 学习缩合反应合成安息香的原理。
2. 了解维生素 B1 的催化原理。
3. 掌握以维生素 B1 为催化剂合成安息香的实验方法。

二、实验原理

安息香(二苯羟乙酮)在有机合成中常作为反应中间体,既可被氧化成 α-二酮(二苯乙二酮),后经浓碱处理,发生重排反应,生成二苯羟乙酸,也可被还原成二醇、烯、酮等。

采用氰化钾(钠)作催化剂,在碳负离子作用下,芳香醛(如苯甲醛)发生分子间缩合反应可生成安息香。但氰化物是剧毒品,危害性较强。20 世纪 70 年代后,开始采用具有生物活性的辅酶维生素 B1 代替氰化物作催化剂进行缩合反应,反应温和、无毒且产率高。维生素 B1 又称硫胺素或噻胺,常作为生物化学反应的催化剂。

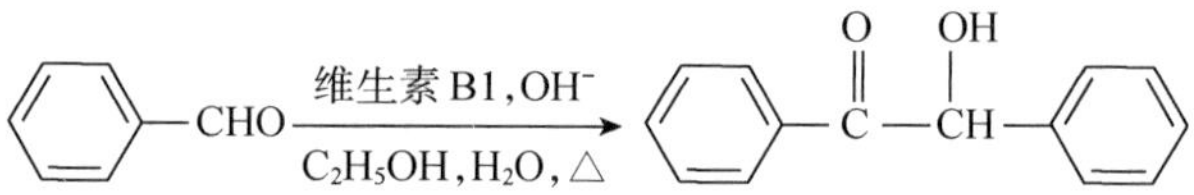

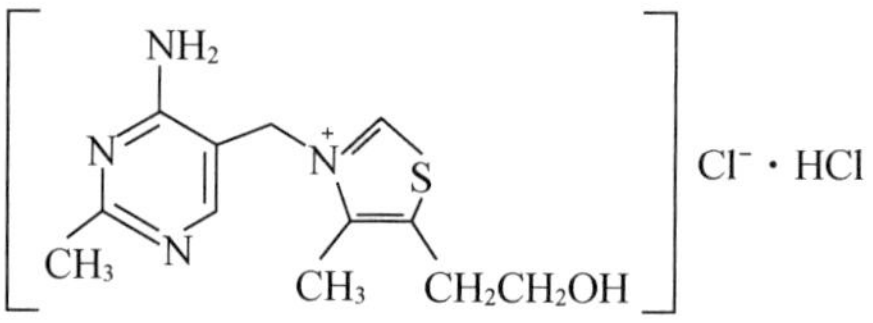

从化学角度看,维生素 B1 分子中最主要部分是噻唑环。噻唑环上的氮、硫原子之间的氢具有明显的酸性,在碱的作用下,质子容易被除去,生成的碳负离子作为反应中心,从而形成苯偶姻。其反应机理如下:

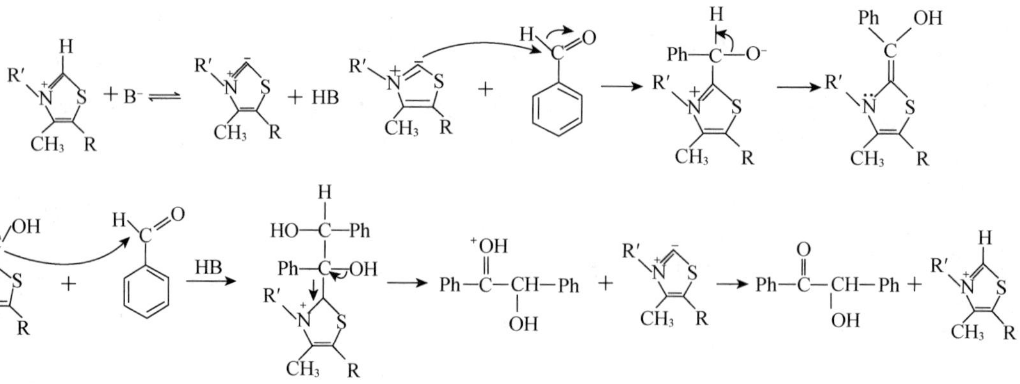

安息香：白色或淡黄色棱柱体结晶。熔点 133 ℃，沸点 344 ℃(102.4 kPa)，相对密度 1.310。不溶于冷水，微溶于热水和乙醚，溶于乙醇。

三、主要实验仪器与试剂

仪器：三颈烧瓶；球形冷凝管；直形冷凝管；水浴锅；电动搅拌器；布氏漏斗；抽滤瓶；抽气泵等

试剂：维生素 B1；苯甲醛(新蒸)；95%乙醇；3 mol/L 氢氧化钠等

四、实验步骤

1. 加料

在 150 mL 三颈烧瓶中，加入 11.8 g 维生素 B1 和 4 mL 水，搅拌溶解后，再加入 15 mL 95%乙醇。在冰浴充分冷却下，边摇动边从冷凝管顶端逐滴加入 2 mL 左右事先用冰水浴冷透的 3 mol/L NaOH 溶液，约需 5 min，调节 pH 至 9～10(溶液呈浅黄色)。量取新蒸冷却的苯甲醛 10 mL(10.4 g，0.1 mol)，倒入反应混合物中。

2. 反应

加入沸石，装上球形冷凝管，于 65～70 ℃水浴上加热 90 min(或用塞子把瓶口塞住于室温放置 48 h 以上)，反应过程中注意搅拌并保持溶液的 pH 为 9～10，必要时可补加 NaOH 溶液。反应混合物(呈橘黄色)经冷却后即有浅黄色晶体析出。

3. 纯化

待反应混合物结晶完全后，抽滤，分别用 20 mL 冷水洗涤 2 次，再用 95%乙醇(约 40 mL)重结晶，烘干，得无色晶体(熔点 134～136 ℃)。安息香在 95%乙醇中溶解度为 12～14 g/100 mL。

纯安息香为白色晶体，m.p. 134～135 ℃。

五、注意事项

1. 苯甲醛极易被空气中的氧所氧化，如发现实验中所使用的苯甲醛有固体物苯甲酸存在，则必须重新蒸馏后使用。

2. 维生素 B1 易吸水，受热易分解变质，故应使用新鲜的维生素 B1。其用量也直接关系到反应的效果。用量太小，使催化剂维生素 B1 易吸水，受热易分解变质，故应使用新鲜的维生素 B1。

3. 维生素 B1 溶液和 NaOH 溶液在反应前应用冰水充分冷透，否则维生素 B1 的噻唑环在碱性条件下易开环失效。此外，NaOH 溶液应逐滴加入，滴加速度不宜过快。

4. 合成安息香辅酶是生物催化反应，反应在 60～70 ℃水浴中，需严格控制温度，切勿加热过剧，防止副反应的发生。反应时间长可以使反应充分完全，搅拌回流时间不能少于 1.5 h，但也要从实际考虑。反应溶液 pH 是实验成败的关键点。如 pH 下降，可酌加 NaOH 用量，且严格控制加热温度。pH 较低时，因维生素 B1 不能很好发挥活性，产率较低。pH 较高时，碱性太强，苯甲醛分子间可能发生康尼查罗反应，降低了产率。因此最佳的 pH 应为 9～10。

5. 若反应混合物冷却太快，产物易呈油状析出，可重新加热溶解后再慢慢冷却重新结晶。

六、思考题

1. 用化学反应式说明向维生素 B1 的溶液中加入氢氧化钠的原因。
2. 合成安息香可选择的催化剂有哪些？

实验Ⅱ　二苯乙二酮的制备

一、实验目的

1. 学习二苯乙二酮制备的原理。
2. 巩固回流、重结晶等基本操作技能。

二、实验原理

安息香可以被温和的氧化剂三价铁离子氧化生成 α-二酮，铁盐本身被还原成亚铁离子。且产物的产率和纯度均较高。

安息香也可用醋酸铜或浓硝酸等氧化成 α-二酮，但使用硝酸氧化时，会释放出二氧化氮对环境产生污染。

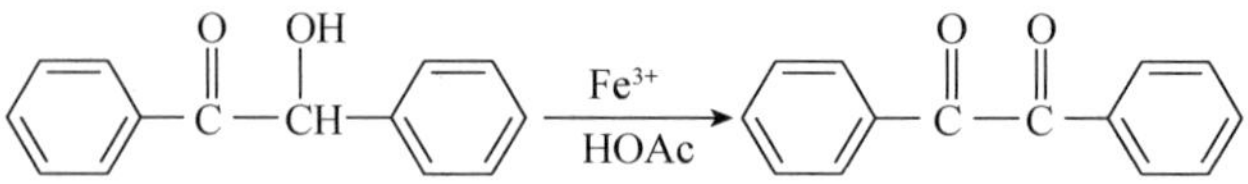

二苯乙二酮为淡黄色晶体，熔点 94～95 ℃，沸点 346 ℃，易溶于乙醇、乙醚等有机溶剂，不溶于水。

三、主要实验仪器与试剂

仪器：三颈烧瓶；直形冷凝管；布氏漏斗；抽滤瓶；加热套；抽气泵等

试剂：自制安息香；$FeCl_3 \cdot 6H_2O$；冰乙酸；95%乙醇；冰块等

四、实验步骤

1. 在 100 mL 三口瓶中加入 11 mL 冰乙酸、6 mL 水及 9.6 g $FeCl_3 \cdot 6H_2O$，装上回流冷凝管，利用加热套缓慢加热至沸腾。

2. 停止加热，待沸腾平息后加入 2.5 g 安息香，搅拌，继续加热回流 50 min 后，停止反应。加入 40 mL 水并煮沸后，冷却反应液至室温，然后置于冰浴中，冷却结晶，得到淡黄色晶体。

3. 将反应混合物抽滤、洗涤，粗产物用95%乙醇（10～15 mL）重结晶，趁热过滤，冷却析出黄色针状结晶。干燥，称量产品。

五、注意事项

1. $FeCl_3 \cdot 6H_2O$ 的固体很硬，使用前可将 $FeCl_3 \cdot 6H_2O$ 固体研磨成粉末，较易溶解。
2. 加热回流过程中应不断搅拌，使反应更加充分。
3. 回流反应结束后加入水量应适中，不宜过少。
4. 重结晶时应注意控制加入溶剂的量，不宜加入过多。
5. 二苯乙二酮初始冷却结晶时，应用玻璃棒搅动，防止结成大块，以免包进杂质。

六、思考题

1. 在制备二苯乙二酮时，是否可用强氧化剂代替三氯化铁？
2. 本实验中加入冰醋酸的作用是什么？

第 4 章　天然产物提取实验

实验 37　从茶叶中提取咖啡因

一、实验目的

1. 学习从茶叶中提取咖啡因的基本原理和方法，了解咖啡因的一般性质。
2. 掌握用恒压滴液漏斗提取有机物的原理和方法。
3. 熟练掌握萃取、蒸馏、升华等基本操作。

二、实验原理

咖啡因(caffeine)，又名咖啡碱(theine)、茶素(guaranine)，是一种具有生理活性的生物碱。最初从咖啡豆中提取得到，其后在茶叶、冬青茶中亦有发现，为杂环化合物嘌呤的衍生物，化学名称是 1,3,7-三甲基-2,6-二氧嘌呤，其分子结构式与茶碱、可可碱类似，如图 4.1 所示。

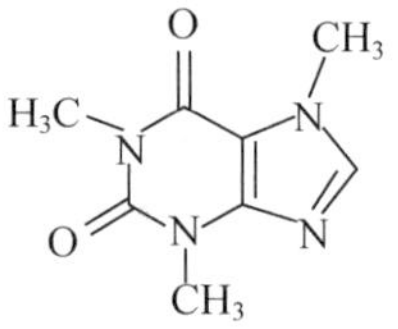

图 4.1　咖啡因的分子结构式

咖啡因的红外光谱图如图 4.2 所示。

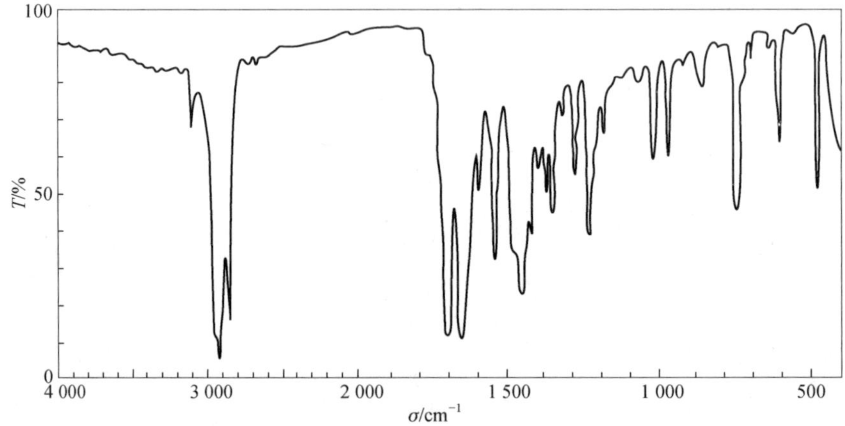

图 4.2　咖啡因的红外光谱图

咖啡因呈弱碱性，常以盐或游离状态存在，含结晶水的咖啡因为白色或略带黄色的针状晶体，在 100 ℃时即失去结晶水并开始升华，在 120 ℃升华相当显著，178 ℃以上升华加快。无水咖啡因能溶于氯仿、丙酮、乙醇和水。咖啡因是一种重要的医药工业原料，具有兴奋神经中枢，消除疲劳，减弱酒精、烟碱、吗啡等物质的毒害，增加肾脏血流量，利尿和强身等作用，是常见的中枢神经兴奋剂，是复方阿司匹林(APC)等药物的组分之一。

茶叶是人类最佳的天然保健饮料，干茶叶中的咖啡因含量按重量计约可达 2%～5%，另外还含有茶碱、色素、纤维素及 11%～12%的单宁酸等多种有机物。为了提取茶叶中的咖啡因，可用适当的溶剂(如乙醇等)在脂肪提取器中连续萃取，然后蒸去溶剂，即可得粗咖啡因。粗咖啡因中还含有其他一些生物碱和杂质(如单宁酸)等，可利用升华法进一步提纯。目前从茶叶中提取天然咖啡因的主要方法有：水提法、醇提法、升华法、有机溶媒提取法及超声波震荡提取法等。本实验中采用 95%乙醇在索氏提取器中连续抽提茶叶中的咖啡因，将不溶于乙醇的纤维素和蛋白质分离。萃取液中除了咖啡因外，还有叶绿素、单宁及其水解物等。蒸除溶剂后，在粗咖啡因中拌入石灰，与单宁等酸性物质反应生成钙盐，而游离的咖啡因可以通过升华法纯化。

溶剂萃取的主要依据是“相似相溶”原理，采取适当的溶剂可以从天然植物中提取出一些有用的天然化合物组分。

从茶叶中提取咖啡因，首先利用适当的溶剂在索氏提取器中连续抽提，然后将提取液浓缩而得到粗咖啡因，再通过升华，去除咖啡因中混杂的其他生物碱和杂质而得到纯的咖啡因。

三、主要仪器与试剂

仪器：索氏提取器；电热套；蒸发皿；玻璃漏斗；100 mL 圆底烧瓶；球形冷凝管

试剂：茶叶末；95%乙醇；生石灰粉

四、实验装置

咖啡因提取装置图如图 4.3 所示。

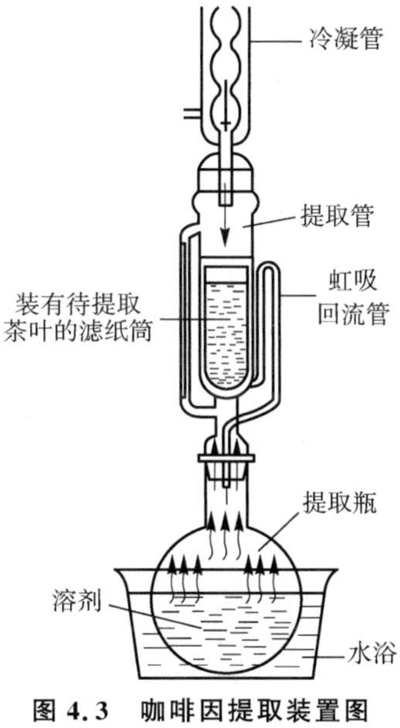

图 4.3 咖啡因提取装置图

五、实验步骤

1. 提取

称取 8 g 干茶叶末，放入索氏提取器的滤纸套筒中，加入 30 mL 的 95%乙醇，在圆底烧瓶中再加入 50 mL 的乙醇和 2～3 粒沸石。用水浴加热，连续回流提取约 1.5 h(虹吸 7～8 次)，直到提取液的颜色较浅时为止。

2. 浓缩

待冷凝液刚刚虹吸下去后，立即停止加热。稍冷后，改成蒸馏装置，把提取液转移到 100 mL 烧瓶中进行蒸馏，加入 2～3 粒沸石，把提取液中的大部分乙醇(60～70 mL)蒸出(瓶内剩约 5 mL)。

3. 中和

停止蒸馏，趁热将瓶中的残留液倒入蒸发皿中，再取用少量蒸出的乙醇洗蒸馏烧瓶，将洗涤液一并倒入蒸发皿中，然后往蒸发皿中加入 3～4 g 生石灰粉末，搅成糊状进行中和。

4. 去水

将蒸发皿放在一盛有沸水的烧杯上进行热浴蒸发，不断搅拌，并压碎块状物，直至变成粉末状。最后将蒸发皿放在石棉网上用小火焙烧片刻，使水分全部除去。

5. 升华

擦去蒸发皿前沿上粉末(防止升华时污染产品)，将一张刺有许多小孔且孔刺向下的滤纸覆盖在蒸发皿上，滤纸上罩一个大小合适的玻璃漏斗(直径小于滤纸直径)，漏斗颈部塞一小团疏松的棉花，用酒精灯隔着石棉网小心加热，使咖啡因升华，当滤纸上出现白色针状结晶时，要适当调节火焰使升华速度放慢，控制温度在 220 ℃左右(如果温度过高，会导致产物冒烟碳化，若发现有棕色烟雾时，即升华结束，应立即停止加热)。冷却后，揭开漏斗和滤纸，用刮刀小心地把附在纸上及器皿周围的白色毛状结晶刮在表面皿上，视情况残渣经拌和后可用较大的火进行第二次升华，合并两次所得，称重，计算咖啡因在茶叶中的含量。

6. 产物测定

①测定产物的熔点。

②测产物的红外光谱图，并与咖啡因的标准红外光谱图做对比分析。

六、注意事项

1. 滤纸筒大小既要紧贴瓶壁又要方便取放，其高度不得超过虹吸管，滤纸包茶叶末时要严防漏出而堵塞虹吸管，滤纸筒上面折成凹形，以保证回流液均匀浸润被萃取液，提高抽提效率，回流提取时应控制好加热的速度。

2. 圆底烧瓶中乙醇不能蒸得太干，否则残液很黏，不容易倒出，且损失很大。

3. 如果留有少量水分，将会在升华时带来一些烟雾，污染器皿。应小火焙烧，否则咖啡因会损失。

4. 生石灰的作用除吸水外，还可中和除去部分酸性杂质（如鞣酸），使用时应研成粉状，拌入生石灰要均匀。

5. 在提取回流充分的情况下，升华操作是本实验中最关键的一步，要控制好温度。温度太低，升华速度较慢，甚至不能升华；温度太高，易使产物和滤纸发黄（分解）、碳化。

6. 刮下咖啡因时要小心操作，防止混入杂质。

七、思考题

1. 本实验中使用生石灰的作用有哪些？

2. 除可用乙醇萃取咖啡因外，还可采用哪些溶剂萃取？

3. 在升华操作中应注意什么？升华前为什么要加入生石灰？升华前，如果水分不去掉，大火加热时将会出现什么情况？

4. 解析咖啡因的红外光谱图，从中可以得到哪些基团的信息？

八、备注

索氏提取器（Soxhlet extractor）又称脂肪抽取器或脂肪抽出器，是实验室常用的一种有效的溶剂回流提取装置。索氏提取器由提取瓶、提取管、回流冷凝管三部分组成，提取管两侧分别有虹吸管和连接管，各部分连接处要严密不能漏气。萃取前先将固体物质研碎，以增加固液接触的面积。然后，将固体物质放在滤纸包内，置于提取管中，提取管的下端与盛有浸出溶剂的圆底烧瓶（提取瓶）相连，提取瓶内加入石油醚等溶剂，上面接回流冷凝管。提取时，加热提取瓶，溶剂气化，由连接管上升进入回流冷凝管，凝成液体滴入提取管内，浸提样品中的脂类等有机物质。待提取管内溶剂液面达到一定高度，溶有粗提取物的溶剂经虹吸管流入提取瓶。流入提取瓶内的溶剂继续被加热气化、上升、冷凝，滴入提取管内，如此循环往复，直到抽提完全为止。采用索氏提取器进行提取具有许多优点：(1)连续回流提取，溶剂用量少；(2)提取连贯，效率高，无中间反复滤过带来的损失；(3)既能提取，又能浓缩提取液，回收溶剂；(4)提取较完全，实验重复性好。适合于提取中药亲脂性强、加热不易变化的成分。

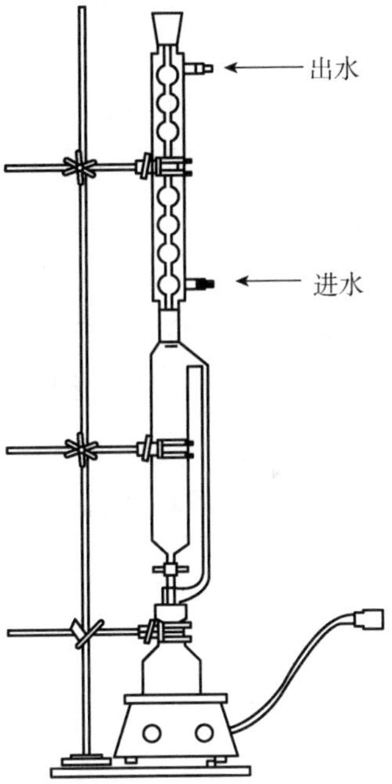

图 4.4 采用恒压滴液漏斗的提取装置

在实际使用中，有时也可以采用恒压滴液漏斗替代提取管使用，装置如图 4.4 所示。

实验38　槐花米中芸香苷的提取及槲皮素的制备与检识

一、实验目的

1. 学会利用芸香苷的水解作用制备糖类及苷元的原理和操作。
2. 掌握黄酮类化合物的主要性质及黄酮苷、苷元和糖部分的检识方法。
3. 掌握由芸香苷水解制取槲皮素的方法。

二、实验原理

芸香苷俗称芦丁，分子式 $C_{27}H_{30}O_{16}$，相对分子质量 610.51。淡黄色针状结晶，m. p. 177～178 ℃，难溶于冷水(1∶8 000)，略溶于热水(1∶200)，溶于热甲醇(1∶7)、冷甲醇(1∶100)、热乙醇(1∶30)、冷乙醇(1∶650)，难溶于醋酸乙酯、丙酮，不溶于苯、氯仿、乙醚、石油醚等，易溶于吡啶及稀碱液中。

芸香苷广泛存在于植物界中，现已发现含芦丁的植物在 70 种以上，如烟叶、槐花、荞麦和蒲公英中均含有，尤以槐花米(为植物槐树的未开放的花蕾)和荞麦中含量最高，可作为大量提取芦丁的原料。槐花米为豆科植物，其中芸香苷(芦丁)的含量高达 12%～20%，芸香苷(芦丁)是由槲皮素(quercetin)3 位上的羟基与芸香糖脱水缩合形成的苷，水解生成槲皮素、葡萄糖及鼠李糖。

皮素(quercetin)又称槲皮黄素，分子式 $C_{15}H_{10}O_7$，相对分子质量 302.23，化学结构式如图 4.5 所示。黄色结晶，m. p. 314 ℃(分解)。溶于热乙醇(1∶23)、冷乙醇(1∶300)，可溶于甲醇、丙酮、醋酸乙酯、冰醋酸、吡啶等溶剂，不溶于石油醚、苯、乙醚、氯仿中，几乎不溶于水。

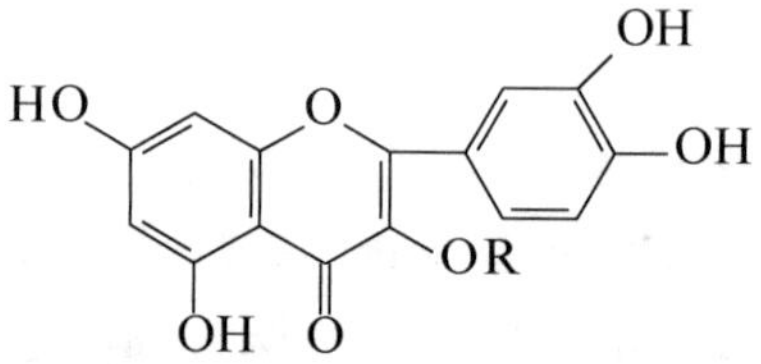

芸香苷　R＝－葡萄糖－鼠李糖

槲皮素　R＝H

图 4.5　芸香苷及槲皮素的分子结构式

提取芦丁的方法很多，目前我国多采用碱提取-酸沉淀法。该法的提取原理是依据芦丁结构中含有酚羟基，能与碱反应生成盐而溶于水中，向此盐溶液中加入酸，则芦丁游离析出。此外，还可以采用水或醇提取法。本实验是根据芸香苷在冷水和热水中的溶解度差异的特性进行提取和精制，或根据芸香苷分子中具有酚羟基，显弱酸性，能与碱成盐而增大溶解度，以碱水为溶剂煮沸提取，其提取液加酸酸化后则芸香苷游离析出。

三、主要仪器及药品

仪器：500 mL 烧杯；抽滤装置；100 mL 圆底烧瓶；球形冷凝管；加热套；滤纸

药品：槐花米粗粉；硼砂；石灰乳；浓盐酸；2%硫酸；乙醇；α-萘酚；二氯氧锆甲醇溶液；1%三氯化铝乙醇溶液；2%柠檬酸甲醇溶液；正丁醇；醋酸；镁粉

四、实验步骤

1. 芸香苷的提取

方法Ⅰ：水提取法

称取槐花米粗粉 20 g，置入 500 mL 烧杯中，向其中加入 250 mL 的水煮沸 30 min，趁热利用脱脂棉进行过滤，残渣再加水提取一次，趁热过滤。合并滤液，用稀盐酸调节滤液至 pH=5，静置过夜，然后再次过滤，用少量冷蒸馏水洗 2～3 次，抽干，可得芸香苷粗品。

方法Ⅱ：碱溶酸沉法

称取槐花米粗粉 20 g，置入 500 mL 烧杯中，向其中加入 0.4% 200 mL 硼砂水，加热搅拌下添加石灰乳，将溶液 pH 调节至 8～9，然后煮沸 30 min，用 4 层纱布过滤，对残渣再用 200 mL 重复提取一次，弃去残渣，合并滤液，静置冷却至 60～70 ℃后，用浓盐酸调节使其 pH 为 2～3，放入冰箱中析晶，抽滤，并用冷水洗涤两次，将结晶部分在室温下晾干，可得精制芸香苷，称重后计算芸香苷收率。

2. 芸香苷的精制

称取芸香苷粗品 2 g 转入烧杯中，加入蒸馏水 400 mL，加热至沸溶解 15 min 使之完全溶解，趁热保温抽滤，将滤液静置使其完全析晶，然后抽滤，并用冷水洗涤两次，将结晶部分在室温下晾干，可得精制芸香苷，称重后计算芸香苷收率。

3. 芸香苷的水解

取精制芸香苷 0.5 g，置入 100 mL 圆底烧瓶中，加 2%硫酸 50 mL，加热回流约 40 min，至沉淀不再增加为止，放冷抽滤，分离出固体结晶和滤液。固体结晶部分用少量水洗去余酸，晾干，得槲皮素粗品，然后利用加入 40 mL 70%的乙醇，加热回流使之溶解，趁热抽滤后冷置析出结晶，得到槲皮素精制品；滤液中加氢氧化钡中和至中性，过滤，分离去除硫酸钡，将所得到的滤液浓缩至干，再加 2～3 mL 乙醇溶解，以备后续实验检查水解物中的单糖成分。

4. 芸香苷、槲皮素及糖的检识

取芸香苷、槲皮素约 0.7 mg，分别用 8 mL 乙醇溶解，制成试样溶液，按下列方法进行实验，比较苷元和苷的反应情况。

(1)Molisch 反应：各取试样溶液 2 mL，分别置于两支小试管中，加 10%α-萘酚乙醇溶液 1 mL，摇匀。倾斜试管 45°，沿管壁徐徐注入浓硫酸约 1 mL，静置。观察两层溶液的界面变化，出现紫色环者为阳性，表示样品分子中含有糖的结构（糖和苷类均呈阳性反应），比较芸香苷和槲皮素的不同。

(2)盐酸-镁粉反应：取试样溶液各 2 mL，分别置于两支试管中，各加入镁粉约 60 mg，再加入盐酸数滴，观察并记录颜色变化。溶液由黄色渐变红色者表示有黄酮类化合物。以同法对槲皮素进行实验。

如用锌粉代替镁粉，则芸香苷（3-羟基与糖结合成苷）仍有作用，而槲皮素（黄酮醇类）不呈还原显色反应。因此可区别两者。

(3)醋酸镁反应：取两张滤纸条，分别滴加试样溶液后，加 1%醋酸镁甲醇溶液 2 滴，于紫外灯下观察荧光变化，并记录现象。

(4)三氯化铝反应：取两张滤纸条，分别滴加试样溶液后，加 1%三氯化铝乙醇溶液 2～3 滴，于紫外灯下观察荧光变化，并记录现象。黄酮类呈鲜黄色，并有荧光。

(5)锆-柠檬酸反应：取试样溶液各 2 mL，分别置于两支试管中，各加 2%二氯氧锆甲醇溶液 3～4 滴，观察颜色，凡有 3-羟基或 5-羟基的黄酮即呈鲜黄色。然后加入 2%柠檬酸甲醇溶液 3～4 滴，观察并记录颜色变化，有 3-羟基的黄酮黄色不褪。比较芸香苷和槲皮素的不同。

(6)芸香苷、槲皮素纸色谱检识：

支持剂：新华层析滤纸（中速，20 cm×7 cm）

以自制芸香苷乙醇溶液、自制槲皮素乙醇溶液、芸香苷乙醇标准溶液及槲皮素乙醇标准溶液进行纸色谱检识。

洗脱剂：V(正丁醇)∶V(醋酸)∶V(水)=4∶1∶1。

显色：①在可见光下观察斑点颜色，再在紫外灯下观察斑点颜色。

②喷雾三氯化铝试剂，置日光下及紫外灯下观察并记录斑点的颜色变化。

(7)糖的纸色谱检识：取糖的供试液做径向纸色谱，和已知糖液作对照，可得到与葡萄糖、鼠李糖相同 R_f 值的斑点。

支持剂：新华层析滤纸（圆形）

以自制糖液及 1%葡萄糖对照品水溶液、1%鼠李糖对照品水溶液进行纸色谱检识。

洗脱剂：V(正丁醇)∶V(醋酸)∶V(水)=4∶1∶1。

显色：喷雾苯胺-邻苯二甲酸试剂，于 105 ℃加热 10 min 或红外灯下加热 10～15 min，显棕色或棕红色斑点。

五、注意事项

1. 本实验直接用沸水由槐花米中提取芸香苷，收得率稳定，且操作简便。如用碱溶酸沉法提取，加入石灰乳可以达到碱性溶解的目的，又可除去槐花米中所含的大量黏液质，但应严格控制其碱性 pH 至 8～9，pH 不可超过 10。如 pH 过高，加热提取过程中芸香苷可被水解破坏，降低收得率。加酸沉淀时，控制 pH 为 3～4，不宜过低，否则芸香苷可生成盐而溶于水，也降低收得率。

2. 在提取过程中，加入硼砂的目的是使其与芸香苷分子中的邻二酚羟基发生络合，既保护了邻二酚羟基不被氧化破坏，又避免了邻二酚羟基与钙离子络合(芸香苷的钙络合物不溶于水)，使芸香苷不受损失，提高收得率。

六、思考题

1. 黄酮类化合物还有哪些提取方法？芸香苷的提取还可用什么方法？

2. 酸水解常用什么酸？为什么用硫酸比用盐酸水解后处理更方便？

3. 碱溶酸沉法提取时不加硼砂，会有什么后果？

实验 39　β-胡萝卜素和番茄红素的提取分离与测定

一、实验目的

1. 掌握色素提取的原理与方法。
2. 巩固用柱色谱和薄层色谱定性检测、分离有机化合物的方法。
3. 学会用分光光度计测定 β-胡萝卜素与番茄红素的方法，并了解二者性质上的差别。

二、实验原理

番茄中含有番茄红素和少量的 β-胡萝卜素，β-胡萝卜素和番茄红素分子式均为 $C_{40}H_{56}$，相对分子质量为 536.85，β-胡萝卜素熔点 184 ℃，番茄红素熔点 174 ℃，二者均为不饱和碳氢化合物，均是由 8 个异戊二烯单位连接而成的四萜类化合物，它们分子中都有一个较长的 π-π 共轭体系，能吸收不同波长的可见光，因而，它们都呈现出一定的颜色。所以，它们又被称为多烯色素。胡萝卜素是最早发现的一个多烯色素，其他结构上与胡萝卜类似的色素称之为类胡萝卜素。

番茄红素和少量的 β-胡萝卜素难溶于甲醇、乙醇，可溶于乙醚、石油醚，易溶于二氯甲烷、二硫化碳、苯等有机溶剂。本实验用二氯甲烷从番茄中萃取类胡萝卜素。但由于二氯甲烷与水不混溶，故在萃取前先用乙醇脱去番茄中的水分，然后根据番茄红素与 β-胡萝卜素对吸附剂吸附能力的差别，用柱色谱法对它们进行分离。用薄层色谱法检验分离效果。二者在可见光区均有强烈的吸收，采用紫外-可见光分光光度计进行测定时，番茄红素最大吸收峰在 472 nm 处，β-胡萝卜素在 451 nm 处。

三、实验仪器及药品

仪器：100 mL 圆底烧瓶；回流冷凝管；三角漏斗；锥形瓶；长颈滴管；色谱柱；水浴热源；721 型分光光度计

药品：新鲜番茄（或番茄酱）；95％乙醇；二氯甲烷；石油醚（60～90 ℃）；氯仿；中性或酸性氧化铝（柱层析用）；环己烷；硅胶 G；饱和氯化钠溶液；无水硫酸钠

四、实验步骤

1. 原料处理与色素提取

取 100 mL 圆底烧瓶一只，往其中依次加入番茄浆 20 g、95％乙醇 40 mL，摇匀，装上回流冷凝管，在水浴上加热回流 5 min，趁热抽滤，倾出瓶中溶液，将残渣留在瓶内，然后往烧瓶中加入 30 mL 二氯甲烷，再在水浴上加热回流 5 min，冷却，将上层溶液倾出抽滤，固体仍保留在烧瓶内，再加 10 mL 二氯甲烷重复萃取一次。合并乙醇和 2 次二氯甲烷提取液，倒入分液漏斗中，加 5 mL 饱和氯化钠溶液，振摇，静置分层，分出橙黄色有机相。取一只三角漏斗，在其颈部塞上疏松的棉花，再在棉花上铺一层 1 cm 厚的无水硫酸钠，然后让上述黄色有机相流经该三角漏斗，以除去微量水分。将此溶液贮存于干燥的有塞子的锥形瓶中。层析之前，将此溶液在通风橱中用热水浴蒸发至干。

2. 色谱柱的制备

取一支 ϕ1.5 cm×20 cm 干燥的色谱柱，将其垂直固定于铁架上，底部铺上少量棉花，打开活塞。称取 10 g 层析用中性氧化铝(100～200 目)作吸附剂，干法装柱，装柱高度 10～20 cm，在氧化铝上铺一层棉花。然后向柱内加入 15 mL 石油醚，让溶剂浸润并流过分离柱，待溶剂液面降至与氧化铝柱面顶端，两者相切时，关闭活塞，备用。

3. 柱层析分离

向蒸干的粗样品中加入 2 mL 苯使其溶解。用一长颈滴管取样，小心滴入层析柱内，滴加过程中避免产品接触柱壁。打开活塞，让溶液自然流下，待样品液面即将在柱顶氧化铝表面消失时，沿管壁小心滴加 2 mL 石油醚，冲洗黏在管壁上的有色物质，用 50 mL 干燥的锥形瓶接收滴出的溶液。待溶剂液面与氧化铝表面相切时，再加入 8 mL 或更多的石油醚，至滴出的溶液无色，关闭活塞，收集红色的番茄红素溶液(a)；打开活塞，再往层析柱中先后加入 2 mL 石油醚及 8mL 的氯仿，洗至滴出的溶液无色，用另一 50 mL 干燥的锥形瓶接收，关闭活塞，收集黄色的 β－胡萝卜素溶液(b)。然后用相应温度的水浴蒸干(a)、(b)，差重法分别称出相应浓缩物的质量 m_a、m_b(精确到 0.000 2 g)。

4. 类胡萝卜素的薄层色谱检测

预先用硅胶 G 制备薄层层析板，并在 110 ℃下活化 1 h，采用石油醚(60～90 ℃)∶丙酮＝3∶2 作展开剂，对前面得到的类胡萝卜素及色谱柱分离得到的样品分别进行薄层分析，观察斑点位置，计算各斑点的 R_f 值，并明确各斑点的归属。

5. 类胡萝卜素的分光光度法测定

取柱色谱分离后得到的样品，用石油醚稀释至仪器测量范围，然后用 721 型分光光度计分别在 420～520 nm 范围内测定它们的吸光度 A，步长 10 nm，然后作 A-x 曲线，指出各自最大吸收峰 x_P，并与标准吸收对照鉴定。

五、思考题

1. 柱色谱分离胡萝卜素实验中，黄色物质和红色物质分别是什么色素?

2. 在类胡萝卜素的薄层色谱检测中，可观察到几个斑点? 分别代表什么组分?

3. 根据实验结果，设计一个从植物材料中提取分离、鉴定脂溶性色素的一般实验流程。

实验 40　从黄连中提取黄连素

一、实验目的

1. 学习从中草药中提取生物碱的原理和方法。
2. 进一步熟悉回流、蒸馏、重结晶等基本装置及其操作。
3. 了解黄连素的应用及结构鉴定方法。

二、实验原理

黄连为多年生草本植物，为我国名、特产药材之一。其根茎中含有多种生物碱，如小檗碱（黄连素）、甲基黄连碱、棕榈碱、非洲防己碱等。黄连素的含量为 4%～10%。其他如黄柏、伏牛花、白屈菜、南天竹等植物中也含有黄连素，但以黄连与黄柏中黄连素的含量最高。

黄连素是黄色针状体（乙醚），m. p. 145 ℃。可溶于热乙醇、热水中，难溶于乙醚、苯。其水溶液具有黄绿色荧光。从黄连中提取黄连素往往采用乙醇、水、硫酸等溶剂，在提取器中连续抽提，然后浓缩，再利用酸进行酸化，得到相应的盐。

黄连素存在三种互变异构体，在自然界多以季铵碱的形式存在。其结构如图 4.6 所示。

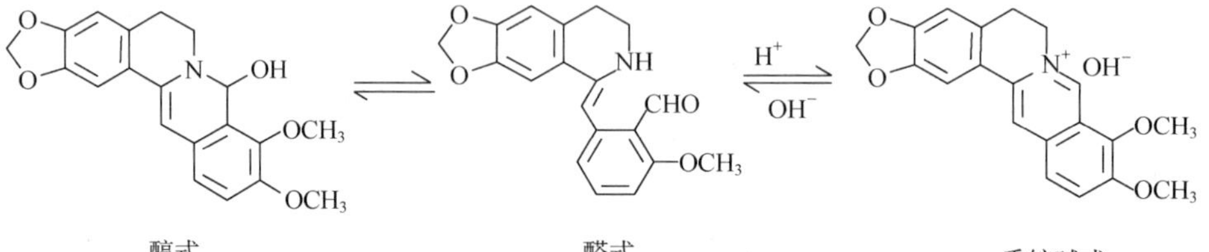

图 4.6　黄连素的三种互变异构体

黄连素的盐酸盐、氢碘酸盐、硫酸盐、硝酸盐均难溶于冷水，易溶于热水，故可用水对其进行重结晶，从而达到纯化的目的。

黄连素盐酸盐的熔点为 188 ℃，黄连素的红外光谱图如图 4.7 所示。

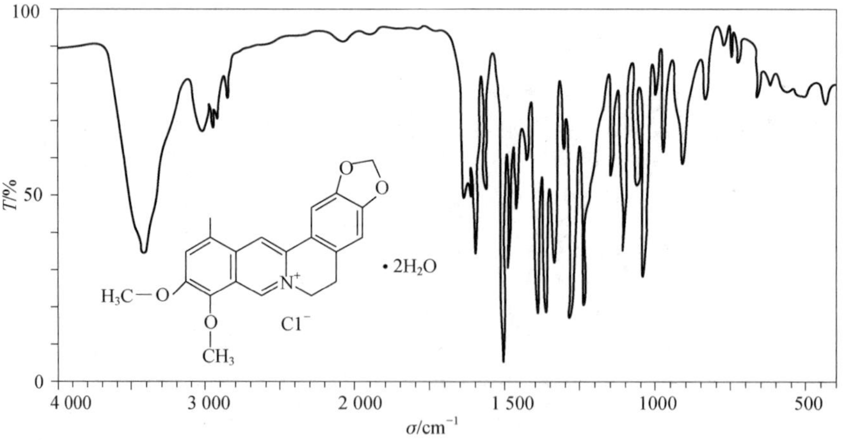

图 4.7　黄连素的红外光谱图

黄连素是一种抗菌药物,用于治疗细菌性痢疾、肠炎、上呼吸道感染和抗疟疾等。我国现用合成法生产医用黄连素药物。

三、主要实验仪器和试剂

仪器:研钵 1 只;圆底烧瓶(250 mL)1 只;球形冷凝管 1 支;直形冷凝管 1 支;蒸馏头 1 只;接液管 1 只;电炉 1 只;温度计(100 ℃)1 支;烧杯(200 mL)1 只;锥形瓶(250 mL)1 只;减压过滤装置 1 套;热浴 1 套;冰浴 1 套;天平 1 台

试剂:黄连;10%乙酸液;丙酮;95%乙醇液;浓盐酸

四、实验步骤

1. 浸提

称取 10 g 中药黄连,用研钵磨细,放入 250 mL 圆底烧瓶中,加入 100 mL 95%乙醇,装上球形冷凝管,在热水浴中加热回流 0.5 h,冷却并静置浸泡 1 h。

2. 过滤

减压过滤,滤渣用少量 95%乙醇洗涤两次。

3. 蒸馏

将滤液倒入 250 mL 圆底烧瓶中,安装普通蒸馏装置。用水浴加热蒸馏,回收乙醇。当烧瓶内残留液呈棕红色糖浆状时,停止蒸馏(不可蒸干)。

4. 溶解、过滤

向烧瓶内加入 30 mL 10%乙酸溶液,加热使其溶解,趁热抽滤,除去不溶物。将滤液倒入 200 mL 烧杯中,滴加浓盐酸至溶液出现浑浊为止(约需 10 mL)。抽滤,滤渣用少量冰水洗涤两次,得到黄连素盐酸盐的粗产品。

5. 重结晶

将滤饼放入 200 mL 烧杯中,先加少量水,用石棉网小火加热,边搅拌边补加水至晶体在受热情况下恰好溶解。趁热抽滤,滤液用浓盐酸调节至 pH 为 2~3,室温下静置数小时,即有橙黄色针状晶体析出,抽滤,滤渣用冰水洗涤两次,再用少量丙酮洗涤一次,压紧抽干,烘干后称量质量。

若要得到纯净的黄连素晶体(非盐黄连素)比较困难,将黄连素盐酸盐加热水至其刚好溶解,煮沸,用石灰乳调节 pH 为 8.5~9.8,冷却后滤去杂质,滤液继续冷却至室温以下,即有针状黄连素析出,抽滤,将结晶在 50~60 ℃下干燥即可。

6. 产品检验:

(1)取黄连素盐酸盐少许,加浓硫酸 2 mL,溶解后加几滴浓硝酸,即呈樱红色溶液。

(2)取黄连素盐酸盐约 50 mg,加蒸馏水 5 mL,缓缓加热,溶解后加 20%氢氧化钠溶液 2 滴,显橙色,冷却后过滤,滤液加丙酮 4 滴,即发生浑浊。放置后生成黄色的丙酮黄连素沉淀。

五、注意事项

1. 黄连提取前,应先把它切碎,研磨成粉状,否则,会降低提取率。
2. 黄连素结晶应在 50～60 ℃下干燥,如果温度过高,黄连素会变质或碳化。

六、思考题

1. 黄连素为何种生物碱类化合物?
2. 影响黄连素提取率的因素有哪些?
3. 可否采用索氏提取器从黄连中提取黄连素? 怎么操作?

实验 41 油料作物中粗油脂的提取

一、实验目的

1. 了解油脂提取的原理和方法。
2. 掌握索氏提取器的操作方法。

二、实验原理

油脂是动植物细胞的重要组成部分，其含量高低是油料作物品质的重要标志。油脂是高级脂肪酸甘油酯的混合物，其种类繁多，均可溶于乙醚、苯、石油醚、汽油等脂溶性有机溶剂。脂类不溶于水，易溶于有机溶剂。提取脂类大多采用低沸点的有机溶剂萃取的方法。本实验选用石油醚作为提取溶剂，在索氏提取器中进行油脂提取。在提取过程中，一些油脂的色素、游离脂肪酸、磷脂、固体醇蜡等也一并被提取出来。所以提取物为粗油脂。粗油脂中除了饱和脂肪酸外，还有油酸、亚油酸等不饱和脂肪酸。不饱和脂肪酸的不饱和度可根据与溴或碘的加成作用进行定性或定量测定。

三、主要仪器和试剂

仪器：索氏提取器；电热套；蒸馏装置；托盘天平

试剂：花生仁；石油醚；溴/四氯化碳溶液（10%）；羊油/四氯化碳溶液

四、实验装置

提取装置如图 4.8 所示。

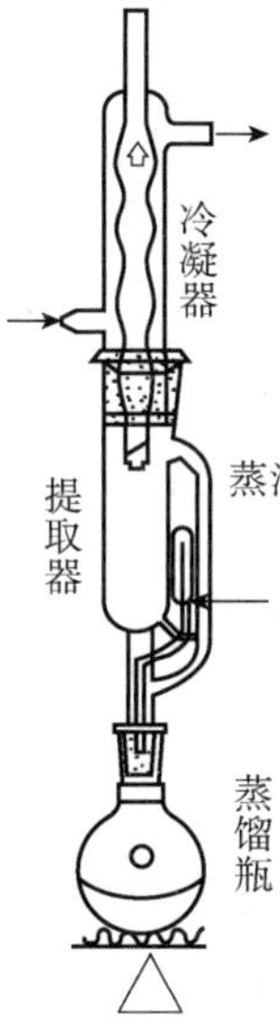

图 4.8 提取装置

五、实验步骤

1. 油脂的提取

将花生仁放于100～105 ℃烘箱中烘干3～4 h，冷却至室温，粉碎（颗粒应小于50目）。

称取7 g粉碎好的花生试样，将滤纸做成与提取器大小相应的套袋，然后把试样放入套袋，装入提取器内。在蒸馏烧瓶中加入提取溶剂和沸石，连接好蒸馏烧瓶、提取器、回流冷凝管，接通冷凝水，加热。沸腾后，溶剂的蒸气从烧瓶进到冷凝管中，冷凝后的溶剂回流到套袋中，浸取固体混合物。溶剂在提取器内到达一定的高度时，就携带所提取的物质一同从侧面的虹吸管流入烧瓶中。溶剂就这样不断地循环流动，把所要提取的物质集中到下面的烧瓶内。提取完毕，撤去热源，改成蒸馏装置，回收石油醚。待温度计读数下降，停止蒸馏，烧瓶内所剩浓缩物便是粗油脂。

将烧瓶内的粗油脂放在(105±2)℃烘箱中烘30 min，冷却后称重，烧瓶内增加的质量即为油脂的质量，计算粗油脂的含量。

2. 油脂不饱和度的检验

在2支试管中分别加入10滴花生油和10滴羊油四氯化碳溶液，然后分别逐滴加入溴的四氯化碳溶液，并随时加以震荡，直到溴的颜色褪去为止。记录二者所需要溴的四氯化碳溶液的量，并比较它们的不饱和程度。

六、注意事项

1. 脂肪提取器是利用溶剂回流和虹吸原理，使固体物质连续不断地为纯溶剂所萃取的仪器。溶剂沸腾时，其蒸气通过侧管上升，被冷凝管冷凝成液体，滴入套筒中，浸润固体物质，使之溶于溶剂中，当套筒内溶剂液面超过虹吸管的最高处时，即发生虹吸，流入烧瓶中。通过反复的回流和虹吸，从而将固体物质富集在烧瓶中。脂肪提取器为配套仪器，其任一部件损坏将会导致整套仪器的报废，特别是虹吸管极易折断，所以在安装仪器和实验过程中须特别小心。

2. 用滤纸包花生末时要严实，防止花生末漏出堵塞虹吸管；滤纸包大小要合适，既能紧贴套管内壁，又能方便取放，且其高度不能超出虹吸管高度。

七、思考题

1. 索氏提取器由哪几部分组成？它根据什么原理进行萃取？

2. 动物油和植物油哪种不饱和度大？

实验 42　从果皮中提取果胶

一、实验目的

1. 学习从果皮中提取果胶的基本原理和方法，了解果胶的一般性质。
2. 掌握天然产物提取实验研究的一般方法。
3. 进一步熟悉萃取、蒸馏、升华等基本操作。
4. 通过实验研究，获得尽可能高的果胶提取率及较好质量的果胶产品。

二、实验原理

果胶是一种高分子聚合物，具有良好的胶凝化和乳化稳定作用，广泛存在于植物中，主要分布于细胞壁之间的中胶层，一般以原果胶、果胶酯酸和果胶酸 3 种形式存在。果胶物质尤其以果蔬中含量为多，不同的果蔬含果胶物质的量不同，山楂约为 6.6%，柑橘约为 0.7～1.5%，南瓜含量较多，约为 7%～17%。果胶为白色、浅黄色到黄色的粉末，有非常好的特殊水果香味，无异味，无固定熔点和溶解度，不溶于乙醇、甲醇等有机溶剂中。粉末果胶溶于 20 倍水中形成黏稠状透明胶体，胶体的等电点 pH 为 3.5。果胶的主要成分为多聚 D-半乳糖醛酸，各醛酸单位间经 α-1,4 糖甙键联结，具体结构式如图 4.9 所示。

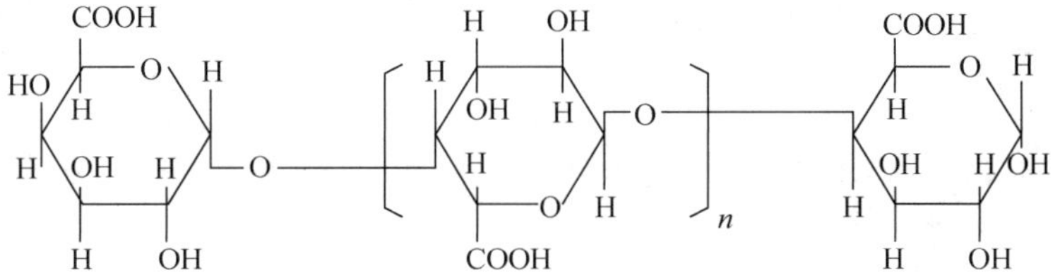

图 4.9　果胶的结构式

在植物体中，果胶一般以不溶于水的原果胶形式存在。在果实成熟过程中，原果胶在果胶酶的作用下逐渐分解为可溶性果胶，最后分解成不溶于水的果胶酸。在生产果胶时，原料经酸、碱或果胶酶处理，在一定条件下分解，形成可溶性果胶，然后在果胶液中加入乙醇或多价金属盐类，使果胶沉淀析出，经漂洗、干燥、精制而形成商品果胶。

从柑橘皮中提取的果胶是高酯化度的果胶，在食品工业中常用来制作果酱、果冻等食品。

三、主要仪器和药品

仪器：恒温水浴锅；真空干燥箱；布氏漏斗；抽滤瓶；250 mL 烧杯；玻棒；纱布；表面皿；精密 pH 试纸；烧杯；电子天平；小刀；真空泵

药品：干柑橘皮；稀盐酸；95%乙醇；6 mol/L 氨水；活性炭

四、实验步骤

1. 柑橘皮的预处理

称取干柑橘皮 20 g，将其放入 250 mL 烧杯中，加 120 mL 水，加热至 60～70 ℃，保温约 30 min，使其充分吸水软化，并除掉可溶性糖、有机酸、苦味和色素等；把柑橘皮沥干，再放入 250 mL 烧杯中，加 120 mL 水，加热煮沸 5 min，使酶失活，防止果胶分解；捞出，用水冲洗后，切成 3～5 mm 大小的颗粒，用 50 ℃左右的热水漂洗，进一步除去色素、苦味和糖分等，漂洗至沥液近无色、果皮无异味为止，最后甩干。每次漂洗都要把果皮用纱布挤干，再进行下一次漂洗。

2. 酸提取

根据果胶在稀酸下加热可以变成水溶性果胶的原理，把已处理好的柑橘皮放入烧杯中，加入 0.2 mol/L 的盐酸以浸没果皮为度，调溶液的 pH 至 1.5～2.5 之间，加热至 90 ℃，在不断搅拌中保温 60 min，趁热用垫有纱布（100 目）的布氏漏斗抽滤，收集滤液为果胶萃取液。

3. 脱色

将萃取液装入 250 mL 的烧杯中，加入 0.5%～1%的脱色剂活性炭，加热至 80 ℃，保持搅拌进行脱色 20 min，然后趁热抽滤（如橘皮漂洗干净，滤液清澈，则可不进行脱色）。

4. 乙醇沉淀

滤液冷却后，用 6 mol/L 氨水调至 pH 为 4，在不断搅拌下缓缓地加入 95%乙醇溶液，加入乙醇的量为原滤液体积的 1.5 倍（使其中乙醇的质量分数达 50%～60%），乙醇加入过程中即可看到絮状果胶物质析出，静置 20 min，减压过滤后用稀乙醇洗涤，然后用水洗涤制得湿果胶。

5. 真空干燥

将所得的果胶置于表面皿内，放在真空干燥箱里，调温至 50 ℃左右，真空干燥约 12 h，取出，称量，计算产率。

五、注意事项

1. 在用温水浸泡柑橘皮对其进行预处理时，浸泡水温不宜过高。
2. 在酸提取阶段，要控制好 pH，pH 不能太低，否则会影响产率。
3. 在脱色时，如果抽滤困难，可加入 2%～4%的硅藻土作助滤剂。
4. 湿果胶用无水乙醇洗涤，可进行 2 次。
5. 实验过程中使用的酒精可以通过分馏法进行回收。

六、思考题

1. 提取果胶前用温水处理果皮的目的是什么？从橘皮中提取果胶时，为什么要加热使酶失活？
2. 可能影响果胶提取率的因素有哪些？
3. 脱色时除了使用活性炭，还可以使用哪些吸附剂？
4. 沉淀果胶时，除使用乙醇外，还可以用其他试剂吗？

附　　录

附录1　常用元素的元素符号及其相对原子质量

元素名称	元素符号	相对原子质量	元素名称	元素符号	相对原子质量
银	Ag	107.868	锂	Li	6.941
铝	Al	26.981 5	镁	Mg	24.305
溴	Br	79.904	锰	Mn	54.938
钡	Ba	137.34	钼	Mo	95.94
钙	Ca	40.08	镍	Ni	58.71
碳	C	12.011	氮	N	14.006 7
氯	Cl	35.453	钠	Na	22.989 8
铬	Cr	51.996	氧	O	15.999 4
钴	Co	58.933 2	铅	Pb	207.20
铜	Cu	63.546	钯	Pd	106.4
铁	Fe	55.847	磷	P	30.973 8
氟	F	18.998 4	铂	Pt	195.09
氢	H	1.008	硅	Si	28.086
汞	Hg	200.59	硫	S	32.06
碘	I	126.904 5	锡	Sn	118.69
钾	K	39.102	锌	Zn	65.37

附录 2　水在不同温度下的蒸气压

温度/℃	*p*/mmHg	温度/℃	*p*/mmHg	温度/℃	*p*/mmHg	温度/℃	*p*/mmHg
0	4.579	15	12.788	30	31.824	85	433.6
1	4.926	16	13.634	31	33.695	90	525.76
2	5.294	17	14.530	32	35.663	91	546.05
3	5.685	18	15.477	33	37.729	92	566.99
4	6.101	19	16.477	34	39.898	93	588.60
5	6.543	20	17.535	35	42.175	94	610.90
6	7.013	21	18.650	40	55.324	95	633.90
7	7.513	22	19.827	45	71.88	96	657.62
8	8.045	23	21.068	50	92.51	97	682.07
9	8.609	24	22.377	55	118.04	98	707.27
10	9.209	25	23.756	60	149.38	99	733.24
11	9.844	26	25.209	65	187.54	100	760.00
12	10.518	27	26.739	70	233.7		
13	11.231	28	28.349	75	289.1		
14	11.987	29	30.043	80	355.1		

附录 3 常用有机物的物理常数

化合物	熔点/℃	沸点/℃	密度/(g·cm^{-3})	折光率/n_D^{20}
甲烷	−182.48	−164	0.554 7(0 ℃)	—
甲醛	−92	−21	0.815	—
甲酸(蚁酸)	8.4	100.7	1.220	1.371 4
甲醇	−93.9	64.96	0.791 4	1.328 8
呋喃	−85.65	31.36	0.951 4	1.421 4
乙烷	−183.3	−88.63	0.572(−108 ℃)	1.037 69 (0 ℃,0.07 MPa)
丙三醇	20	290 分解	1.261 6	1.474 6
丙烯	−185.25	−47.4	0.519 3 (液,饱和蒸气压)	1.356 7(−70 ℃)
丙酮	−95.35	56.2	0.789 9	1.358 8
丙酸	−20.8	140.99	0.993 0	1.386 9
异丙醇	−89.5	82.4	0.785 5	1.376 6
异戊醇	−117.2	128.5	0.809 2	1.405 3
戊烷	−130	36	0.63	—
己烷	−95	68.95	0.660 3	1.375 06
己酸	—	205.4	0.927 4	1.416 3
己醇	−46.7	158	0.813 6	1.407 8
乙烯	−169.15 −181(凝固)	−103.71	1.260	1.363(−100 ℃)
乙炔	−80.8	−84.0 (升华)	0.620 8	1.000 51
氯乙烯	−153.8	−13.37	0.910 6	1.370 0
氯乙烷	−136.4	12.37	0.897 8	1.367 3
苯	5.5	80.1	0.878 65	1.501 1
苯乙烯	−30.63	145.2	0.906 0	1.546 8
苯乙酮	20.5	202	1.028 1	1.537 18
甲苯	−95	110.6	0.866 9	1.496 1

续表

化合物	熔点/℃	沸点/℃	密度/(g·cm^{-3})	折光率/n_D^{20}
溴苯	−30.82	156	1.495 0	1.559 7
苯胺	−6.3	184.13	1.021 73	1.586 3
硝基苯	5.7	210.8	1.203 7	1.556 2
乙醇	−117.3	78.5	0.789 3	1.361 1
乙醛	−121	20.8	0.783 4	1.331 6
乙醚	−117	34.51	0.713 78	1.352 6
乙腈	−44	82	0.787 5	1.346 0
乙酸	16.604	118	1.049 2	1.371 6
乙酸乙酯	−84	77.06	0.900 3	1.372 4
二乙胺	−50	56	0.707	1.386 4
N,N-二甲基苯胺	2.45	194.15	0.955 7	1.558 2
N,N-二甲基甲酰胺	−60	152	0.948 7	1.430 5
N,N-二甲基乙酰胺	−20	166	0.937	1.438 4
二甲基亚砜	18.5	189	1.095 4	1.478 3
二氯乙烷	−95	40	1.325 5	1.424 6
1,2-二溴乙烷	9.79	131.36	2.179 2	1.538 7
1,2-二氯乙烷	−36	83.9	1.253	1.444 8
1,4-二氧六烷	12	101.5	1.033 7	1.422 4
1,2-二甲氧基乙烷	−68	85	0.863	1.379 6
三乙胺	−115	90	0.726	1.401 0
三氯乙烯	−86	87	1.465	1.476 7
三氟乙酸	−15	72	1.489	1.285 0
2,2,2-三氟乙醇	−44	77	1.384	1.291 0
六甲基膦酰胺	7	235	1.027	1.458 8
丙酮	−95	56.2	0.789 9	1.358 8
四氯化碳	−23	76.54	1.594 0	1.460 1
四氢呋喃	−109	67	0.889 2	1.405 0
甲醇	−98	64.96	0.791 4	1.328 4
甲苯	−95	110.6	0.866 9	1.496 9
甲酰胺	3	211	1.133	1.447 5

续表

化合物	熔点/℃	沸点/℃	密度/(g·cm^{-3})	折光率/n_D^{20}
异丙醇	−90	82	0.786	1.377 2
邻二氯苯	−17	181	1.306	1.551 4
环己烷	6.55	80.74	0.778 55	1.426 62
环己酮	−16.4	155.65	0.947 8	1.450 7
环己醇	25.15	161.1	0.962 4	1.464 1
硝基苯	6	210.8	1.203 7	1.556 2
硝基甲烷	−28	101	1.137	1.381 7
吡啶	−42	115.5	0.981 9	1.509 5
氯仿	−64	61.7	1.483 2	1.445 5
氯苯	−46	132	1.106	1.524 8
溴苯	−31	156	1.495	1.558 0
乙二胺	8.5	116.5	0.899 5	1.456 8
乙二醇	−15.6	197	1.108 8	1.431 8
乙二醛	15	51	1.14	1.382 8
乙二酸	189.5	365.1	1.900	—
乙烯酮	−151	−56	—	—
乙腈	−45.72	81.6	0.785 7	1.344 23
乙酰水杨酸(阿司匹林)	135(急速加热)	—	—	—
乙酰苯胺	114.3	304	1.219 0(15 ℃)	—
乙酰氯	−112	50.9	1.105 1	1.389 76
二甲胺	−93	7.4	0.680 4	1.350(17 ℃)
丁醇	89.53	117.25	0.809 8	1.399 31
异丁醇	−108	108	0.798 2	1.393 9
仲丁醇	−114.7	99.5	0.806 3	1.397 8
叔丁醇	25.5	82.2	0.788 7	1.387 8
甘油	20	290	1.261 3	1.474 6

附录 4　常用酸碱溶液的质量分数和相对密度(d_4^{20})

溶液	质量分数%	相对密度	溶液	质量分数%	相对密度
盐酸	6	1.027 9	氢氧化钠	2	1.020 7
盐酸	10	1.047 4	氢氧化钠	4	1.042 8
盐酸	16	1.077 6	氢氧化钠	6	1.064 8
盐酸	20	1.098 0	氢氧化钠	8	1.086 9
盐酸	26	1.129 0	氢氧化钠	10	1.108 9
盐酸	30	1.149 2	氢氧化钠	12	1.130 9
盐酸	36	1.178 9	氢氧化钠	14	1.153 0
盐酸	40	1.198 0	氢氧化钠	16	1.175 1
硫酸	5	1.031 7	氢氧化钠	18	1.197 2
硫酸	10	1.066 1	氢氧化钠	20	1.219 1
硫酸	15	1.102 0	氢氧化钠	30	1.327 9
硫酸	20	1.139 4	氢氧化钠	40	1.430 0
硫酸	30	1.218 5	氢氧化钠	50	1.525 3
硫酸	40	1.302 8	碳酸钠	2	1.019 0
硫酸	50	1.395 1	碳酸钠	4	1.039 8
硫酸	60	1.498 3	碳酸钠	6	1.060 6
硫酸	70	1.610 5	碳酸钠	8	1.081 6
硫酸	80	1.727 2	碳酸钠	10	1.102 9
硫酸	90	1.814 4	碳酸钠	12	1.124 4
硫酸	98	1.836 1	碳酸钠	14	1.146 3
硝酸	10	1.054 3	碳酸钠	16	1.168 2
硝酸	20	1.115 0	碳酸钠	18	1.190 5
硝酸	30	1.180 0	碳酸钠	20	1.213 2
硝酸	40	1.246 3	碳酸氢钠	2	0.019 0
硝酸	50	1.310 0	碳酸氢钠	6	1.060 6
硝酸	60	1.366 7	碳酸氢钠	10	1.102 9
硝酸	70	1.413 4	碳酸氢钠	20	1.213 2
硝酸	80	1.452 1	氢溴酸	10	1.072 3
硝酸	90	1.482 6	氢溴酸	20	1.157 9

附录5　部分溶剂、试剂的性质与制备纯化

有机化学实验经常用到大量的试剂，包括无机试剂和有机试剂，市售的试剂有分析纯(A. R)、化学纯(C. P)、工业级(T. P)等级别，其中分析纯的纯度较高，工业级则带有较多的杂质。在某些有机反应中，对试剂或溶剂的要求较高，即使微量的杂质或水分的存在，也会对反应的速率、产率和产品纯度带来一定的影响，因此掌握一些试剂的纯化方法是十分必要的。

在实际工作中还会经常遇到无法买到某种试剂或买不到高纯度试剂的情况，影响实验工作正常进行。因此，了解一些常用试剂的制备方法也是十分必要的。本附录给出了部分常用有机和无机试剂的制备与纯化方法。

一、甲醇

沸点 64.96 ℃，折光率 1.328 8，相对密度 0.791 4。

普通未精制的甲醇纯度可达 99.85%，常含有 0.02%丙酮和 0.1%水。而工业甲醇中这些杂质的含量达 0.5%～1%。

为了制得纯度达 99.9%以上的甲醇，可将甲醇用分馏柱分馏。收集 64 ℃的馏分，再用镁去水(与制备无水乙醇相同)。若含水量低于 0.1%，也可用 3A 型或 4A 型分子筛进行干燥。

甲醇有毒，处理时应防止吸入其蒸气。

二、无水乙醇

沸点 78.5 ℃，折光率 1.361 6，相对密度 0.789 3。

市售的无水乙醇一般只能达到 99.5%的纯度，若需要使用纯度更高的绝对乙醇，可采用以下方法进行纯化：

方法一：在 250 mL 干燥的圆底烧瓶中，加入 0.6 g 干燥纯净的镁丝和 10 mL 99.5%乙醇，安装回流冷凝管，冷凝管上口附加一支无水氯化钙干燥管。在沸水浴上加热至微沸，移去热源，立刻加入几粒碘(注意此时不要振荡)，可观察到随即在碘粒附近发生反应，若反应较慢，可稍加热；若不见反应发生，可补加几粒碘。当金属镁全部作用完毕后，再加入 100 mL 99.5%乙醇和几粒沸石，水浴加热回流 1 h。改成蒸馏装置，补加沸石后，水浴加热蒸馏，收集 78.5 ℃馏分，贮存在试剂瓶中，用橡胶塞或磨口塞封口。此法制得的乙醇，纯度可达 99.95%。

方法二：在 100 mL 99%乙醇中加入 7 g 金属钠，待反应完毕，再加入 27.5 g 邻苯二甲酸二乙酯或 25 g 草酸二乙酯，回流 2～3 h，然后进行蒸馏。

金属钠虽能与乙醇中的水作用，产生氢气和氢氧化钠，但所生成的氢氧化钠又与乙醇发生平衡反应，因此单独使用金属钠不能完全除去乙醇中的水，须加入过量的高沸点酯，如邻苯二甲酸二乙酯与生成的氢氧化钠作用，抑制上述反应，从而达到进一步脱水的目的。

三、无水乙醚

沸点 34.51 ℃，折光率 1.352 6，相对密度 0.713 78。

普通乙醚常含有 2%乙醇和 0.5%水，不能满足无水实验的要求。久藏的乙醚常含有少量过氧化物。在干燥处理前必须先进行过氧化物的检验，以免发生爆炸。

过氧化物的检验和去除：在干净的试管中放入 2～3 滴浓硫酸，1 mL 2%碘化钾溶液（若碘化钾溶液已被空气氧化，可用稀亚硫酸钠溶液滴到黄色消失）和 1～2 滴淀粉溶液，混合均匀后加入乙醚，出现蓝色即表示有过氧化物存在。

将 100 mL 乙醚和 20 mL 新配制的硫酸亚铁溶液（配制方法：在 100 mL 水中加入 6 mL 浓硫酸，再加入 60 g 硫酸亚铁）放在分液漏斗中洗涤数次，直至无过氧化物为止。

醇和水的检验和去除：往乙醚中放入少许高锰酸钾粉末和一粒氢氧化钠。放置后，氢氧化钠表面附有棕色树脂，即证明有醇存在。水的存在用无水硫酸铜检验。

将 100 mL 上述乙醚放入干燥的锥形瓶中，加入 20～25 mL 的无水氯化钙，瓶口用软木塞塞紧，放置 24 h 以上，并间断摇动，然后蒸馏，收集 33～37 ℃的馏分。

向盛有乙醚的瓶中加入 1 g 钠丝，然后用带有氯化钙干燥管的软木塞塞上，以防止潮气侵入并可使产生的气体逸出。放置 24 h 以上，使乙醚中残存的痕量水和乙醇转化为氢氧化钠和乙醇钠。如发现金属钠表面已全部发生作用，则需补加少量钠丝，放置至无气泡产生，同时金属钠表面完好，即可储放备用。若放置后，钠丝表面已变黄变粗，须再蒸馏一次，然后再加入钠丝。

四、丙酮

沸点 56.2 ℃，折光率 1.358 8，相对密度 0.789 9。

市售丙酮常含少量的水及甲醇、乙醛等还原性杂质。可采用以下方法进行纯化：

方法一：于 100 mL 丙酮中加入 0.5 g 高锰酸钾水浴加热回流，若高锰酸钾紫色很快消失，再加入少量高锰酸钾继续回流，至紫色不再消失为止。然后改成蒸馏装置，加入几粒沸石，水浴加热蒸出丙酮，用无水碳酸钾或无水硫酸钙干燥 1 h。过滤后，将干燥好的丙酮倾入 250 mL 圆底烧瓶中进行蒸馏（全部仪器均须干燥），收集 55～56.5 ℃的馏分。利用此法纯化丙酮时，丙酮中不能含有太多的还原性物质，否则会过多消耗高锰酸钾和丙酮，使处理时间增长。

方法二：将 100 mL 丙酮装入分液漏斗中，先加入 4 mL 10%硝酸银溶液，再加入 3.6 mL 1 mol/L 氢氧化钠溶液，振摇 10 min，分出丙酮层，再加入无水硫酸钾或无水硫酸钙进行干燥。最后蒸馏收集 55～56.5 ℃馏分。此法比方法一要快，但硝酸银较贵，只宜做小量纯化用。

五、苯

沸点 80.1 ℃，折光率 1.501 1，相对密度 d＝0.879 1，不溶于水，能与乙醇互溶。

普通苯中常含有少量水和噻吩，噻吩的沸点 84 ℃，与苯接近，不能用蒸馏或分步结晶等方法除去。检查苯中有无噻吩，可取 5 mL 苯，加入 10 mL 靛红和 10 mL 浓硫酸组成的溶液，振摇片刻，当有噻吩存在时，酸层呈现浅蓝色。

制取无水无噻吩的苯一般可采用在室温下用浓硫酸洗涤的方法。将苯装入分液漏斗中，加入相当于苯体积 15%的浓硫酸，振摇使噻吩磺化，弃去酸液，再加入新的浓硫酸，重复操作几次，直到酸层呈现无色或淡黄色，并检验无噻吩为止，分去酸层，然后用 10%碳酸钠溶液和水洗至中性，再用无水氯化钙干燥 24 h 后，水浴加热蒸馏，收集 79～81 ℃馏分，若要得到高度干燥的苯，可再用金属钠脱去微量的水，得到无水苯。

六、乙酸乙酯

沸点 77.06 ℃，折光率 1.372 3，相对密度 0.900 3。

市售乙酸乙酯含量一般为 95%～98%，常含有少量水、乙醇和乙酸。可采用以下方法进行纯化：

方法一：于 1 000 mL 乙酸乙酯中加入 100 mL 乙酸酐，10 滴浓硫酸，加热回流 4 h，除去乙醇和水等杂质，然后进行蒸馏。馏出液用 20～30 g 无水碳酸钾振荡干燥后，再蒸馏。产物沸点为 77 ℃，纯度可达 99%以上。

方法二：先用等体积的 5%碳酸钠溶液洗涤，再用饱和氯化钙溶液洗涤，分液，将酯层倒入干燥的锥形瓶中，再向锥形瓶中加入适量无水碳酸钾干燥 1 h 后，蒸馏，收集 77.0～77.5 ℃馏分。

七、二氯甲烷

沸点 40 ℃，折光率 1.424 6，相对密度 1.325 5。

使用二氯甲烷比氯仿安全，因此常常用它来代替氯仿作为比水重的萃取剂，普通的二氯甲烷一般都能直接当作萃取剂用。但其中一般含有醛类杂质，如需纯化，可采用以下方法：

先用浓硫酸洗至酸层不变色，水洗除去残留的酸层，然后用 5%碳酸钠溶液洗涤 2 次，接着再用水洗涤至中性，然后用无水氯化钙干燥，蒸馏收集 40～41 ℃的馏分，保存在棕色瓶中避光保存。

八、氯仿

沸点 61.7 ℃，折光率 1.445 9，相对密度 1.483 2。

氯仿在日光下易氧化成氯气、氯化氢和光气（剧毒），故氯仿应贮于棕色瓶中。市场上供应的氯仿多用 1%酒精作稳定剂，以消除氯仿分解为有毒的光气。可采用碘仿反应检验氯仿的乙醇，采用硝酸银的醇溶液检验游离的氯化氢。可采用以下方法进行纯化：

方法一：将氯仿用其 1/2 体积的水振摇洗涤 5～6 次，分离出下层的氯仿，用氯化钙干燥 12 h 以上，然后蒸馏，收集 60.5～62 ℃的馏分。

方法二：按照每 200 mL 氯仿用 10 mL 浓硫酸的比例量取氯仿和浓硫酸，混合后，一起振摇 2～3 次，分去酸层，用水洗涤氯仿，干燥，然后蒸馏。

除去乙醇后的无水氯仿应保存在棕色瓶中并避光存放，以免光化作用产生光气。

九、四氯化碳

沸点 76.8 ℃，折光率 1.460 3，相对密度 1.595。

四氯化碳中二硫化碳的含量达 4%。可采用以下方法进行纯化：

称取 60 g 氢氧化钾，将其溶于 60 mL 水和 100 mL 乙醇的混合溶液中，再与 1 000 mL 四氯化碳混合，在 50～60 ℃时振摇 30 min，然后水洗，再将此四氯化碳按上述方法重复操作一次（氢氧化钾的用量减半）。四氯化碳中残余的乙醇可以用氯化钙除去。最后将四氯化碳用氯化钙干燥，过滤，蒸馏收集 76.7 ℃馏分。四氯化碳不能用金属钠干燥，因有爆炸危险。

十、吡啶

沸点 115.5 ℃，折光率 1.509 5，相对密度 0.981 9。

分析纯的吡啶含有少量水分，可供一般实验用。如要制得无水吡啶，可将吡啶与颗粒氢氧化钾（钠）一同回流，然后隔绝潮气蒸出备用。干燥的吡啶吸水性很强，保存时应将容器口用石蜡封好。

十一、四氢呋喃

沸点 66 ℃，折光率 1.405 0，相对密度 0.889 2。

四氢呋喃与水能混溶，并常含有少量水分及过氧化物。如要制得无水四氢呋喃，可用氢化铝锂在隔绝潮气下回流（通常 1 000 mL 需 2～4 g 氢化铝锂）除去其中的水和过氧化物，然后在常压下蒸馏，收集 66 ℃的馏分（蒸馏时不要蒸干，将剩余少量残液倒出）。精制后的液体加入钠丝并应在氮气氛中保存。处理四氢呋喃时，应先用小量进行实验，在确定其中只有少量水和过氧化物，作用不致过于激烈时，方可进行纯化。四氢呋喃中的过氧化物可用酸化的碘化钾溶液来检验。如过氧化物较多,应另行处理为宜。

十二、二氧六环

沸点 101.5 ℃,折光率 1.442 4,相对密度 1.033 6。二氧六环能与水任意混合,常含有少量二乙醇缩醛与水,久贮的二氧六环可能含有过氧化物(鉴定和除去方法参阅乙醚部分)。

二氧六环的纯化方法可采用以下方法:

在 500 mL 二氧六环中加入 8 mL 浓盐酸和 50 mL 水的溶液,回流 6~10 h,在回流过程中,慢慢通入氮气以除去生成的乙醛。冷却后,加入固体氢氧化钾,直到不能再溶解为止,分去水层,再用固体氢氧化钾干燥 24 h。然后过滤,加入金属钠,加热回流 8~12 h,最后在金属钠存在下蒸馏,压入钠丝密封保存。精制过的 1,4-二氧环己烷应当避免与空气接触。

十三、二甲基亚砜

沸点 189 ℃,折光率 1.478 3,相对密度 1.100。

二甲基亚砜能与水混合,市售的二甲基亚砜含水量约为 1%。可采用以下方法进行纯化:

先进行蒸馏,收集 76 ℃/1 600 Pa(12 mmHg)馏分,然后用分子筛长期放置加以干燥。蒸馏时,温度不可高于 90 ℃,否则会发生歧化反应生成二甲砜和二甲硫醚。也可用氧化钙、氢化钙、氧化钡或无水硫酸钡粉末搅拌干燥 4~8 h,然后减压蒸馏。也可用部分结晶的方法纯化。二甲基亚砜与某些物质混合时可能发生爆炸,例如氢化钠、高碘酸或高氯酸镁等,应予注意。

十四、N,N-二甲基甲酰胺

沸点 149~156 ℃,折光率 1.430 5,相对密度 0.948 7。无色液体,与多数有机溶剂和水可任意混合,对有机和无机化合物的溶解性能较好。

市售 N,N-二甲基甲酰胺含有少量水分、胺、甲醛等杂质。如果采用常压蒸馏,会产生部分分解,生成二甲胺和一氧化碳。在有酸或碱存在时,分解更快。加入固体氢氧化钾(钠)在室温放置数小时后,即有部分分解。因此,其纯化最常用的方法是采用硫酸钙、硫酸镁、氧化钡、硅胶或分子筛干燥,然后进行减压蒸馏,收集 76 ℃/4 800 Pa(36 mmHg)的馏分。如其中水分含量较高时,可加入其 1/10 体积的苯,在常压及 80 ℃以下蒸去水和苯,然后再用无水硫酸镁或氧化钡干燥,最后进行减压蒸馏。纯化后的 N,N-二甲基甲酰胺要避光贮存。N,N-二甲基甲酰胺中如有游离胺存在,可用 2,4-二硝基氟苯产生颜色来检查。

十五、石油醚

石油醚为轻质石油产品，是低相对分子质量烷烃类的混合物。其沸程为 30～150 ℃，收集的温度区间一般为 30 ℃左右。有 30～60 ℃，60～90 ℃，90～120 ℃等不同沸程规格的石油醚。石油醚中常含有少量沸点与烷烃相近的不饱和烃，难以用蒸馏法进行分离。此时可采用浓硫酸和高锰酸钾将其除去，纯化方法如下：

在 150 mL 分液漏斗中，加入 100 mL 石油醚，用 10 mL 浓硫酸洗涤 2～3 次，再用 10%硫酸与高锰酸钾配制的饱和溶液洗涤，直至水层中紫色不再消失为止。然后用蒸馏水洗涤两次后，将石油醚倒入干燥的锥形瓶中，加入无水氯化钙干燥 1 h。蒸馏，收集所需规格的馏分。若需绝对干燥的石油醚，可加入钠丝除水(与无水乙醚纯化方法相同)。

十六、冰醋酸

沸点 117 ℃，折光率 1.371 6，相对密度 1.049 2.

将市售乙酸在 4 ℃下缓慢结晶，并在冷却下迅速过滤，压干。少量的水可用五氧化二磷回流干燥几小时除去。冰醋酸对皮肤有腐蚀作用，触及皮肤或溅到眼睛时，要用大量水冲洗。

十七、甲醛

商品福尔马林是含 37%～40%甲醛的水溶液(每毫升含甲醛 0.37～0.40 g)，加入 12%的甲醇作稳定剂。当需要干燥的气态甲醛时，可通过 180～200 ℃多聚甲醛的解聚得到。

十八、硫酸二烷基酯

在常态下，硫酸二甲酯为无色油状液体，沸点 188.5 ℃，带有轻微的洋葱气味。它与所有的强烷基化试剂类似，具高毒性，皮肤接触或吸入均有严重危害。在有机化学中的应用已逐渐被低毒的碳酸二甲酯和三氟甲磺酸甲酯所取代。

硫酸二甲酯最常用于对酚、胺和硫醇进行甲基化，反应通常以 S_N2 机理进行。如果硫酸二甲酯为黑色，应该放在分液漏斗中用冰水洗涤，再用碳酸氢钠洗涤，直到不显酸性，最后用氧化钙干燥，分馏，收集 93 ℃/1.7 kPa 的馏分。

十九、氯磺酸($ClSO_3H$)

是一种无色或淡黄色的液体，具有辛辣气味，在空气中发烟，是硫酸的一个—OH 基团被氯取代后形成的化合物。分子为四面体构型，取代的基团处于硫酸与硫酰氯之间，有催泪性，主要用于有机化合物的磺化，制取药物、染料、农药、洗涤剂等。

如果试剂不纯，可以在全玻璃的装置中进行蒸馏，收集沸点在 148～150 ℃/100 kPa 的馏分，并对馏分采取防潮措施。

二十、过氧化氢

纯过氧化氢是淡蓝色的黏稠液体，可任意比例与水混合，是一种强氧化剂，水溶液俗称双氧水，为无色透明液体。市售过氧化氢的浓度一般为 28%和 70%。也有高浓度的过氧化氢，如浓度为 86%。浓过氧化氢与有机物或过渡金属接触会发生爆炸，因此必须小心。吸入高浓度的过氧化氢的蒸气会使鼻子和喉咙疼痛，眼睛接触后会使角膜溃烂。皮肤上溅到过氧化氢溶液，应立即用自来水冲洗。操作前应准备好水，用于冲洗溅出和泄漏的过氧化氢。

可以根据含氧量粗略测得过氧化氢溶液的浓度，在标准状况下，1 mL 30%的过氧化氢溶液加热完全分解会得到 100 mL 氧气。过氧化氢水溶液用酸性碘化钾处理释放出碘，再用标准硫代硫酸钠滴定，这种方法也可测得过氧化氢水溶液的浓度。

二十一、磷酸

市售磷酸的含量为 85%，$d=1.75$；每毫升含磷酸 1.57 g，相当于 65% P_2O_5。同样也可以买到 100%的磷酸（无水磷酸，相当于 72% P_2O_5），将 90%的磷酸与 P_2O_5 按质量比 4∶1 混合也可制备 100%的磷酸。

多聚磷酸（近似分子式 $2P_2O_5 \cdot 3H_2O$）含 82%～84%的磷酸，为黏稠液体，取用时可用蒸气浴加热形成流动的液体。也可将 P_2O_5 溶于 88%～90%的磷酸（质量比为 1.8∶1）来制备，相当于含 87%的 P_2O_5。

二十二、高碘酸

商品的高碘酸一般有 95%和 50%两种规格。高碘酸可对相邻碳原子上有两个羟基或一个羟基和一个氨基的化合物进行选择性氧化，即 C—C 键断裂。

$$RCH(OH)CH(OH)R' + HIO_4 \longrightarrow RCHO + R'CHO + HIO_3 + H_2O$$

$$RCH(OH)CH(NH_2)R' + HIO_4 \longrightarrow RCHO + R'CHO + HIO_3 + NH_3$$

只有两个羟基或一个羟基和一个氨基在相邻碳上时才能发生氧化反应，因此该反应可用来检验是否存在相邻的羟基（例如 1,2-二醇）和相邻的羟基、氨基。羟基和羰基相邻或羰基和羰基相邻的化合物也可被氧化，如：

$$RCH(OH)COR' + HIO_4 \longrightarrow RCHO + R'CO_2H + HIO_3$$

$$RCOCOR' + HIO_4 + H_2O \longrightarrow RCO_2H + R'CO_2H + HIO_3$$

pH 在 3～5 之间进行的氧化反应用 $NaIO_4$ 和 KIO_4。高碘酸钠在水中的溶解度为：0.07 g/mL，加入碱会形成难溶的 $Na_2H_3IO_6$ 沉淀。（$Na_2H_3IO_6$ 水中溶解度 0.2%）。如果反应物不溶于水，氧化反应就应该在用水稀释的乙醇、甲醇或乙酸中进行。氧化剂应稍过量，否则所得的氧化产物为部分氧化产物。

二十三、氨气

氨气，一种具有强烈刺激气味的气体，相对密度 0.597 1(空气=1.00)。易被液化成无色的液体。在常温下加压即可使其液化(临界温度 132.4 ℃，临界压力 11.2 MPa，即 112.2 atm)，沸点 −33.5 ℃。溶于水、乙醇和乙醚。可由氮和氢直接合成而制得，能灼伤皮肤、眼睛、呼吸器官的黏膜，人吸入过多，能引起肺肿胀，以致死亡。

如果需要少量的氨，可以用如下方法制备：在上端装有回流冷凝管的圆底烧瓶中加入浓氨水，缓慢加热，气体通过装有疏松的碱石灰或块状氧化钙的干燥塔干燥，然后通过安全瓶引入反应瓶。

二十四、氮气

氮气，通常状况下是一种无色无味的气体，且通常无毒，一般氮气比空气密度小。氮气的化学性质不活泼，常温下很难跟其他物质发生反应，但在高温、高能量条件下可与某些物质发生化学变化，用来制取对人类有用的新物质。在有机化学实验中，常用来作为保护气。

氮气一般以压缩气的形式贮存于钢瓶中，其中若含有痕量的氧气，可以采用以下方法除去：(1)通过没食子酸的碱溶液(15 g 没食子酸溶于 100 mL 50% NaOH 溶液)；(2)通过 Fieser 溶液，该溶液制备方法：在 100 mL 水中溶 20 g 氢氧化钾，搅拌加入 2 g 蒽醌-2-磺酸钠和 15 g 亚硫酸氢钠微热至溶解，当该血红色的溶液冷至室温即可使用，该溶液能吸收 750 mL 氧气，当溶液颜色变化至褐色或者有沉淀生成时，该溶液即失去作用了。也有市售的不含氧气的高纯氮气，但价格较贵。

二十五、二氧化碳

二氧化碳是空气中常见的化合物，常温下是一种无色无味气体，密度比空气大，能溶于水，与水反应生成碳酸，不支持燃烧。

为了达到某种实验目的(如格氏反应)，可用固态二氧化碳(干冰)。注意不能在没有保护的情况下直接用手拿固态二氧化碳，否则会冻伤。如果要用干冰粉末，可将大块的干冰用布包起来再砸碎。干冰挥发时可以稳定地提供二氧化碳气体，可在烧瓶中装入大小合适的干冰块，产生的气体经过浓硫酸洗气瓶、安全瓶与反应器相连。

二十六、氯气

氯气在常温常压下为黄绿色气体，经压缩可液化为金黄色液态氯，是氯碱工业的主要产品之一，用作强氧化剂与氯化剂。氯混合 5%（体积分数）以上氢气时有爆炸危险。氯气具有毒性，主要通过呼吸道侵入人体并溶解在黏膜所含的水分里，会对上呼吸道黏膜造成损害。氯能与有机物进行取代或加成反应生成多种氯化物。

二十七、过氧化苯甲酰

过氧化苯甲酰，熔点 104～106 ℃，是一种危险物质，很容易爆炸。商业产品中一般含水 25%。过氧化苯甲酰是在胶粘剂工业应用最广泛的引发剂，用作丙烯酸酯、醋酸乙烯溶剂聚合，氯丁橡胶、天然橡胶、SBS 与甲基丙烯酸甲酯接枝聚合，蜡、面粉、油脂的漂白剂，化妆品助剂，橡胶硫化剂。其按两步分解，第一步均裂成苯甲酸基自由基，有单体存在时，即能引发聚合；无单体存在时，容易进一步分解成苯基自由基，并析出二氧化碳，但分解不完全。在实验中少量的过氧化苯甲酰可在强碱存在的条件下由苯甲酰氯和过氧化氢反应制备。其实验室制备与提纯方法如下：

在通风橱中，向浸没于冰浴中的 600 mL 的烧杯中加入 50 mL(0.175 mol)12%的过氧化氢，同时装上机械搅拌，将 30 mL 4 mol/L 的氢氧化钠溶液和 30 g(25 mL，0.214 mol)新蒸馏的苯甲酰氯分别装入两个滴液漏斗，将漏斗颈浸没于烧杯中，搅拌下同时滴入烧杯中。滴加的过程中要注意溶液保持弱碱性，温度不超过 5～8 ℃。全部加完后，继续搅拌 30 min，此时不再有苯甲酰氯的气味，抽滤絮状沉淀，用少量冷水洗涤，然后放在滤纸上风干，得到 12 g 纯度为 46%的过氧化苯甲酰。其可通过溶于 1.25 mL 的氯仿，再加入两体积的甲醇析出沉淀的方法来提纯。在热的氯仿中过氧化苯甲酰不能重结晶，因为会产生非常剧烈的爆炸。

二十八、钯催化剂

钯催化剂的种类很多，简单可分为有载体的钯催化剂和无载体的钯催化剂，在实际应用中，基本上都是有载体的钯催化剂，这些载体主要有各种氧化铝、沸石、碳载体等，在化工过程中主要应用于各种加氢还原过程。既有全加氢，也有选择加氢，既有气相过程、也有液相过程。这些典型的过程有：醇、醛、酸、酯、酸酐、芳烃、杂环化物中不饱和键的加氢饱和、加氢还原反应。例如乙烯、丙烯、丁烯馏分中炔烃、二烯烃的选择性加氢脱除。采用含千分之几钯含量的氧化铝载体催化剂，反应条件一般在 50～150 ℃，压力 0.5～3 MPa，气相或液相进行。又如醋酸或醋酸乙酯加氢生产乙醇，顺丁烯二酸酐加氢生产丁二酸，进一步加氢生产丁二醇；糠醛加氢脱羰基生产呋喃，进一步加氢生产四氢呋喃。一般采用含钯量在百分之几的碳载体催化剂，成功地实现了大规模工业化生产。反应条件最为苛刻的是对苯二甲酸中微量对羧基苯甲醛的脱除。对二甲苯氧化生产对苯二甲酸中含有 0.1～0.5%的对羧基苯甲醛，后者的存在，影响聚酯的质量，必需去除至 25 mg/kg 以下，采用含钯 6%的钯-碳催化剂，在 10 MPa 及 200～300 ℃高温，在对苯二甲酸水溶液条件下进行加氢反应，实现了对苯二甲酸的精制。

二十九、氯化亚锡

无水氯化亚锡是无色或白色斜晶系结晶。相对密度 2.710，熔点 37.7 ℃，加热至熔点以上分解为盐酸和碱式盐，在空气中逐渐被氧化成不溶性氯氧化物。易溶于丙酮和1-戊醇，溶于无水甲醇和无水乙醇，不溶于苯、甲苯、二甲苯和氯仿，酸性溶液有强还原性，能将 CrO_4^{2+} 还原为 Cr^{3+}，Cu^{2+} 还原为 Cu^+，Hg^{2+} 还原为 Hg^+ 和 Hg，Ag^+ 还原为 Ag，Fe^{3+} 还原为 Fe^{2+}；能将硝基化合物还原为胺类。

三十、二氧化锰

二氧化锰在有机化学中十分有用。用作氧化剂的二氧化锰的形态不一，因为二氧化锰有多个结晶形态，化学式可以写成 $MnO_{2-x}(H_2O)_n$，其中 x 介于 0～0.5 之间，而 n 可以大于 0。二氧化锰可在不同 pH 下的高锰酸钾（$KMnO_4$）和硫酸锰（$MnSO_4$）的反应之中产生。最有效的有机溶剂包括芳香性物质、四氯化碳、醚、四氢呋喃和酯类等。

二氧化锰一个专用的化学反应是将醇类转化为酮类。即使该醇类中有双键，也不会被二氧化锰所氧化：

$$cis-RCH=CHCH_2OH+MnO_2 \longrightarrow cis-RCH=CHCHO+H_2O+MnO$$

当中的产物即使活跃性很高也不会再被氧化，二醇类可被二氧化锰氧化为二酮。另外，二氧化锰可以将含有烯丙基、苄基的 1°和 2°醇选择性地氧化成相应的羰基化合物。

三十一、金属氢化物

金属氢化物应用广泛，处理简单，常被选作很多有机官能团的还原剂。下面几种金属氢化物的氘代物可以通过商业途径得到，它们能在有机化合物的已知位置引入一个氘原子，因而这类化合物在推测反应途径和反应机理上是非常有用的。

氢化铝锂（$LiAlH_4$）是一个复合氢化物，白色或灰白色结晶体，在干燥空气中稳定，在潮湿空气中水解并引起燃烧，可溶解于乙醚、四氢呋喃等有机溶剂中，是有机合成中一种非常重要的还原剂，可将醛、酮、酸、酸酐、酯、醌、酰氯等还原为醇，将腈还原为伯胺，将卤代烃还原为烃；但通常不能使碳一碳双键氢化。在处理该试剂时要特别小心，剩余的粉末试剂要安全销毁，方法是在安全隔板后放一容器，内置石油醚（b. p. 60～80 ℃）。将氢化铝锂粉末悬浮其中，小心搅拌滴加乙酸乙酯直到明显的反应停止，然后将混合物静置过夜，用乙醇，再用水依次重复上述步骤。最后水层倒入下水道，有机层回收。

硼氢化钠（$NaBH_4$）常温常压下稳定。硼氢化钠碱性溶液呈棕黄色，对空气中的水汽和氧较稳定，应贮存在阴凉、干燥的库房中。相对于氢化铝锂来说，硼氢化钠是一种温和的还原剂，在羰基化合物中，它一般只还原醛类和酮类，通常情况下，硼氢化钠无法还原酯、酰胺、羧酸及腈类化合物，但当酯的羰基 α 位有杂原子存在时例外，可以将酯还原。硼氢化钠比氢化铝锂的选择性要好，作还原剂时，一般溶于水或乙醇溶液中。

三十二、铬氧化剂

在有机化学中Cr(VI)广泛地用作氧化剂。氧化铬是一种易潮解的红色晶体，易溶于水和硫酸，为强氧化剂，处理时必须小心。通常用它的乙酸或乙酐溶液。将氧化铬加到冰冷的乙酐中可配成氧化铬的乙酐溶液，切记不要将酸酐加到氧化铬上，将酸酐加到大量的氧化铬上会引起爆炸性分解。在将简单一级醇氧化为醛、二级醇氧化为酮、烷基硼烷氧化为酮的反应中，也可用重铬酸钠的硫酸水溶液作为氧化剂。由于一级醇氧化生成的醛会被继续氧化为羧酸，因此一般不用酸性铬酸盐来氧化一级醇制醛。而在惰性介质中Cr(VI)可以进行选择性氧化，目前Cr(VI)的吡啶配合物(重铬酸吡啶盐和氯铬酸吡啶盐)广泛用于一级醇和含有酸敏感基团醇的选择性氧化。

氯铬酸吡啶盐是在有盐酸存在的条件下由三氧化铬和吡啶作用形成的，它具有弱酸性，易和碱性基团反应，它可替代氧化剂重铬酸吡啶盐。可用下面的方法制备氯铬酸吡啶盐：在搅拌的过程中向184 mL 6 mol/L HCl(1.1 mol)中快速加入100 g(1 mol)氧化铬(VI)，5 min后将溶液冷却到0 ℃，小心加入79.1 g(1 mol)吡啶(至少用10 min)，重新冷却到0 ℃，得到一种橙黄色固体，将固体置于磨砂玻璃漏斗中过滤，真空干燥1 h，得产物188.8 g(84%)。用水分测定仪不易测出该固体是否完全干燥，因此需在室温下放置一段时间。氯铬酸吡啶盐可将1-庚醇氧化为庚醛。

在一些反应中，吸附在氧化铝上的氯铬酸吡啶盐的反应效果更好。40 ℃时，6 g三氧化铬溶于11 mL盐酸(6 mol/L)中，10 min内加入4.75 g吡啶，将溶液降温到10 ℃以下，直到形成橙黄色固体，再升温到40 ℃，使固体溶解，在搅拌下加入50 g氧化铝，保持温度为40 ℃，蒸出溶剂，得橙色固体，真空干燥2 h。该试剂在避光条件下可在真空干燥器中保存几周，其活性不变。

附录 6　有机实验中一些常用试剂的配制

一、1%淀粉溶液

将 1 g 可溶性淀粉溶于 5 mL 冷蒸馏水中，用力搅成稀浆状，然后倒入 94 mL 沸水中，即得近乎透明的胶体溶液，放冷使用。

二、0.1%茚三酮溶液

将 0.1 g 茚三酮溶于 124.9 mL 95%乙醇中，用时新配。

三、2,4-二硝基苯肼溶液

方法一：2,4-二硝基苯肼 1 g，溶于 7.5 mL 的浓硫酸中，将此酸性溶液加入到 75 mL 95%乙醇中，最后用蒸馏水稀释至 250 mL，必要时过滤后再使用。此试剂对非水溶性的样品也适用。

方法二：将 0.25 g 2,4-二硝基苯肼加入到含有 42 mL 浓硫酸和 50 mL 水的混合溶液中，在水浴上加热使其溶解，冷却后，加蒸馏水稀释至 250 mL。此试剂含乙醇，仅适用于水溶性的样品；又因其浓度极稀，故仅适用于定性分析。

四、α-萘酚试剂（Molish 试剂）

将 2 g α-萘酚溶于 20 mL 95%乙醇中，用 95%乙醇稀释至 100 mL，贮存于棕色瓶中，一般是用前现配。

五、β-萘酚碱溶液

取 4 g β-萘酚，溶于 40 mL 5%氢氧化钠溶液中。

六、班氏（Benedict）试剂

把 2 g 研细的五水硫酸铜溶于 20 mL 热水中，冷却。另把 20 g 柠檬酸钠及 11.5 g 无水碳酸钠（若用有结晶水的碳酸钠，则取量应按比例计算）溶于 100 mL 水中，加热溶解，待溶液冷却后，再加入上面所配的硫酸铜溶液。将试剂贮于试剂瓶中，瓶口用橡皮塞塞紧。

七、饱和亚硫酸氢钠

先配制 40%亚硫酸氢钠水溶液，然后在每 100 mL 的 40%亚硫酸氢钠水溶液中加入不含醛的无水乙醇 25 mL，溶液呈透明清亮。混合后，若有少量的亚硫酸氢钠析出，必须滤去或倾出上层清液。此溶液不稳定，易氧化和分解，因此，不能保存很久，实验前现配为宜。

由于亚硫酸氢钠久置后易失去二氧化硫而变质，所以上述溶液也可按下法配制：将研细的碳酸钠晶体（$Na_2CO_3 \cdot 10H_2O$）与水混合，水的用量以粉末上只覆盖一薄层水为宜，然后在混合物中通入二氧化硫气体，至碳酸钠近乎完全溶解，或将二氧化硫通入1份碳酸钠与3份水的混合物中，至碳酸钠全部溶解为止，配制好后密封放置，但不可放置太久，最好是用时新配。

八、饱和溴水

溶解 15 g 溴化钾于 100 mL 水中，加入 10 g 溴，振荡即成。

九、苯酚溶液

将苯酚溶于 50 mL 氢氧化钠溶液中至饱和。

十、蛋白质溶液

取新鲜鸡蛋清 50 mL，加蒸馏水至 100 mL，搅拌溶解。如果浑浊，加入 5%氢氧化钠至刚清亮为止。

十一、碘溶液

方法一：将 20 g 碘化钾溶于 100 mL 蒸馏水中，然后加入 10 g 研细的碘粉，搅动使其全溶，呈深红色溶液。

方法二：将 1 g 碘化钾溶于 100 mL 蒸馏水中，然后加入 0.5 g 碘，加热溶解即得红色清亮溶液。

方法三：将 2.6 g 碘溶于 50 mL 95%乙醇中，另把 3 g 氯化汞溶于 50 mL 95%乙醇中，两者混合，滤液澄清。

十二、碘化汞钾溶液

把 5%碘化汞钾水溶液逐滴滴加到 2%氯化汞或硝酸汞溶液中，加至起初生成红色沉淀完全溶解为止。

十三、淀粉碘化钾试纸

取 3 g 可溶性淀粉，加入 25 mL 水，搅匀，倾入 225 mL 沸水中，再加入 1 g 碘化钾及 1 g 结晶硫酸钠，用水稀释至 500 mL，将滤纸片（条）浸渍，取出晾干，密封备用。

十四、酚酞试剂

将 0.1 g 酚酞溶于 500 mL 95%乙醇中，得到无色的酚酞乙醇溶液。本试剂在室温时的变色范围是 pH 为 8.2～10。

十五、斐林试剂

斐林试剂由 A、B 组分组成，使用时，将两者等体积混合。

A 组分：将 3.5 g 五水硫酸铜溶于 50 mL 蒸馏水中，加 2 滴浓硫酸，混合均匀，浑浊时过滤。

B 组分：将 17 g 酒石酸钾钠晶体溶于 20 mL 热水中，加入 20 mL NaOH 溶液(200 g/L)，加水稀释至 100 mL。

十六、刚果红试纸

用 2 g 刚果红与 1 L 蒸馏水制成溶液，浸渍滤纸，晾干。

十七、卢卡斯(Lucas)试剂

将 34 g 无水氯化锌在蒸发皿中强热熔融，稍冷后放在干燥器中冷至室温。取出捣碎，溶于 23 mL 浓盐酸中(相对密度 1.187)。配制时须加以搅动，并把容器放在冰水浴中冷却，以防氯化氢逸出。此试剂一般是临用时配制。

十八、氯化亚铜氨溶液

取 1 g 氯化亚铜，加入 2 mL 浓氨水和 10 mL 水，用力摇匀后静置片刻，倾出溶液并投入小块铜片，贮存备用。溶液应是无色的，如果带有蓝色(Cu^{2+})，则在使用前加入几滴盐酸羟胺溶液(200 g/L)至蓝色褪去。

十九、托伦(Tollens)试剂

方法一：取 1.5 mL 硝酸银溶液(100 g/L)于试管中，滴加氨水(2%)，开始出现黑色沉淀，再继续滴加氨水，边滴边摇动试管，滴至沉淀刚好溶解为止，得澄清的硝酸银氨水溶液，即托伦试剂。

方法二：取一支干净试管，加入 1 mL 5%硝酸银溶液，滴加 5%氢氧化钠溶液 2 滴，产生沉淀，然后滴加 5%氨水，边摇边滴加，直到沉淀消失为止。

上述两种方法中，氨的量均不宜过多，否则会影响试剂的灵敏度。

二十、希夫(Schiff)试剂(又称品红试剂)

方法一：在 100 mL 热水中溶解 0.2 g 品红盐酸盐(也被称为碱性品红或盐基品红)，放置冷却后，加入 2 g 亚硫酸氢钠和 2 mL 浓盐酸，再用蒸馏水稀释至 200 mL。

方法二：先配制 10 mL 二氧化硫的饱和水溶液，冷却后加入 0.2 g 品红盐酸盐，溶解后放置数小时使溶液变成无色或淡黄色，用蒸馏水稀释至 200 mL。

方法三：将 0.5 g 品红盐酸盐溶于 100 mL 热水中，冷却后用二氧化硫气体饱和至粉红色消失，加入 0.5 g 活性炭，振荡过滤，再用蒸馏水稀释至 500 mL。

本试剂所用的品红是假洋红(para-rosaniline 或 para-fuchsin)，此物与洋红(rosaniline 或 fuchsin)不同。

希夫试剂应密封贮存在暗冷处，倘若受热或见光，或露置空气中过久，试剂中的二氧化硫易挥发，结果又显桃红色。遇此情况，应再通入二氧化硫，使颜色消失后使用。但应指出，试剂中过量的二氧化硫越少，反应就越灵敏。

二十一、硝酸铈铵试剂

取 90 g 硝酸铈铵溶于 225 mL 2 mol/L 温热的硝酸中。

二十二、谢里瓦诺夫(Seliwanoff)试剂

将 0.05 g 间苯二酚溶于 50 mL 浓盐酸中，再用蒸馏水稀释至 100 mL。

二十三、盐酸苯肼-醋酸钠溶液

将 5 g 盐酸苯肼溶于 100 mL 水中，必要时可加微热助溶，如果溶液呈深色，加活性炭共热，过滤后加 9 g 醋酸钠晶体或用相同量的无水醋酸钠，搅拌使之溶解，贮于棕色瓶中。

附录 7　有机实验中的加热和冷却

一、加热

在有机化学实验过程中，在进行溶解、熔融、回流、蒸馏、升华、重结晶等基本操作时往往需要进行加热。另外，有些有机化学反应在常温下很难发生或进行得很慢，为了增加反应速度，往往需要在加热下进行反应。一般情况下，化学反应的速度随温度的升高而加快，反应温度每升高 10 ℃，反应速度大体上就会增加一倍。

有机化学实验室中常用的加热器具有酒精灯、电热套、煤气灯和封闭电炉等。在实验过程中，根据实验需要或实验仪器的特点，选择合适的加热器具，例如，玻璃仪器一般很少用火焰直接加热，因为剧烈的温度变化和加热不均匀会造成玻璃仪器的损坏。同时，由于局部过热，还可能引起有机化合物的部分分解，甚至可能发生爆炸事故。因此，实验中常常根据具体情况采用不同的间接加热方式，最简便的是通过石棉网进行加热，但这种加热仍很不均匀，在减压蒸馏或回流低沸点易燃物等操作中就不能应用。为了保证加热均匀和操作安全，经常选用合适的热浴来进行间接加热，热浴加热时，其液面应略高于容器中的液面。

1. 直接加热

将物料盛放在金属容器或坩埚中，利用火源直接加热容器。

2. 水浴加热

当所需加热温度在 100 ℃以下时，最好用水浴加热。加热温度在 90 ℃以下时，可将反应容器浸入水浴锅中进行加热，使水浴的温度达到所需温度(注意：勿使容器碰到水浴锅底部)；如果需要加热到 100 ℃，可用沸水浴，也可把容器放在水浴的环上，利用水蒸气加热。水浴加热均匀，温度易控制，适合于低沸点物质的加热和回流，也可用以加快某些有机化合物的溶解。水浴锅一般为铜制或铝制。当加热的物质的体积较少时，也可用烧杯装上自来水后放在电炉或酒精灯上加热来代替水浴锅。由于在水浴加热过程中，水分易蒸发，所以，要实时观测水浴锅中水位高低，并及时补充水。专用水浴锅的盖子是由一组直径递减的同心圆环组成的，它可以有效地减少水分的蒸发，电热多孔恒温水浴锅可同时对几个反应体系进行加热，使用起来较为方便。

3. 空气浴加热

沸点在 80 ℃以上的液体均可采用空气浴加热。空气浴就是让热源把局部空气加热，空气再将热能传导给反应容器。直接利用热源隔着石棉网对容器加热，这是最简单的空气浴，但此法容器内部液体受热不均匀，因此不适合低沸点易燃液体或减压蒸馏。电热套是较好的空气浴，能从室温加热到 200 ℃左右。安装电热套时，要使反应瓶外壁与电热套内壁保持 2 cm 左右的距离,以防止局部过热。为了便于控制温度,可连接调压的变压器。

4. 油浴加热

当加热温度在 100～250 ℃范围时,可选用油浴。油浴加热的优点是温度容易控制在一定范围内,容器中反应物受热均匀。油浴所能达到的最高温度取决于所用油的种类。一般情况下,反应物的温度应低于油浴液的温度 20 ℃左右。常用的油浴液有:石蜡油(液状石蜡)、石蜡、甘油、植物油和硅油。

(1)甘油。甘油可以加热到 140～150 ℃,温度过高则会分解。甘油具有较强的吸水性,储存较长时间的甘油,使用前应先加热除去其吸收的水分。如果将甘油和邻苯二甲酸二丁酯混合,则加热温度可以在 140～180 ℃之间,但温度过高则会分解。

(2)石蜡。石蜡也可以加热到 220 ℃左右,冷却到室温时凝成固体,保存方便。

(3)石蜡油。石蜡油能加热到 220 ℃左右,温度再高时虽不易分解,但较易燃烧。

(4)植物油。常用的有菜籽油、蓖麻油和大豆油等,可以加热到 220 ℃,常加入 1%对苯二酚等抗氧化剂,便于长期使用,同时还可以增加油在受热时的稳定性。当温度过高时会分解,达到闪点时可能会燃烧,所以,使用时要小心。

(5)硅油。硅油在 250 ℃时仍较稳定,透明度好,是目前实验室油浴加热实验中较常使用的一种介质,其缺点是价格较昂贵。

用油浴加热时,油浴中应放置温度计(温度计不要碰到油浴锅底),以便随时观察和调节温度。此外,还应注意,不要把水溅入油浴锅内,以免产生泡沫或爆溅。

(6)真空泵油。真空泵油也可以加热到 250 ℃以上,也比较稳定,但价格较贵。

5. 砂浴加热

当加热温度达到 250～350 ℃时,常常采用砂浴加热。通常将清洁且干燥的细砂装在铁盘中,把盛有被加热物料的反应容器半埋在砂中,加热铁盘,保持其底部留有一层砂层,以防局部过热,不过由于砂对热的传导能力较差而散热较快,因此,容器底部与砂浴接触处的砂层要薄一些,容器周围的砂层要厚一些,使热不易散失。由于砂浴温度分布不均匀,且传热慢,温度上升慢,散热又太快,所以其使用范围有限。

使用砂浴时,桌面需铺石棉板等防护板,防止辐射热烤焦桌面。

6. 其他方式加热

除了以上介绍的几种常用的加热方法外,还可用酸浴、熔盐浴、金属浴(合金浴)、电热法等更多的加热方法,应根据实验需要和实验条件进行选择和使用。

二、冷却

有些有机化学反应在进行过程中会放出热量,使反应容器温度升高,如果控制不当,往往会引起反应物的蒸发,逸出反应器外,也可能发生副反应,有时甚至引起爆炸。为了防止上述现象发生，将反应温度控制在一定的范围内，就需要对实验装置进行适当的冷却。以下几种情况下应使用冷却剂：

(1)某些反应，其中间体在室温下是不稳定的，这时反应就应在特定的低温条件下进行，如重氮化反应，一般在 0～5 ℃下进行；

(2)反应放出大量的热，需要降温来控制反应速度；

(3)为了降低固体物质在溶剂中的溶解度，以加速结晶的析出；

(4)为了减少损失，把一些沸点很低的有机物冷却；

(5)用于高度真空蒸馏装置。

冷却剂的选择应根据冷却时所需要的温度和吸收的热量来决定。需要注意的是，在低于－38 ℃时，不能用水银温度计，需使用有机液体低温温度计。

(1)水价廉且热容量高，是常用的冷却剂。

(2)冰水混合物是容易得到的冷却剂，冰越碎效果越好。

(3)冰盐混合物即往碎冰中加入食盐或氯化钙等，可冷至－5～－18 ℃。

(4)干冰可冷至－60 ℃以下，当把干冰加入到甲醇或丙酮等适当的溶剂中时，可冷至－78 ℃。

(5)液氮可冷至－196 ℃。

附录 8　有机实验中的干燥和干燥剂的使用

干燥是有机化学实验中最基本而且十分重要的操作之一。在许多有机反应过程中，除了所用玻璃仪器必须是干燥的以外，其原料或得到的产品中往往也会含有少量水分或少量有机溶剂，需要使用干燥剂对其进行干燥，否则会影响反应的产率和产品质量。如在制备格氏试剂或酰氯的反应中，若不能保证反应体系的成分干燥就得不到预期的产物；固体中的水分会造成熔点降低，而得不到正确的测定结果；有机化合物在进行定性或定量分析、波谱分析之前均需经干燥才会有准确结果；某些有机化合物会与少量水形成共沸混合物，在蒸馏时就会产生过多的“前馏分”，造成物料的严重损失。

一、玻璃仪器的干燥

做有机化学实验时，对于经常要用到的仪器，应在每次实验完毕后及时洗净并干燥备用。用于不同实验对干燥有不同的要求，一般定量分析用的烧杯、锥形瓶等仪器洗净即可使用，而用于食品分析的仪器大多要求是干燥的，有的要求无水痕，有的要求无水。应根据不同要求来干燥仪器。

1. 晾干

不急用的仪器，可在蒸馏水冲洗后在无尘处倒置控干水分，然后自然干燥。可用安有木钉的架子或带有透气孔的玻璃柜放置仪器。

2. 烘干

将洗净的仪器控干水分，然后放在烘箱内烘干，烘箱温度为 105～110 ℃烘 1 h 左右。也可放在红外灯干燥箱中烘干，此法适用于一般仪器。称量瓶等在烘干后要放在干燥器中冷却和保存。带实心玻璃塞的及厚壁仪器烘干时要注意慢慢升温并且温度不可过高，以免破裂。量器不可放于烘箱中烘干。硬质试管可用酒精灯加热烘干，要从底部烤起，把管口向下，以免水珠倒流导致试管炸裂，烘到无水珠后将试管口向上赶净水气。

3. 热(冷)风吹干

对于急于干燥的仪器或不适于放入烘箱的较大的仪器可用吹干的办法。通常用少量乙醇、丙酮(或最后再用乙醚)倒入已控干水分的仪器中摇洗，然后用电吹风机吹，开始用冷风吹 1～2 min，当大部分溶剂挥发后吹入热风至完全干燥，再用冷风吹去残余蒸汽，不使其又冷凝在容器内。或将玻璃仪器放在气流烘干器上进行干燥。

二、化学品的干燥

1. 基本原理

有机化合物的干燥方法可分为物理方法和化学方法两种。物理方法包括分馏法、共沸蒸馏法、离子交换树脂和分子筛干燥等。

化学方法是将适当的干燥剂直接加入到待干燥的液体中，使之与液体中的水分发挥作用而达到干燥的目的。依其作用原理，可分为两类：

(1)能与水可逆性结合，形成带结晶水的无机盐类，如无水氯化钙、无水硫酸镁、无水碳酸钠等。反应式举例如下：

$$Na_2SO_4 + 10H_2O \rightleftharpoons Na_2SO_4 \cdot 10H_2O$$

(2)能与水发生不可逆的化学反应生成新的化合物的物质，如金属钠、五氧化二磷等。反应式举例如下：

$$2Na + 2H_2O \longrightarrow 2NaOH + H_2\uparrow$$

2. 液体有机化合物的干燥

对于一次具体的干燥过程来说，需要考虑的因素包括干燥剂的种类、用量、干燥温度、时间以及干燥效果的判断等。这些因素相互制约、相互影响，因此需要综合考虑。

(1)干燥剂的选择

常用干燥剂的种类很多，选用时必须注意下列几点：

①干燥剂必须不与有机化合物发生化学反应，也不能催化被干燥液体发生自身的反应。

②干燥剂应不溶解于被干燥的物质中。

③干燥剂的干燥效能和需要干燥的程度。

若选用与水结合生成水合物的干燥剂时，必须考虑干燥剂的吸水容量。吸水容量是指单位重量干燥剂所吸收的水量。无机盐类干燥剂不可能完全除去有机液体中的水，应根据需要干燥的程度选择适当的干燥剂。

若选用与水发生不可逆化学反应的干燥剂，其干燥效果往往较为彻底，但使用金属钠做干燥剂干燥醇时，由于生成的氢氧化钠和醇钠间存在着可逆反应，故不能彻底除尽醇中的水分，必须加入邻苯二甲酸乙酯或琥珀酸乙酯，促使平衡由醇钠向氢氧化钠移动方能达到除尽水分的效果。

$$C_2H_5ONa + H_2O \rightleftharpoons C_2H_5OH + NaOH$$

(2)干燥剂的用量

掌握好干燥剂的用量是很重要的。决定干燥剂用量的因素包括：被干燥液体中的含水量、干燥剂的吸水容量及需要干燥的程度。若用量不足，水分不能完全被吸附，不能达到干燥的目的；若用量太多，则由于干燥剂可能吸附被干燥物质而造成液体的损失。

操作时，一般投入少量干燥剂到液体中，进行振摇，如出现干燥剂附着器壁或相互黏结时，则说明干燥剂用量不够，应再添加干燥剂。一般干燥剂的用量为每 10 mL 液体约需 0.5～1 g。由于含水量不等、干燥剂质量的差异、干燥剂的颗粒大小和干燥时的温度不同等因素，较难规定具体用量。液体干燥前呈浑浊状，经干燥后变成澄清，这可简单地作为水分基本除去的标志。

(3)常用的干燥剂

常用干燥剂的性能与应用范围见附表1。

附表1 常用干燥剂的性能与应用范围

干燥剂	吸水作用	性能				适用范围		备注
		吸水容量	干燥效能	干燥速度	其他	适用	不适用	
氯化钙	生成 $CaCl_2 \cdot nH_2O$ $n=1,2,4,6$,最终吸水产物为 $CaCl_2 \cdot 6H_2O$ (30 ℃以下)	0.97 按 $n=6$ 计	中等	较快①	能再生,脱水温度为200 ℃	烃,醚,卤代烃,腈,中性气体,氯化氢	醇,酚,胺,酰胺,某些醛,酮及酯;酸及酸性物质	①吸水后表面为薄层液体所盖,故放置时间要长一些为宜。②因能与它们形成配合物。③因工业品氯化钙中含有氢氧化钙、碱或氧化钙等碱
硫酸钠	生成 $NaSO_4 \cdot 10H_2O$	1.27	弱	缓慢	中性;能再生(烘干)	普遍适用;特别适用于酯等		价廉,当有机物中含有大量水分时,常用其作预干燥剂,除去大量水分
硫酸镁	生成 $MgSO_4 \cdot nH_2O$,$n=1,2,4,5,6,7$,最终吸水产物为 $MgSO_4 \cdot 7H_2O$(48 ℃以下)	1.05 按 $n=7$ 计	较弱	较快	中性,有的微酸性。能再生,脱水温度为200 ℃	普遍适用		常用干燥剂,可代替 $CaCl_2$,并可用以干燥酯,醛,酮,腈,酰胺等不能用 $CaCl_2$ 干燥的化合物。价廉
硫酸钙	$2CaSO_4 \cdot H_2O$ (100 ℃以下)	0.06	强	快	中性;能再生,脱水温度为163 ℃	普遍适用		常先用硫酸钠(镁)预干燥;沸点在100 ℃以下的液体有机物,经无水硫酸钙干燥后,无须过滤即可进行蒸馏
碳酸钾	$K_2CO_3 \cdot 2H_2O$	0.2	较弱	慢	碱性;能再生(于100 ℃左右烘干)	胺,醇,丙酮,酯,腈,一般的生物碱	酸,酚,及其他酸性物质	易潮解

续表

干燥剂	吸水作用	性能				适用范围		备注
		吸水容量	干燥效能	干燥速度	其他	适用	不适用	
五氧化二磷	$P_2O_5+3H_2O \rightarrow 2H_3PO_4$	—	强	快	酸性；不能再生	烃，卤代烃，醚，腈，乙炔	醇，酮，胺，碱性物质	干燥效率在所有干燥剂中最高，潮解；吸水后表面为黏浆液覆盖，操作不便，价格较贵，用前一般先使用其他干燥剂预干燥
氢氧化钠 氢氧化钾	溶于水	—	中等	快	碱性；不能再生	醚，胺及杂环等碱性物质	醇，醛，酮，酯，酚，酸性物质	潮解
浓硫酸	溶于水	—	强	快	酸性；不能再生	饱和烃，芳烃，卤代烃，大多数中性和酸性气体（洗气瓶）	不饱和化合物，醇，酮，酚，碱性物质	不适宜恒温真空干燥
分子筛	物理吸附	约 0.25	强	快	酸性；能再生	温度在 100 ℃以下的大多数流动气体	不饱和烃	一般先用其他干燥剂预干燥
金属钠	—	—	强	快	—	醚，叔胺，烃类化合物中的痕量水分	—	用时切成小块或压成钠丝；常用作醚类、苯等惰性溶剂的最后干燥
氧化钙	$CaO+H_2O \rightarrow Ca(OH)_2$	—	强	较快	—	中性或碱性气体，胺，醇，醚	醛，酮及酸性物质	对热稳定，蒸馏前不必去除

常用有机物干燥选用的干燥剂见附表 2。

附表 2　常用有机物干燥选用的干燥剂

化合物类型	干燥剂
烷烃	$CaCl_2$、Na、P_2O_5
芳烃	$CaCl_2$、Na、P_2O_5
卤代烃	$CaCl_2$、$MgSO_4$、Na_2SO_4、P_2O_5
醇	CaO、$MgSO_4$、Na_2SO_4、$CuSO_4$
醚	$CaCl_2$、Na、P_2O_5
醛	$MgSO_4$、Na_2SO_4
酮	Na_2SO_4、K_2CO_3、$CaCl_2$、$MgSO_4$
酸、酚	$MgSO_4$、Na_2SO_4
酯	$MgSO_4$、Na_2SO_4、K_2CO_3、$CaCl_2$
有机碱类(胺)	KOH、NaOH、K_2CO_3
硝基化合物	$CaCl_2$、$MgSO_4$、Na_2SO_4
肼	K_2CO_3
腈	K_2CO_3

3.固体有机化合物的干燥

从重结晶或沉淀滤集得到的固体常带水分或有机溶剂，应选择适当的方法进行干燥。干燥应根据被干燥有机物的特性和欲除去溶剂的性质选择适当的干燥方式。常见的方式有以下几种。

(1)晾干

这是最简便的干燥方法。将经抽滤压干后的固体放在滤纸上面，薄薄地摊开，用另一张滤纸覆盖起来，让它在空气中慢慢地晾干。此法尤其适用于那些热稳定性较差且不吸潮的固体有机物的干燥，或其中吸附有易燃的挥发性溶剂，如乙醚、石油醚、丙酮的结晶的干燥。

(2)加热干燥

对于热稳定的固体化合物可以放在烘箱内或红外灯下干燥，这是实验室中最常使用的干燥方法，但加热的温度切忌超过该固体的熔点，以免固体变色或分解；若采用烘箱干燥，必须确保待干燥固体中不含易燃溶剂；若采用红外灯干燥，应注意常翻搅固体，这样操作既可加快干燥过程，同时可防止样品被烤焦。

(3)干燥器干燥

对于易吸湿或较高温度下干燥时会发生分解或变色的固体化合物，可置于干燥器中进行干燥，干燥器中放有干燥剂，但干燥剂和被干燥物质彼此不接触。实验室中常用的干燥器有普通干燥器、真空干燥器和真空恒温干燥器三种，如附图 1 所示。

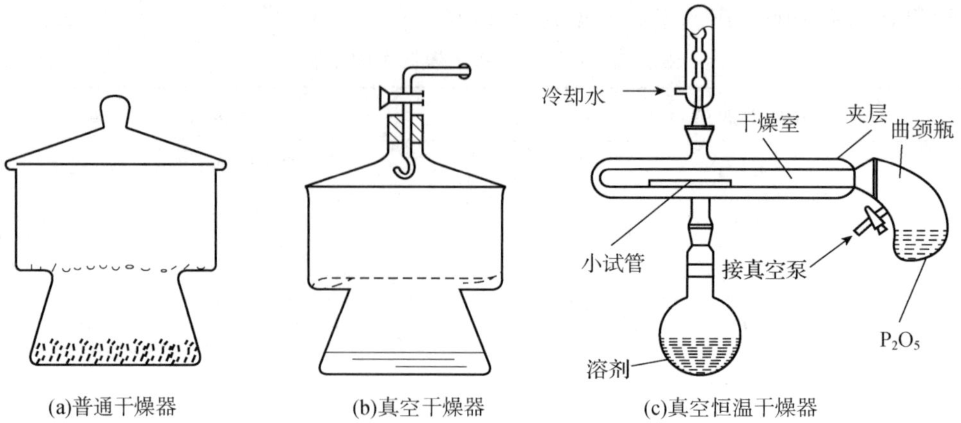

附图 1　实验室使用的干燥器

真空恒温干燥器适用于干燥一些在烘箱或普通干燥器中干燥或经红外线干燥还达不到分析测试要求的少量样品。将装有待干燥样品的小试管置于干燥器中；曲颈瓶内放置吸水剂，如五氧化二磷等；烧瓶中盛有适当沸点的有机液体，其沸点与需要干燥的温度接近。操作时，用水泵或油泵通过活塞将干燥器抽真空减压，加热烧瓶中液体至沸腾回流，溶剂的蒸气充满夹层，待干燥样品就在恒温和减压的干燥室内被干燥。其间当真空度达到所需要求时可关闭活塞，也可适时再打开以维持一定真空度。

干燥完毕，先去掉热源，待温度降至接近室温时，缓慢地解除真空，将样品取出置于普通干燥器中保存。

4. 气体的干燥

在有机化学实验中临时制备的或由储气钢瓶导出的气体有多种，常用的有 N_2、O_2、H_2、Cl_2、NH_3、CO_2 等。在上述气体参加反应之前往往需要进行干燥，在进行无水反应或蒸馏无水溶剂时，为避免空气中水汽的侵入，也需要对可能进入反应系统或蒸馏系统的空气进行干燥。使用固体干燥剂或吸附剂干燥气体时，常用的仪器有干燥管、干燥塔、洗气瓶等，干燥气体常用的干燥剂列于附表 3 中。

附表 3　用于气体干燥的常用干燥剂

干燥剂	可被干燥的气体
碱石灰、CaO、固体 NaOH	NH_3、胺类
无水氯化钙	H_2、HCl、N_2、O_2、CO_2、CO、SO_2、低级烷烃、醚、烯烃、卤代烃
P_2O_5	H_2、N_2、O_2、CO_2、CO、SO_2、低级烷烃、烯烃
浓硫酸	H_2、HCl、N_2、O_2、CO_2、SO_2、烷烃
溴化钙、溴化钾	HBr

附录 9 有机实验常用仪器、试剂词汇中英文对照表

A	
阿贝折光仪	Abbe refractometer
胺	amine
安全管	safety tube
B	
苯	benzene
苯胺	aniline
苯酚	phenol
苯甲醇	benzyl alcohol
苯甲醚	anisole
苯甲醛	benzaldehyde
苯甲酸	benzoic acid
苯甲酸乙酯	ethyl benzoate
苯乙酮	acetophenone
吡啶	pyridine
冰醋酸	glacial acetic acid
冰浴	ice bath
丙酮	acetone
薄层色谱	thin-layer chromatography
玻璃塞	stopper
布氏漏斗	Buchner funnel
C	
产率	yield
产物	product
常压滴液漏斗	constant-pressure dropping funnel
沉淀物	precipitate
重结晶	recrystallization
抽滤瓶	suction flask
抽真空	evacuation
醇	alcohol
纯化	purification
磁力搅拌器	magnetic stirrer
醋酐	acetic anhydride
催化剂	catalyst

萃取	extraction
D	
单口圆底烧瓶	single neck round-bottom flask
E	
二甲基亚砜	dimethyl sulfoxide
二硫化碳	carbon disulfide
F	
反应物	reactant
沸点	boiling point
沸石	boiling chips
废液	waste liquid
分馏	fractional distillation
分馏柱	fractionating column
分配色谱	partition chromatography
分水器	dean-stark trap
分液漏斗	separatory funnel
副产物	by-product
G	
干燥	exsiccate
干燥剂	drying agent
干燥管	drying tube
共轭效应	conjugative effect
固定相	stationary phase
官能团	functional group
过饱和的	supersaturated
过量	excess
过热	superheating
H	
含水的	hydrous
核磁共振	nuclear magnetic resonance
红外光谱	infrared spectrometry
化学反应	chemical reaction
环己醇	cyclohexanol
环己烷	cyclohexane
环己烯	cyclohexene
还原	reduction
回流(空气)冷凝管	reflux (air) condenser
回流装置	reflux apparatus

回收	recover
混合	mix
混合物	mixture
浑浊	turbidness
J	
加热	heat up
加热器	heater
己二酸	adipic acid
机械搅拌器	mechanical stirrer
甲苯	toluene
甲醇	methanol
夹子	clamp
简单蒸馏	simple distillation
减压过滤	vacuum filtration
减压蒸馏	vacuum distillation
搅拌器	agitator
搅拌装置	stirring apparatus
接引管	adapter
晶体	crystals
酒精灯	alcohol lamp
酒精喷灯	Bunsen burner
K	
克氏蒸馏头	Claisen distillation head
可回收的	recoverable
可溶的	soluble
L	
冷凝管	condenser
冷凝水	condenser water
离去基团	leaving group
晾干	air drying
量筒	graduated cylinder
磷酸	phosphoric acid
淋洗溶剂	elution solvent
馏出物	distillate
流动相	mobile phase
硫酸	sulfuric acid
硫酸镁	magnesium sulfate
螺旋夹	screw clamp

卤代烃	halohydrocarbon
氯仿	chloroform
滤液	filtrate
滤纸	filter paper
M	
毛细管	capillary tube
醚	ether
N	
N,N-二甲基甲酰胺	dimethylformamide
N,N-二甲基乙酰胺	dimethylacetamide
浓缩	concentration
P	
平底烧瓶	flat-bottom flask
Q	
歧化反应	disproportionation reaction
气体导管	gas conduct
气体吸收装置	gas trap apparatus
亲电加成	electrophilic addition
亲核取代	nucleophilic substitution
氢氧化钾	potassium hydroxide
醛	aldehyde
R	
热过滤	heat filtration
熔点	melting point
溶解度	solubility
S	
三角漏斗	conical funnel
三口圆底烧瓶	three-neck round-bottom flask
三氯化铝	aluminum trichloride
烧杯	beaker
色谱柱	chromatography column
试剂	reagent
石油醚	petroleum ether
双口圆底烧瓶	two-neck round-bottom flask
水蒸气蒸馏	steam distillation
水浴	water bath
四口圆底烧瓶	four-neck round-bottom flask
四氯化碳	carbon tetrachloride

四氢呋喃	tetrahydrofuran
酸碱指示剂	acid-base indicator
索氏提取器	Soxhlet extractor
羧酸	carboxylic acid
T	
碳负离子	carbanion
弹簧止水夹	spring tongs
碳酸钠水溶液	aqueous sodium carbonate solution
碳正离子	carbocation
烃	hydrocarbon
酮	ketone
脱色(动)	discolor
W	
烷基化	alkylation
烷烃	alkane
温度计	thermometer
无水氯化钙	anhydrous calcium chloride
X	
洗涤	washing
吸附剂	adsorbents
吸附色谱	adsorption chromatography
烯烃	alkene
洗脱剂	eluent
洗脱溶剂	elution solvent
酰化	acylation
相转移催化	phase transfer catalysis
消除反应	elimination
硝基化合物	nitro compound
硝酸	nitric acid
溴苯	bromobenzene
旋光度	optical activity(optical rotation)
旋塞	plug cock
旋转蒸发器	rotary evaporator
Y	
压力计	manometer
盐酸	hydrochloric acid
氧化	oxidation
乙醇	ethanol

乙二醇	ethylene glycol
乙醚	diethyl ether
乙酸	acetic acid
乙酸乙酯	ethyl acetate
乙酰苯胺	acetanilide
乙酰乙酸乙酯	ethyl acetoacetate
乙腈	acetonitrile
移液管	graduated pipette
诱导效应	inductive effect
有机相	organic phase
油浴	oil bath
Z	
杂质	impurity
折光率	refractive index
蒸气压	vapor pressure
真空表	vacuometer
真空表泵	vacuum pump
蒸发皿	evaporating dish
蒸馏	distillation
蒸汽发生器	steam can
蒸气压	vapor pressure
正溴丁烷	n-butyl bromide
酯	ester
酯化反应	esterification
酯交换反应	transesterification
纸色谱	paper chromatography
重氮化反应	diazotization
重氮偶合	diazo coupling
柱色谱	column chromatography
锥形瓶	conical flask

附录 10　有机化学实验报告(示例)

有机化学实验报告

实验名称：　　　环己酮的制备　　　　

学　　院：________________

专　　业：________________

班　　级：________________

姓　　名：________________

学　　号：________________

指导教师：________________

日　　期：________________

一、实验目的

1. 了解用环己醇制备环己酮的原理和方法。
2. 学习和巩固搅拌、回流、蒸馏、萃取、分离和干燥等实验的基本实验操作技术。
3. 进一步了解醇和酮之间的联系和区别。

二、实验原理

以次氯酸钠(也可用铬酸)为氧化剂,环己醇被氧化生成环己酮的反应式如下:

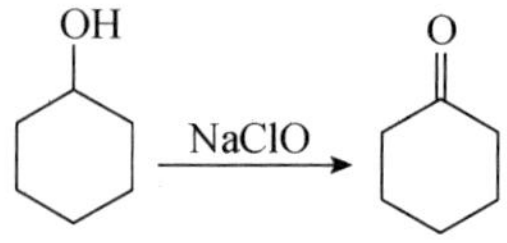

三、主要试剂及仪器

试剂:环己醇、次氯酸钠

仪器:烧杯、搅拌器、三口圆底烧瓶、滴液漏斗、温度计、直行冷凝管、接液管、蒸馏头、蒸馏烧瓶、空气冷凝管、锥形瓶、玻璃棒

四、仪器装置图

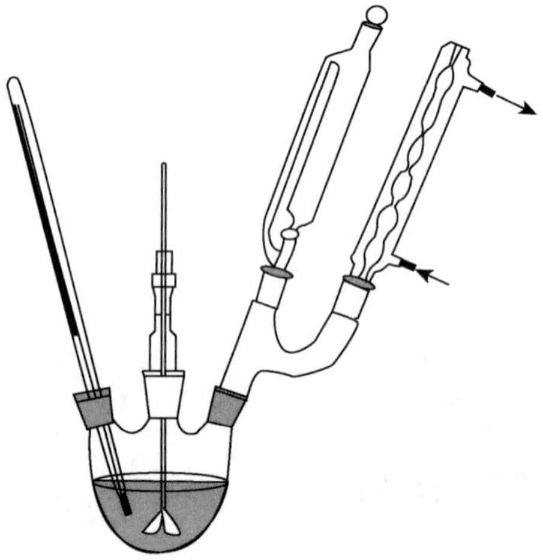

图　环己酮合成装置(次氯酸钠氧化法)

五、实验步骤及现象

时间	步骤	现象
14:00	在 100 mL 烧杯内，加入 5.0 g 次氯酸钠、37 mL 水，搅拌溶解，配制浓度为 1.8 mol/L 的次氯酸钠水溶液，并在冰水浴中冷却	无色透明的溶液
14:15	按装置图安装仪器。将 5.12 g 环己醇和 12.5 mL 冰醋酸依次加入到烧瓶中。开动搅拌器，将事先冷却好的次氯酸钠溶液通过滴液漏斗逐滴加入反应瓶中，瓶内温度维持在 30～35 ℃，加完后，用碘化钾淀粉试纸判断氧化反应是否完全	随着次氯酸钠的不断滴加，反应液会从无色最终变成黄色
14:35	用碘化钾淀粉试纸检验，确认氧化反应完全	碘化钾淀粉试纸变蓝，说明氧化已完全
14:45	在室温下继续搅拌 10 min，加入饱和亚硫酸氢钠溶液，然后用碘化钾淀粉试纸检验，确认次氯酸钠已被完全除去	碘化钾淀粉试纸不变蓝
14:55	向瓶内的混合物中加入 30 mL 水，进行简易的水蒸气蒸馏	收集 25 mL 馏出液
15:45	冷却后，一边搅拌一边分批向馏出液中加入约 3.5 g 无水碳酸钠中和乙酸，直到溶液显中性为止	用 pH 试纸检测到溶液显中性
15:45	加入精制氯化钠(4 g 左右)使有机相析出，将生成液倒入分液漏斗，分出有机层，水层用乙醚萃取(10 mL×2)，合并环己酮及乙醚萃取液	溶液分为两相
15:55	用无水硫酸镁干燥，再用普通漏斗过滤	部分干燥剂能够在瓶底流动
16:30	用干燥的 100 mL 圆底烧瓶收集过滤液，加几粒沸石，水浴蒸除乙醚(回收)	沸程：35～39 ℃
16:55	通过电热套加热蒸馏环己酮，收集 152～155 ℃馏分	温度持续上升，之后保持在 152～155 ℃之间，得到环己酮 3.5 g
15:20	撤除装置	

六、实验结果

$M_{(环己醇)}=5.0\ g$，计算出环己酮理论值 $M_{(环己酮)}=5.0\times\frac{98}{100}=4.9(g)$

实际产率 $=\frac{3.5}{4.9}\times100\%=71.4\%$

七、思考题

1.对比分析两种氧化法制备环己酮的优缺点。本实验的氧化剂能否改用硝酸或高锰酸钾，为什么？

答：用铬酸氧化比较剧烈，用次氯酸氧化比较温和。实验中采用氧化剂要慎重，若采用 $Na_2Cr_2O_7$ 与 H_2SO_4 做氧化剂，重铬酸钠是强氧化剂且有毒性，使用起来不安全且残余物会污染环境；实验最好采用次氯酸钠做氧化剂，既安全又不会污染环境。本实验的氧化剂不能改用硝酸或高锰酸钾，因为硝酸或高锰酸钾都具有强氧化性，环己酮会被进一步氧化成己二酸，得不到环己酮。

2.两种方法中，为何氧化剂都要进行冷却处理？

答：为了防止环己酮被进一步氧化。

3.本实验为什么要严格控制反应温度，温度过高或过低有什么不好？

答：温度过高，环己酮容易被氧化成己二酸；温度过低，氧化不完全。

4.蒸馏产物时应该使用哪一种冷凝管？

答：用空气冷凝管。温度超过 140 ℃时要使用空气冷凝管。

5.环己醇用硝酸氧化得到的产物是什么？

答：己二酸。

附录 11 有机化学实验练习题

一、选择题

1. 如果实验室中发生电器设备着火，正确的灭火方法是 ( )

A. 用水扑灭

B. 用湿布盖上

C. 切断电源后立即用泡沫灭火器扑灭

D. 切断电源后立即用干粉灭火器扑灭

2. 酒精灯或少量有机溶剂着火，正确的处理方法是 ( )

A. 用水扑灭　　B. 用嘴吹灭

C. 用湿布盖灭　　D. 报告老师等待处理

3. 正确进行实验操作是确保安全的基本要求，以下选项中，不符合安全要求的是 ( )

A. 采用烧杯或敞口仪器盛装、加热、蒸除易挥发、易燃的溶剂，提高实验效率

B. 在满足使用的前提下，尽可能采用电热套替代电炉或酒精灯进行加热，也可使用油浴或水浴进行加热

C. 尽量在没有火源且通风良好的地方，比如通风橱内使用易燃的有机溶剂

D. 一般不得在密闭的容器中加热液体

4. 一般将闪点在 25 ℃以下的化学试剂列入易燃化学试剂，它们多是极易挥发的液体，遇明火即可燃烧。闪点越低，越易燃烧。以下不属于易燃化学试剂的是 ( )

A. 乙醚　　B. 石油醚

C. 乙酸乙酯　　D. 甘油

5. 危险化学品，是指具有毒害、腐蚀、爆炸、燃烧、助燃等危险性质，对人体、设施、环境具有危害的剧毒化学品和其他化学品。以下选项中有关其范围描述最准确的是 ( )

A. 爆炸物、易燃气体、易燃液体、易燃固体、易燃气溶胶

B. 自反应物质或混合物、自燃液体、自燃固体、自热物质和混合物

C. 遇水放出易燃气体的物质或混合物、氧化性液体、氧化性固体、有机过氧化物、腐蚀性物质

D. 以上都是

6. 实验室一旦失火，千万不要慌张，应沉着冷静，并积极采取应对措施，以下措施中不正确的是 ( )

A. 立即切断火源、关闭煤气开关和通风装置，移走未着火的易燃物

B. 少量溶剂着火，火势较小，着火面积不大时，可用湿抹布、石棉布或黄沙盖熄

C. 针对不同燃烧情况，应采取各种具体的扑灭方法，包括选用不同的灭火器等

D. 立即关闭门窗，防止火势蔓延

7. 因实验需要拉接电源线时，以下做法错误的是 （　　）

A. 不任意放置于通道上

B. 当电源线长度不够或电源插座不足时，可用多个插线板串接或分接

C. 电源线要与加热实验装置保持足够的安全距离

D. 要考虑电荷容量

8. 火灾发生后，不正确的逃生方法是 （　　）

A. 躲在桌子底下，等待救援　　B. 用湿毛巾捂住口鼻

C. 弯下身子快速跑到安全地带　　D. 从最近的安全出口跑到安全地点

9. 以下选项中，正确的是 （　　）

A. 对于部分时间较长、学生中途需要用餐的实验，为了防止人离开后出现意外，可以将食物带进实验室，一边吃饭一边观察实验现象

B. 考虑到淌汗会影响操作或数据观察，学生可以穿背心、穿拖鞋进实验室，确保实验过程中保持清爽的实验状态

C. 合成实验平稳进行过程中，学生若遇紧急情况需要外出一段时间进行处理，感觉实验没问题的情况下，可以外出处理别的事情，让实验自行继续进行

D. 实验过程中必须穿工作服，带防护镜，必要时，需戴手套进行操作，长发需束起

10. 为防止实验过程中爆炸事故的发生，应养成良好的实验习惯，并正确地进行实验操作，以下选项中不正确的是 （　　）

A. 保持实验室内通风良好

B. 为了节省储存空间，所有试剂应集中放置在一个试剂柜中

C. 常压操作时，不在密闭体系中进行反应或加热，并使装置与大气相通

D. 乙醚等醚类化合物在使用前用硫酸亚铁除去其中可能产生的过氧化物

11. 为了区分钢瓶中储存的不同气体，我国气体钢瓶的瓶身常用不同颜色进行标记，如：氮气瓶身的颜色是 （　　）

A. 黑色　　B. 黄色　　C. 白色　　D. 草绿色

12. 身上着火后，错误的灭火方法是 （　　）

A. 就地打滚

B. 用大量水冲，条件具备的话，直接跳入水中

C. 迎风快跑

D. 用灭火毯或潮湿厚重衣服覆盖

13. 对常用且属于易制毒的试剂，应 （　　）

A. 放在开放试剂架中显眼的地方　　B. 放在通风橱中

C. 放在抽屉里，并上锁由专人管理　　D. 放在试剂柜里，并上锁由专人保管

14. 水银温度计不小心打碎、水银球洒落在地面上时，正确的处理方法是 （　　）

A. 用手轻轻捧起水银球

B. 先用水冲洗，然后再用拖把拖干净

C. 用簸箕扫干净并倒入垃圾桶

D. 在洒落的水银球上覆盖硫黄粉处理

15. 有关普通玻璃仪器的使用，不正确的是 （ ）

A. 玻璃管与橡胶管连接或将温度计插入橡胶管时，应用水、甘油或润滑剂等对玻璃管或温度计进行润滑

B. 薄壁的玻璃仪器不能用于加压或抽真空过程

C. 厚壁的玻璃瓶和量筒可以用来配制溶液

D. 量筒、容量瓶等一些带刻度的玻璃仪器，不宜对其进行加热操作

16. 有关标准接口玻璃仪器的使用，不正确的是 （ ）

A. 标准口塞应保持清洁，使用前宜用软布揩拭干净后包裹上棉絮

B. 使用前一般无须涂润滑剂，但特殊实验，如减压蒸馏，应涂上润滑剂

C. 装配时，把磨口和磨塞轻微地对旋连接，只要达到润滑密闭要求即可

D. 磨口套管和磨塞应该配套使用，不得随意调换

17. 利用酒精灯加热的实验中，短期内无须酒精灯加热时，正确的操作是 （ ）

A. 将酒精灯移到旁边，但继续保持其燃烧状态，便于后续的继续加热，节省时间

B. 用嘴吹灭酒精灯，然后盖上酒精灯盖

C. 用酒精灯盖盖灭

D. 用湿布盖灭酒精灯，然后盖上酒精灯盖

18. 快速方法获取干燥玻璃器皿的可行方法是 （ ）

A. 放入烘箱中烘干　　B. 用浓硝酸冲洗后晾干

C. 用浓硫酸冲洗后晾干　　D. 用少许丙酮冲洗后晾干

19. 用分液漏斗进行萃取分离时，不正确的是 （ ）

A. 分液时，先将下层液体从下口放出，再将上层液体从下口放出

B. 使用前应检漏

C. 分液时，应先开启活塞，再打开顶塞

D. 分液漏斗与酸、碱、溶剂等接触后无须清洗，下次可以直接使用

20. 萃取和洗涤是利用物质在不同溶剂中的（ ）不同来进行分离的操作。

A. 溶解度　　B. 亲和性

C. 吸附能力　　D. 密度

21. 萃取时，可利用（ ）效应，即在水溶液中先加入一定量的电解质（如氯化钠），以降低有机物在水中的溶解度，从而提高萃取效果。

A. 络合　　B. 盐析　　C. 溶解　　D. 沉淀

22. 萃取实验中，不正确的操作是 （ ）

A. 萃取振荡过程中及时排气

B. 使用分液漏斗前检查顶塞和活塞是否紧密

C. 使用分液漏斗前先开启其活塞再打开顶塞

D. 分液漏斗若与碱或碱式碳酸盐接触后，需清洗干净

23. 有关旋光仪的操作，不正确的是 （ ）

A. 装溶液时，旋光管内不能残留气泡，如发现有气泡，则应使之进入样品管的突出部分

B. 旋光仪在使用前，需通电预热几分钟，钠光灯发光正常后，才可开始工作
C. 使用旋光仪时，仪器金属部分切忌沾污酸碱
D. 为了防止漏液，装样品时，旋光管管盖旋得越紧越好

24. 以下有关折光率的说法中，正确的是 （　　）
A. 折光率是物质的特性常数，与入射光的波长无关
B. 折光率与有机化合物的结构有关，同时也受温度、压力等因素的影响
C. 通过折光率的测定可以定量地分析有机溶液的组成，鉴定有机液体的纯度
D. 折光率的测量，所需样品量少，测量精密度高，重现性好

25. 有关电子天平的使用，以下选项中不正确的是 （　　）
A. 利用电子天平称量时，天平自带水平仪的水泡应处于水平仪中心
B. 称量物质的质量不能超过天平的量程
C. 称量过程中，天平的侧门应保持开启状态，便于快速取样、放样
D. 称量易挥发和具有腐蚀性的物品时，要盛放在密闭的容器中

26. 有关旋转蒸发仪的使用，以下选项中不正确的是 （　　）
A. 主要用于浓缩蒸发溶剂等液体
B. 由蒸馏烧瓶、蛇形冷凝管、接液烧瓶及电机构成
C. 减压使用时，应先开动电机转动蒸馏烧瓶，再减压
D. 无须添加沸石

27. 有关气流烘干器的使用，以下选项中不正确的是 （　　）
A. 一般分为冷风挡和热风挡两种档位
B. 使用时，先开热风挡烘干，然后调至冷风挡吹冷已干燥的玻璃仪器
C. 带有较多水的玻璃仪器可直接放在其上烘干
D. 不适于长时间使用

28. 有关电热恒温鼓风干燥箱的使用，以下选项中不正确的是 （　　）
A. 烘干玻璃仪器时，应控干玻璃仪器的水分后，再放置到干燥箱中
B. 放置时，应将烘热干燥的仪器放置在上面，潮湿的玻璃仪器放置在下面
C. 干燥箱有控温装置，实验室无人时，也可保持加热烘干状态，无须切断电源
D. 带旋塞或具塞的玻璃仪器，在放入干燥箱之前，应先取下塞子

29. 有关电热套的使用，以下选项中不正确的是 （　　）
A. 加热或蒸馏易燃有机物时，由于它不是明火，所以不易引起火灾
B. 加热温度可用与之相连的调压变压器控制，加热较为均匀
C. 其体积一般与所用的烧瓶体积相一致，主要用作回流加热的热源
D. 可用来加热空烧瓶

30. 采用无机盐类干燥剂干燥有机液体粗产物时，正确的操作是 （　　）
A. 尽量多加些干燥剂，以利于充分干燥
B. 仅加少量的干燥剂，以防产物被吸附
C. 先加入少量干燥剂，摇匀后放置数分钟，观察干燥剂棱角或状态变化，决定是否需要补加
D. 为了加快干燥效果，可以把不同类型的干燥剂同时加入到有机液体中

31. 对于未知液体的干燥，干燥剂应选用 (　　)

A. 无水 $CaCl_2$　　B. K_2CO_3

C. 金属 Na　　D. 无水 Na_2SO_4

32. 用活性炭进行脱色时，其用量应视杂质的多少来定，加多了会引起 (　　)

A. 吸附产品　　B. 发生化学反应

C. 颜色加深　　D. 带入杂质

33. 使用布氏漏斗时，下列操作正确的是 (　　)

A. 抽滤前，先在漏斗中放入滤纸，再抽气使滤纸贴紧漏斗

B. 抽滤前，先在漏斗中放入滤纸，加入少量溶剂润湿，再加入待抽滤溶液，抽气

C. 洗涤漏斗中的固体时，边抽滤边加入少量溶剂洗涤

D. 停止抽滤，要先关住水泵再拔出抽滤瓶支管上的橡皮管

34. 下列说法正确的是 (　　)

A. 两种沸点相近的液体可以通过蒸馏的方法进行分离

B. 蒸馏时收集到的液体具有恒定的沸点，并不能证明该液体一定是纯化合物

C. 搭建蒸馏装置时，冷凝管中的冷凝水应遵循“上进下出”的原则

D. 蒸馏装置中温度计的水银球下端应与蒸馏头侧管口的下限在同一水平线上

35. 蒸馏过程中，关于沸石的使用，正确的说法是 (　　)

A. 为了防止加热过程中发生暴沸，应加入至少 1 药匙的沸石

B. 若沸腾的液体中忘记提前加入沸石，应立即向沸腾的液体中补加沸石

C. 若沸腾的液体中忘记提前加入沸石，应停止加热至沸点以下时再加入沸石

D. 以上说法都不正确

36. 普通蒸馏操作中，正确的步骤是 (　　)

A. 液体沸腾后，发现没有提前加入沸石，此时应立即加入沸石，以防止暴沸

B. 蒸馏装置应紧密连接

C. 为了达到充分蒸馏的目的，应将烧瓶中的液体蒸干

D. 为了加快蒸馏过程，所有蒸馏操作均应选用电炉进行加热

37. 蒸馏装置的正确拆卸顺序是 (　　)

A. 先取下接收瓶，然后拆接引管、冷凝管、蒸馏瓶

B. 先取下蒸馏瓶，然后拆接引管、冷凝管、接收瓶

C. 先取下接引管，然后拆接收瓶、冷凝管、蒸馏瓶

D. 先取下冷凝管，然后拆接引管、接收瓶、蒸馏瓶

38. 多组分液体有机物的各组分沸点相近时，采用的最适宜分离方法是 (　　)

A. 常压蒸馏　　B. 萃取

C. 分馏　　D. 减压蒸馏

39. 常压蒸馏硝基苯(b. p. 210 ℃)，蒸馏装置中应选用(　　)冷凝管。

A. 空气　　B. 直形　　C. 球形　　D. 蛇形

40. 蒸馏实验中，烧瓶中盛装待蒸馏液体的体积一般为烧瓶容积的 (　　)

A. $\frac{1}{3}\sim\frac{2}{3}$　　B. $\frac{1}{3}\sim\frac{1}{2}$　　C. $\frac{1}{2}\sim\frac{2}{3}$　　D. $\frac{1}{4}\sim\frac{1}{3}$

41. 常用的分馏柱不包括 (　　)

A. 球形分馏柱　　B. 韦氏(Vigreux)分馏柱

C. 填充式分馏柱　　D. 直形分馏柱

42. 减压蒸馏装置中，蒸馏部分由蒸馏烧瓶、(　　)、毛细管、温度计及冷凝管、接收器等组成。

A. 克氏蒸馏头　　B. b 形管

C. 温度计套管　　D. 普通蒸馏头

43. 减压蒸馏操作前，需估计在一定压力下蒸馏物的 (　　)

A. 沸点　　B. 形状　　C. 熔点　　D. 溶解度

44. 在减压蒸馏时，加热的顺序是 (　　)

A. 先减压再加热　　B. 先加热再减压

C. 同时进行　　D. 无所谓

45. 在减压蒸馏操作结束时，首先应该执行的操作是 (　　)

A. 停止加热　　B. 停泵

C. 接通大气　　D. 继续加热

46. 在水蒸气蒸馏操作时，要随时注意安全管中的水柱是否发生不正常的上升现象，以及烧瓶中的液体是否发生倒吸现象。一旦发生这种现象，应(　　)，方可继续蒸馏。

A. 立刻关闭夹子，移去热源，找出发生故障的原因

B. 立刻打开夹子，移去热源，找出发生故障的原因

C. 加热圆底烧瓶

D. 以上操作都不正确

47. 不适宜采用水蒸气蒸馏进行分离和纯化的是 (　　)

A. 从大量的树脂状或焦油状杂质或不挥发性杂质中分离有机物

B. 从易挥发性杂质中分离有机物

C. 从固体较多的反应混合物中分离被吸附的液体产物

D. 在 100 ℃左右可以与水发生化学反应的有机物

48. 在苯甲酸的碱性溶液中，含有(　　)杂质，可用水蒸气蒸馏方法除去。

A. $MgSO_4$　　B. CH_3COONa

C. C_6H_5CHO　　D. NaCl

49. 测定熔点时，使熔点偏高的因素是 (　　)

A. 试样中含有杂质　　B. 试样中含有水分

C. 熔点管太厚　　D. 温度上升太慢

50. 用毛细管法测定熔点时，如果升温速度太快，将导致测定结果 (　　)

A. 偏高　　B. 偏低

C. 不影响　　D. 样品分解而无法测定

51. 测定熔点时，温度计的水银球部分应放在 (　　)

A. 提勒管上下两支管口之间　　B. 提勒管上支管口处

C. 提勒管下支管口处　　D. 提勒管中任一位置

52. 某化合物熔点约 250～280 ℃时，应采用(　　)热浴测定其熔点。

A. 浓硫酸　　B. 石蜡油

C. 磷酸　　D. 水

53. 下列选项中不符合重结晶溶剂应具备的条件是　　(　　)

A. 不与待提纯物质发生化学反应

B. 对杂质的溶解度非常大或非常小

C. 温度的变化对待提纯的化合物在该溶剂中的溶解度影响非常明显

D. 具有较高的沸点

54. 关于重结晶，下列说法正确的是　　(　　)

A. 溶剂极性越大越好，并且低毒

B. 溶剂极性越小越好，并且低毒

C. 溶剂挥发性越强越好，并且低毒

D. 溶剂极性适当，也可以使用混合溶剂

55. 重结晶时，加入活性炭的目的是　　(　　)

A. 脱色　　B. 脱水

C. 促进结晶　　D. 防止暴沸

56. 重结晶实验中，活性炭的用量是　　(　　)

A. 和待重结晶固体等量　　B. 待重结晶固体量的一半

C. 越多越好　　D. 待重结晶固体量的 1%～5%

57. 用重结晶纯化固体有机物时，一般只适用于杂质含量少于　　(　　)

A. 5%　　B. 10%　　C. 15%　　D. 20%

58. 重结晶实验中，常压热过滤常用的仪器是　　(　　)

A. 长颈漏斗　　B. 保温漏斗或短颈漏斗

C. 球形分液漏斗　　D. 布氏漏斗

59. 在化学反应过程中，监控反应进程最便利最省时的是　　(　　)

A. 柱色谱　　B. 薄层色谱

C. 纸色谱　　D. 以上都不是

60. 硅胶薄层色谱法实验中，R_f 值比较大，说明该化合物的极性　　(　　)

A. 大　　B. 小

C. 差不多　　D. 不一定

61. 采用柱色谱法分离混合物时，下列洗脱剂中洗脱能力最弱的是　　(　　)

A. 乙醚　　B. 水　　C. 苯　　D. 丙酮

62. 在柱色谱实验中，以下说法不正确的是　　(　　)

A. 吸附剂与被吸附物及洗脱剂之间均无化学作用

B. 被分离物质与洗脱剂之间不能发生化学反应

C. 吸附柱色谱的分离效果主要依赖于吸附剂和洗脱溶剂的选择，与制成的色谱柱无关

D. 干柱在使用前要洗柱，目的是排除吸附剂间隙中的空气，使吸附剂填充密实

63. 色谱法在有机化学实验中的应用不包括 （　　）

A. 分离混合物　　B. 精制提纯化合物

C. 测定溶解度　　D. 跟踪反应进程

64. 利用正丁醇和氢溴酸反应制备 1-溴丁烷时，对蒸馏出的有机物进行第一次水洗的目的是 （　　）

A. 除去硫酸　　B. 除去氢氧化钠

C. 溶解 1-溴丁烷　　D. 进行萃取

65. 利用正丁醇和氢溴酸反应制备 1-溴丁烷时，蒸馏出的有机物分别用水和冷的浓硫酸洗涤，在充分振摇并静置分层后，有机层 （　　）

A. 都在上层　　B. 都在下层

C. 水洗时在上层，酸洗时在下层　　D. 水洗时在下层，酸洗时在上层

66. 硫酸洗涤 1-溴丁烷粗品，不属于除去物的是 （　　）

A. 未反应的正丁醇　　B. 1-丁烯

C. 正丁醚　　D. 水

67. 1-溴丁烷制备过程中产生的 HBr 气体可以用（　　）来吸收。

A. 水　　B. 饱和食盐水

C. 95%乙醇　　D. NaOH 水溶液

68. 在 1-溴丁烷的制备过程中，采用了 （　　）

A. 直形冷凝管　　B. 球形冷凝管

C. 空气冷凝管　　D. 刺形分馏柱

69. 1-溴丁烷最后一步蒸馏提纯前采用（　　）做干燥剂。

A. Na　　B. 无水 $CaCl_2$

C. 无水 CaO　　D. KOH

70. 下列有机试剂中，能使 $FeCl_3$ 显色的是 （　　）

A. 阿司匹林　　B. 乙酰苯胺

C. 正丁醇　　D. 水杨酸

71. 在乙酸乙酯的制备实验中，浓硫酸起的主要作用是 （　　）

A. 催化剂　　B. 脱水剂

C. 反应原料　　D. 催化剂和脱水剂

72. 以乙醇和冰醋酸为原料，在浓硫酸存在条件下制备的乙酸乙酯是 （　　）

A. 无色无味液体　　B. 无色无味固体

C. 果香味的无色液体　　D. 果香味的无色固体

73. 在乙酸乙酯制备实验中，用饱和氯化钙溶液洗涤粗产物，其作用是除去 （　　）

A. 过量乙醇及少量乙醚　　B. 乙酸

C. 碳酸钠　　D. 水

74. 乙酸乙酯中含有（　　）杂质时，可用简单蒸馏的方法提纯乙酸乙酯。

A. 丁醇　　B. 有色有机杂质

C. 乙酸　　D. 水

75. 在乙酸乙酯的合成实验中，若操作不慎，用饱和氯化钙溶液洗去醇时，可能产生的絮状沉淀是 ( )

A. 硫酸钙　　B. 碳酸钙

C. 氢氧化钙　　D. 机械杂质

76. 在乙酰苯胺的制备反应中，反应温度应控制在 ( )

A. 90～100 ℃　　B. 100～110 ℃　　C. 110～120 ℃　　D. 120～130 ℃

77. 乙酰苯胺的制备反应中，采取了多种手段促进反应的进行，不包括 ( )

A. 加入锌粉　　B. 加入过量的冰醋酸

C. 加入过量的苯胺　　D. 反应装置中加入分馏柱

78. 使用醋酸酐作为酰基化试剂有很多优点，但其中不包括 ( )

A. 醋酸酐容易断键，反应较快　　B. 醋酸酐能吸水

C. 无副反应，生成物较纯　　D. 反应时间较短

79. 在乙酰苯胺的重结晶时，需要配制其热饱和溶液，此时常出现油状物，此油珠是 ( )

A. 杂质　　B. 乙酰苯胺

C. 苯胺　　D. 正丁醚

80. 久置的苯胺呈红棕色，用( )方法精制。

A. 过滤　　B. 活性炭脱色

C. 蒸馏　　D. 水蒸气蒸馏

81. 在乙酰苯胺的合成中，为了使反应进行完全，可加入过量的( )来达到效果。

A. 苯胺　　B. 冰醋酸

C. 苯胺和冰醋酸　　D. 锌粉

82. 能用升华方法提纯的固体有机化合物必须具备的条件之一是 ( )

A. 分解温度低　　B. 熔点高

C. 熔点低　　D. 蒸气压高

83. 从茶叶中提取咖啡因的实验中采用索氏提取器提取咖啡因的主要原因是 ( )

A. 仪器安装方便

B. 仪器操作方便

C. 仪器清洗方便

D. 利用溶剂回流和虹吸原理可以对茶叶反复萃取

84. 在提取咖啡因的实验中，加入生石灰的作用是 ( )

A. 防止暴沸　　B. 除水

C. 除去部分酸性杂质(如鞣酸)　　D. 除水及部分酸性杂质(如鞣酸)

85. 在提取咖啡因的实验中，咖啡因提取结束的标志是 ( )

A. 无提取液回流的时候

B. 提取时间达到 3 h 的时候

C. 提取液颜色变浅接近无色的时候

D. 被提取的茶叶发白的时候

86. 下列实验过程中应用到升华实验的是 （　　）

A. 乙酸乙酯的制备　　B. 苯甲酸和苯甲醇的制备

C. 从茶叶中提取咖啡因　　D. 苯甲酸的重结晶提纯

87. 环己酮的氧化所采用的氧化剂为 （　　）

A. 硝酸　　B. 高锰酸钾

C. 次氯酸钠　　D. 浓硫酸

88. 在环己酮的制备实验中，在粗产品环己酮中加入氯化钠的目的是 （　　）

A. 提高产率　　B. 中和乙酸

C. 便于分层　　D. 干燥

89. 在环己酮的制备过程中，最后产物的蒸馏应使用 （　　）

A. 直形冷凝管　　B. 球形冷凝管

C. 空气冷凝管　　D. 刺形分馏柱

90. 在环己醇氧化为环己酮的反应中，瓶内反应温度应该控制在 （　　）

A. 50～55 ℃　　B. 55～60 ℃

C. 60～65 ℃　　D. 65～70 ℃

91. 下列化合物的制备实验中应用到气体吸收装置的是 （　　）

A. 环己酮　　B. 正溴丁烷

C. 乙酸乙酯　　D. 正丁醚

92. 在乙酰水杨酸的制备中，为了检查反应液中是否存在水杨酸，可采用 （　　）

A. 5%碳酸氢钠溶液　　B. 1%氯化铁溶液

C. 1%氯化钠溶液　　D. 5%NaOH 溶液

93. 在乙酰水杨酸的后处理过程中，纯化产品是通过（　　）来实现的。

A. 重结晶　　B. 先酸化再碱化

C. 先碱化再酸化　　D. 蒸馏

94. 采用环己醇在磷酸催化条件下脱水制备环己烯，下列说法错误的是 （　　）

A. 环己醇是仲醇，脱水相对容易，反应产率高

B. 环己醇分子间脱水生成环己醚较难

C. 用磷酸做脱水剂比硫酸优越，可避免有机物受热氧化或炭化，可避免刺激性气体二氧化硫的释放

D. 反应开始时应提高加热温度，加快蒸馏速度，以防时间过长导致醚的产生

95. 一般从库房领到的苯甲醛，其瓶口有少量白色固体，此白色固体为 （　　）

A. 苯甲酸　　B. 苯甲醇

C. 水合苯甲醛　　D. 苯甲酸钠

96. 能发生碘仿反应的化合物是 （　　）

A. 丁酮　　B. 环己酮

C. 苯甲醛　　D. 二苯酮

97. 有关肉桂酸的制备，以下说法不正确的是 ( )

A. 肉桂酸存在顺、反异构，反式更为稳定，为白色片状晶体

B. 基于 Perkin 反应进行制备，所用仪器必须彻底干燥

C. 本实验进行水蒸气蒸馏的目的是去掉杂质苯甲酸

D. 可以用无水碳酸钾和无水醋酸钾作为缩合剂，但是不能用无水碳酸钠

98. 利用苯甲醛做原料，通过坎尼扎罗反应制备苯甲酸和苯甲醇，以下说法不正确的是 ( )

A. 反应实质是羰基的亲核加成

B. 苯甲醛应分几批加入

C. 在加有 NaOH 的锥形瓶中加入苯甲醛后应充分振摇

D. 用亚硫酸氢钠溶液洗涤乙醚溶液时，应长时间振荡，以达到充分洗涤的效果

99. 在聚醋酸乙烯乳液的制备实验中，以下操作不正确的是 ( )

A. 以聚乙烯醇为分散剂、以 OP-10 为乳化剂

B. 实验开始前，将单体一次性加入到烧瓶中

C. 在逐步升温的过程中，升温不要太快

D. 先加入部分单体及乳化剂、引发剂的水溶液等，在一定温度下搅拌反应一段时间后，单体以连续滴液的方式滴入三口烧瓶中

二、判断题

1. 有毒或有较强腐蚀性的药品的取用应严格按照有关操作规程进行，但在紧急情况下可以直接用手去拿以节省时间。 ( )

2. 酒精灯使用完之后，可以用嘴吹灭。 ( )

3. 对有刺激性或者产生有毒气体的实验，应尽量安排在通风橱或有排风系统的环境中进行，或采用气体吸收装置。 ( )

4. 易燃物料和液体必须储放在危险品仓库内。 ( )

5. 乙醚蒸气具有极高的火灾和爆炸风险。 ( )

6. 若实验室电器设备着火，应切断电源后用 CO_2 灭火器扑灭。 ( )

7. 各种气体钢瓶的减压阀可以通用。 ( )

8. 被灼热的玻璃棒烫伤，应直接在烫伤处涂上烫伤膏或万花油。 ( )

9. 如果被溴灼伤，应立即用酒精洗涤，再涂上甘油，或敷上烫伤油膏。 ( )

10. 如果被酸烧伤，首先应用大量水洗，再用 3%～5% Na_2CO_3 溶液洗，最后涂烫伤膏。 ( )

11. 在有机实验中，为了防止被加热液体发生暴沸，往往需在液体中加入沸石，在加热过程中，如果忘了加沸石，可以直接从瓶口加入。 ( )

12. 在使用分液漏斗进行分液时，上层液体也是经漏斗的下口放出。 ( )

13. 使用分液漏斗时要注意上下活塞配套，每次使用时要朝无人的方向放气。( )

14. 球形冷凝管一般使用在蒸馏操作中。 ( )

15. 在反应体系中，沸石可以重复使用。 ( )

16. 萃取是从混合物中抽取有用的物质；洗涤是将混合物中所不需要的物质除去。 ( )

17. 萃取某些含有碱性或表面活性较强的物质时，常会产生乳化现象。 ( )

18. 用同样体积溶剂萃取时，分多次萃取和一次萃取效率相同。 ( )

19. 若用苯萃取水溶液，苯层在下。 ( )

20. 升华前必须把待精制的物质充分干燥。 ( )

21. 抽滤操作中，停止抽滤时应先通大气再关泵。 ( )

22. 2-甲基-2-己醇不能用 $CaCl_2$ 干燥，因为它们之间会形成络合物。 ( )

23. 经过干燥剂干燥后，液体有机物澄清，说明该液体有机物已不含水。 ( )

24. 通常温度升高 1 ℃时，折光率将减小$(3.5\sim5.5)\times10^{-4}$。 ( )

25. 使用分子筛前应活化脱水，所用温度应不超过 500 ℃。 ( )

26. 手册中常见的 n_D^{20}、m. p. 和 b. p. 分别代表折光率、沸点和熔点。 ( )

27. 凡固体有机化合物都可以采用升华的方法来进行纯化。 ( )

28. 活性炭可在极性溶液和非极性溶液中脱色，但在乙醇中的效果最好。 ( )

29. 如果蒸馏烧瓶黏附着碳化物或聚合物，应该稍冷后立即清洗。 ( )

30. 索氏提取器萃取是一种对固体组分进行萃取的高效方法。 ( )

31. 液体的蒸气压只与温度有关。即液体在一定温度下具有一定的蒸气压。 ( )

32. 用蒸馏法测沸点，烧瓶内装被测化合物的多少影响测定结果。 ( )

33. 沸点是物质的物理常数，相同的物质其沸点恒定。 ( )

34. 当体系中混入游离的溴单质时，可以加入饱和亚硫酸氢钠溶液除去。 ( )

35. 蒸馏沸点高于 140 ℃物质时，蒸馏装置中应选用空气冷凝管。 ( )

36. 用蒸馏法测沸点，烧瓶中加入的被测化合物的多少会影响测定的结果。 ( )

37. 进行简单蒸馏时，冷凝水应从上口进、下口出。 ( )

38. 用蒸馏法测沸点，温度计的水银球应插入到蒸馏烧瓶中所测定的溶液中。 ( )

39. 为了得到更高的收率，蒸馏实验中，应该在蒸馏烧瓶中加满待蒸馏化合物。 ( )

40. 在合成液体化合物操作中，最后一步蒸馏仅仅是为了纯化产品。 ( )

41. 测定纯化合物的沸点，用分馏法比蒸馏法更准确。 ( )

42. 在蒸馏实验中，为了提高产率，应将烧瓶中的样品蒸干。 ( )

43. 用蒸馏法、分馏法测定液体化合物的沸点，如果得到了沸点恒定的馏出物，则说明该化合物一定是一种纯化合物。 ( )

44. 蒸馏结束后，应先撤热源再停水。 ( )

45. 在进行常压蒸馏、回流和反应时，应该在密闭的条件下进行操作。 ( )

46. 蒸馏低沸点液体时，选用长颈蒸馏瓶；而蒸馏高沸点液体时，选用短颈蒸馏瓶。 ( )

47. 蒸馏及分馏效果与操作条件密切相关，其中最主要的是控制馏出液流出速度，不能太快，否则达不到分离要求。 ( )

48. 不纯液体有机化合物沸点一定比纯净物高。 ( )

49. 蒸馏实验中，温度计水银球的下限应和蒸馏头侧管的上限处在同一水平线上。测定熔点时，如果熔点管不干净，虽然会导致观察困难，但对测定结果不会产生影响。 ( )

50. 对于那些在常压蒸馏时未达沸点即已受热分解、氧化或聚合的有机化合物，可采用减压蒸馏进行分离提纯。 ( )

51. 重新蒸馏时，用过的沸石可以继续使用。 ( )

52. 进行化合物的蒸馏时，温度计的位置对纯化合物的沸点的测定结果没有影响。 ( )

53. 如果蒸馏前忘记加沸石，发现后可立即将沸石加至将近沸腾的液体中。 ( )

54. 蒸馏时，提高馏出液速度，可提高分离两种液体的能力。 ( )

55. 对于那些与水共沸腾时会发生化学反应的或在 100 ℃左右时蒸气压小于 1.3 kPa 的物质，水蒸气蒸馏仍然适用。 ( )

56. 水蒸气蒸馏时安全玻管应该插到水蒸气发生器底部。 ( )

57. 在熔点测定的实验中，当传热液温度距离该化合物熔点 10～25 ℃时，加热速度应调整控制在每分钟升高 5 ℃为宜。 ( )

58. 测熔点时，如果样品未完全干燥，则会导致测得的熔点值偏低。 ( )

59. 熔点测定的实验中，样品管中的样品熔融后再冷却固化仍可用于第二次测熔点。 ( )

60. 毛细管法测熔点，加热介质和熔点管经冷却后均可以重复使用。 ( )

61. 两个熔点相同的化合物一定为同一物。 ( )

62. A、B 两种晶体的等量混合物的熔点是两种晶体的熔点的算术平均值。 ( )

63. 样品中含有杂质，测得的熔点偏高。 ( )

64. 纯净的有机化合物一般都有固定的熔点。 ( )

65. 有固定的熔点的有机化合物一定是纯净物。 ( )

66. “相似相溶”是重结晶过程中溶剂选择的一个基本原则。 ( )

67. 重结晶实验中，溶剂的选择与提纯化合物和溶剂的性质有关。 ( )

68. 重结晶实验中，加入活性炭的目的是防止暴沸。 ( )

69. 重结晶过程中，可用玻璃棒摩擦容器内壁来诱发结晶。 ( )

70. 在重结晶操作中，溶解样品时要判断是否存在难溶性杂质，可以先热过滤，再对滤渣进行处理。 ( )

71. 柱色谱实验中，洗脱时溶剂的极性不能改变。 ( )

72. 柱色谱实验中，吸附剂必须不与被吸附物质和展开剂发生化学反应。 ( )

73. 柱层析时，单一溶剂往往不能取得良好的分离效果，展开剂往往是极性溶剂和非

极性溶剂的混合物。（　）

74. 在进行柱层析操作时，填料装填的是否均匀与致密对分离效果影响不大。（　）

75. 在合成反应过程中，可利用薄层色谱或纸色谱来监控反应的进程。（　）

76. 活性氧化铝是柱色谱中常用的吸附剂之一，含水的和无水的物质都可以使用这种吸附剂。（　）

77. 将展开溶剂配好后，可将点好样品的薄层板放入溶剂中进行展开。（　）

78. 对氨基苯磺酸为两性化合物，酸性强于碱性，它能与碱作用成盐而不能与酸作用成盐。（　）

79. 冰醋酸在低温时易凝结成结晶状固体，取用时可用热水浴加热使其熔化。（　）

80. 在乙酸乙酯合成制备实验中，用 $MgSO_4$ 干燥粗乙酸乙酯，其用量应根据实际样品的量来决定。（　）

81. 精制乙酸乙酯的最后一步蒸馏中，所用仪器均需干燥。（　）

82. 乙酸乙酯的制备在加热之前一定将反应物混合均匀，否则易发生碳化。（　）

83. 制备乙酸乙酯时，为了提高实验效率，应将乙醇和浓硫酸一次性加入到烧瓶中。（　）

84. 在乙酸乙酯的制备中，为提高转化率通常加入过量乙醇。（　）

85. Claisen 酯缩合反应的催化剂是乙醇钠，在乙酰乙酸乙酯制备实验中，可以用金属钠代替。（　）

86. 以丁酸和乙醇发生酯化反应生成丁酸乙酯的实验中，加入苯的作用是带出生成的水。（　）

87. 在 1-溴丁烷的制备实验中，气体吸收装置中的漏斗须置于吸收液面之下。（　）

88. 在 1-溴丁烷的制备实验中，采用硫酸洗涤粗品的目的是除去未反应的正丁醇及副产物 1-丁烯和正丁醚。（　）

89. 在 1-溴丁烷的合成实验中，蒸馏出的馏出液中正溴丁烷通常应在下层。（　）

90. 一个化合物越是强烈的被固定相吸附，那么沿着流动相移动的距离越大。（　）

91. 环己酮的氧化可以采用次氯酸钠作为氧化剂。（　）

92. 当要从反应液中提取环己酮，可以进行水蒸气蒸馏，但馏出物不能收集过多，以免造成损失。（　）

93. 在乙酰苯胺的制备过程中，往往采用苯胺过量来进行反应。（　）

94. 苯胺在进行酰化反应时，可以快速将温度升至 100 ℃进行反应。（　）

95. 在提取咖啡因的实验中，加入生石灰的作用是干燥和吸附色素。（　）

96. 制备正丁醚的实验中，加入浓硫酸后，如果不充分摇动会引起反应液变黑。（　）

97. 在苯甲醛和乙酸酐进行反应时，苯甲醛中含有少量苯甲酸不影响反应。（　）

98. 从柑橘皮中提取果胶，应提前用开水浸泡柑橘皮对其进行预处理。（　）

99. 在查尔酮的制备实验中，反应结束后用冷水冷却结晶，如没有结晶，可加入少量查

尔酮的晶体作为晶种。 (　　)

100. 利用对硝基甲苯为原料采用铁粉还原法制备对甲苯胺，还原反应开始前，应该对铁粉进行预处理。 (　　)

三、填空题

1. 实验记录是原始数据，必须重视，实验过程中要及时进行记录。记录内容主要包括(　　　　)、(　　　　)和(　　　　)等。

2. 闪火点，是指(　　　　)的最低温度，闪火点越低，引起火灾的危险性越(　　　　)。自燃点是指(　　　　)的温度。在有机实验之前，应对相关有机物的闪火点和自燃点有所掌握。

3. 常压操作时，切勿在密闭体系中进行反应或加热，应使装置与(　　　　)相通；减压蒸馏时，应使用具有(　　　　)能力的玻璃仪器，比如圆底烧瓶或梨形瓶，而不能使用锥形瓶、平底烧瓶或薄壁试管等，否则会发生炸裂；进行高压反应时，一定要使用特制的(　　　　)，禁止用普通的玻璃仪器进行高压反应。

4. 氧气、氮气、氢气和空气钢瓶的颜色分别是(　　　　)、(　　　　)、(　　　　)和(　　　　)。

5. 下列各级化学试剂标签的颜色分别是：优级纯(　　　　)、分析纯(　　　　)、化学纯(　　　　)和基准试剂(　　　　)。

6. 实验室开启氮气钢瓶时有以下操作：A. 开启高压气阀，B. 观察低压表读数，C. 顺时针旋紧减压器旋杆，D. 观察高压表读数。正确的操作顺序是(　　　　)。

7. 真空泵抽气口处通常接上一个缓冲瓶，其作用是(　　　　)。

8. 旋光仪是测定物质旋光度的仪器。通过对样品旋光度的测量，可以分析确定物质的(　　　　)、(　　　　)及(　　　　)度等。

9. 使用旋转蒸发仪时，加热水槽通电前必须加(　　　　)，停止蒸发时，应先停止(　　　　)，再(　　　　)。

10. 实验室的玻璃仪器，常用的干燥方法有(　　　　)、(　　　　)和(　　　　)。

11. 真空干燥箱是利用(　　　　)进行抽气抽湿，使工作室内形成真空状态，降低水的(　　　　)，加快干燥的速度，特别适合于干燥(　　　　)或(　　　　)的化学药品。

12. 干燥液体有机化合物 A 时，由于干燥剂直接加入到 A 中，所以干燥剂满足以下条件：(　　　　)，(　　　　)和(　　　　)。干燥后的化合物要进行蒸馏纯化，蒸馏前，应先除去(　　　　)，若干燥剂的吸水是不可逆的，则蒸馏前无须除去。

13. 有机化学实验中，常用的冷却介质有(　　　　)、(　　　　)、(　　　　)等。

14. 标准接口玻璃仪器的口塞尺寸具有标准化、系统化的特点，同类规格的接口，可任意对接。当不同类型规格的部件无法直接组装时，可使用(　　　　)使之连接起来。

15. 标准接口玻璃仪器有两个数字，如 10/30，其中 10 表示(　　　　)，30 表示(　　　　)。

16. 有机实验过程中常用到冷凝管，冷凝管可分为(　　　　)冷凝管、(　　　　)冷凝管和(　　　　)冷凝管等,其中,(　　　　)冷凝管一般用于反应回流,(　　　　)冷凝管和(　　　　)冷凝管一般用于蒸馏冷凝,当温度超过 140 ℃时使用(　　　　)冷凝管。

17. 萃取的主要理论依据是(　　　　),物质对不同的溶剂有着不同的(　　　　)。可用与水(　　　　)的有机溶剂从水溶剂中萃取出有机化合物。

18. 分液漏斗的体积至少大于被分液体体积的(　　　　)。用分液漏斗分离混合物,上层从(　　　　)出,下层从(　　　　)出。

19. 发生液体从分液漏斗中冲出的原因是(　　　　),为防止此现象的发生,应(　　　　)。

20. 液-液萃取依据的原理是利用(　　　　)的不同而达到分离、纯化物质的目的。

21. 萃取操作振摇分液漏斗后,放气时,应将分液漏斗的上口(　　　　),下部支管口应指向(　　　　);待液体分层后,打开(　　　　),再将活塞(　　　　),下层液体自(　　　　)放出,上层液体自(　　　　)倒出。

22. 对于较长时间不使用的分液漏斗,应在活塞处与磨口间(　　　　)。

23. 减压过滤结束时,应该先(　　　　),再(　　　　),以防止倒吸。

24.(　　　　)是分离和纯化与水不相混溶的挥发性有机物常用的方法。

25.(　　　　)是纯化固体化合物的一种手段,它可除去与被提纯物质的蒸气间有显著差异的不挥发性杂质。

26. 实验室常用的搅拌方式有(　　　　)和(　　　　)两种

27. 为了避免在热过滤时,结晶在漏斗中析出,可以把布氏漏斗(　　　　)。

28. 仪器安装顺序为(　　　　)(　　　　)。卸仪器与其顺序相反。

29. 共沸物具有确定的组成和确定的沸点,因为其(　　　　)相同,所以不能用分馏的方法进行分离提纯。

30. 长期存放的乙醚,容易产生过氧化物,若直接进行蒸馏,容易发生爆炸,通常用(　　　　)检测乙醚中是否存在过氧化物,若存在过氧化物,可采用(　　　　)予以去除。

31. 蒸馏瓶的选用与被蒸液体量的多少有关,通常装入液体的体积应为蒸馏瓶容积(　　　　)液体量过多或过少都不宜。利用普通蒸馏方法分离两种不共沸的化合物时,为了确保分离效果,两种化合物的沸点相差应不小于(　　　　)℃。

32. 蒸馏操作中,当液体平稳沸腾、温度计水银球或红液球部位出现液滴时,馏出液体的速度应控制为(　　　　)滴/s。

33. 将液体加热至沸腾,使液体变为蒸气,然后使蒸气冷却再凝结为液体,该实验过程称之为(　　　　)。

34. 减压蒸馏装置中蒸馏部分由(　　　　)、(　　　　)、(　　　　)、(　　　　)、(　　　　)及(　　　　)等组成。用于水蒸气蒸馏的有机物应具备的条件包括:(　　　　)、(　　　　)、(　　　　)、(　　　　)。

35. 当蒸馏沸点高于 140 ℃的物质时，应该使用(　　　　)冷凝管。

36. 减压蒸馏装置主要由(　　　　)、(　　　　)、(　　　　)和(　　　　)四部分组成。

37. 常用的分馏柱有(　　　　)分馏柱、(　　　　)分馏柱和(　　　　)分馏柱等。

38. 蒸馏过程中，如果维持原来加热程度，不再有馏出液蒸出，温度突然下降时，就应(　　　　)，即使杂质量很少也不能蒸干。

39. 物质的沸点随外界大气压的改变而变化，通常所说的沸点指(　　　　)时的温度。

40. 蒸馏是分离和提纯(　　　　)最常用的重要方法之一。应用这一方法，不仅可以把(　　　　)与(　　　　)分离，还可以把沸点不同的物质以及有色的杂质等分离。

41. 蒸馏装置是依次按照(　　　　)、(　　　　)、(　　　　)、(　　　　)、(　　　　)和(　　　　)的顺序进行安装。

42. 蒸馏时，如果馏出液易受潮分解，可以在接收器上连接一个(　　　　)防止(　　　　)侵入。

43. 采用重结晶提纯样品，要求杂质含量为(　　　　)以下，如果杂质含量太高，可先用(　　　　)、(　　　　)方法提纯。

44. 重结晶溶剂一般过量(　　　　)%，活性炭一般用量为试样的(　　　　)%。

45. 在测定熔点时应根据待测样品的熔点合理选择加热液体，当熔点低于 220 ℃时，可采用(　　　　)为加热液体，对于熔点更高的样品，可采用热稳定性优良的(　　　　)为加热液体。

46. 毛细管法测定熔点时，通常毛细管装填样品的高度为(　　　　)。

47. 毛细管法测定熔点时，毛细管的内径大约为(　　　　)mm，装填样品的高度为(　　　　)mm。

48. 熔点测定时试料研得不细或装得不实，这样试料颗粒之间为空气所占据，结果导致熔距变(　　　　)，测得的熔点数值偏(　　　　)。

49. 测定有机化合物的熔点，当温度上升到距该化合物熔点 10～15 ℃时，升温速率应控制在(　　　　)。

50. 用纸色谱法分离物质 A 和 B，已知 A、B 两组分的比移值分别是 0.65 和 0.45，如色谱用纸的长度为 20 cm，则 A、B 层析后斑点间最大的距离为(　　　　)。

51. 从伯醇氧化制备醛可以采用 PCC，PCC 是(　　　　)和(　　　　)在盐酸溶液中的络合盐。如果要从伯醇直接氧化成酸，可以采用(　　　　)、(　　　　)等。

52. 酸催化的直接酯化是实验室制备羧酯最重要的方法，常用的催化剂有(　　　　)、(　　　　)和(　　　　)等。

53. 采用羧酸和醇进行酯化合成的实验中，为了提高酯的收率和缩短反应时间，可以采取的措施有(　　　　)和(　　　　)。

54. 在乙酰乙酸乙酯制备实验中，将块状金属钠熔融并振荡成细小的钠珠，其目的是

(　　　　)，钠珠与来自(　　　　)反应生成醇钠，促使乙酸乙酯发生(　　　　)反应。

55. 用 8 g 苯甲酸、20 mL 95%乙醇、15 mL 环己烷和 3 mL 浓硫酸，用分水器分水制备苯甲酸乙酯，反应完成后，理论上应分出水(　　　　)mL。

56. 在乙酸乙酯粗产品的提纯过程中，采用(　　　　)去乙酸、采用(　　　　)去碳酸钠，采用(　　　　)去乙醇，采用(　　　　)去水。

57. 乙酸和正丁醇反应制备乙酸正丁酯实验中，粗产品不能使用 $CaCl_2$ 进行干燥的原因是(　　　　)。

58. 苯甲酸乙酯的制备中环己烷的作用是(　　　　)，中和酸的操作若不彻底，最后蒸馏时 100 ℃以上会有白烟产生，其原因是(　　　　)。

59. 用于乙酰乙酸乙酯制备的玻璃仪器必须是干燥的，所用乙酸乙酯必须是无水的，其原因是(　　　　)。

60. 利用环己醇脱水制备环己烯的实验中，环己醇为液体，一般采用称量法而非用容器量取的原因是(　　　　)。

61. 在 1-溴丁烷的制备实验中，用硫酸洗涤的目的是除去未反应的(　　　　)及副产物(　　　　)和(　　　　)。第一次水洗的目的是除去(　　　　)及(　　　　)。用饱和碳酸氢钠洗涤的目的是(　　　　)。第二次水洗的目的是为了除去(　　　　)。

62. 合成 1-溴丁烷过程中，粗产品经水洗后油层呈红棕色，说明含有(　　　　)。可用少量(　　　　)除去。

63. 对氯甲苯的制备是一种将芳香重氮盐转化成卤代芳烃的反应，重氮化反应要在低于(　　　　)℃的温度下进行，其原因是(　　　　)。

64. 制备 2-甲基-2-丁醇的实验中需用到格利雅试剂，它是由(　　　　)和(　　　　)在无水无氧条件下反应生成，在实验中可以用(　　　　)作溶剂。

65. 用氯化苄水解制苯甲醇，反应体系中加入四乙基溴化铵的目的是(　　　　)，同时需要搅拌，以加快(　　　　)。

66. 正丁醚合成实验是通过(　　　　)装置来提高产品产量的。

67. 在环己酮的制备中，反应完成后，可用(　　　　)，将环己酮与水一起蒸出。

68. 制备环己酮时，由于产物密度与水相差不大且在水中有一定溶解度。如果出现馏出液分层不明显的情况，可加入(　　　　)增大水层密度，同时利用(　　　　)作用使两层分开。

69. 以苯和乙酸酐为原料，在无水氯化铝作用下，合成苯乙酮，该本实验是在无水条件下进行合成的，其原因是(　　　　)，所用仪器和试剂均需充分干燥，为了反应顺利进行，装置中凡是和空气相通的部位，应装置(　　　　)。

70. 利用苯甲醛和丙酮进行交叉羟醛缩合合成二苄叉丙酮，丙酮一定不能过量，其原因是(　　　　)。

71. 硝酸氧化环己醇制备己二酸的反应过程中，会有红棕色气体放出，该红棕色气体是(　　　　)，该气体易溶于水，因此吸收装置的导气管应(　　　　)。

72. 在己二酸的制备实验中，要先把浓硝酸溶液加热后再加入环己醇，其目的是(　　　　)，反应过程中产生的(　　　　)使得即使体系的温度控制在 80～90 ℃，仍能微沸。

73. 利用高锰酸钾溶液氧化甲苯制备苯甲酸，对析出的苯甲酸进行减压过滤，滤液如果显紫色，可能是因为(　　　　)，这时可加入少量亚硫酸氢钠使紫色褪去，重新抽滤。

74. 从苯甲醛制备苯甲酸和苯甲醇的实验中，苯甲醇的乙醚提取液需用饱和 $NaHSO_3$ 洗涤，其目的是(　　　　)。

75. 在肉桂酸的制备实验中，可以利用(　　　　)性质，采用水蒸气蒸馏来除去未转化的(　　　　)。

76. 乙酰水杨酸是由水杨酸与(　)通过乙酰化反应得到的，其产物溶于水后，可以通过添加(　　　　)溶液观察有无颜色变化来判断其纯度。

77. 用苯甲醛、氯仿和浓碱为原料准备扁桃酸的实验中，加入三乙基苄基氯化铵的目的是(　　　　)；反应结束后加水，用乙醚提取，此次提取的是(　　　　)；接着酸化水层，再用乙醚提取，此次提取的是(　　　　)。

78. 制备甲基橙时，对氨基苯磺酸的重氮化反应中，加入盐酸的主要目的是(　　　　)。

79. 制备甲基橙过程中，与重氮盐发生偶合反应的试剂是(　　　　)，重氮化反应终点的判断方法是(　　　　)。

80. 制备甲基橙的实验中，洗涤产品时，常用的洗涤剂是(　　　　)。

81. 合成对甲苯胺时，如果产品颜色较深或呈油状物，可用(　　　　)法精制，采用此法时，可用(　　　　)作溶剂萃取粗产品，然后将对甲苯胺酸化为(　　　　)，再碱化使之析出，达到纯化的目的。

82. 在乙酰苯胺的制备过程中，冰醋酸与苯胺的反应速率较慢，且反应是可逆的，反应物中一般采用过量的(　　　　)，其目的是(　　　　)；由于苯胺易氧化，需在反应液中加入少量的(　　　　)；反应装置中使用了(　　　　)来将水分馏出。

83. 在乙酰苯胺的制备过程中，控制反应温度在 100～105 ℃的原因是(　　　　)、(　　　　)41、甲基-2 丁醇的制备必须无水操作，其原因是(　　　　)。

84. 芳胺的酰化在有机合成中有着重要的作用，主要体现在(　　　　)与(　　　　)两个方面。

85. 利用苯乙酮还原制备 1-苯乙醇，使用的还原剂是(　　　　)，反应温度应控制在(　　　　)℃以下。

86. 在无水乙醇中或水中催化苯乙酮和苯甲醛进行羟醛缩合合成查尔酮，该反应是(　　　　)热反应，若温度过高，可采用(　　　　)冷却的方法降低反应温度。

87. 查尔酮合成反应结束后，应用冷水冷却结晶，如没有结晶，可采取的方法有(　　　　)或(　　　　)。

88. 聚醋酸乙烯乳液制备中，过硫酸钾在反应中起的作用是(　　　　)，其用量过多对反应的影响是(　　　　)，过少对反应的影响是(　　　　)。

89. 聚醋酸乙烯乳液制备反应结束后要用(　　　　)调整 pH 为(　　　　)，其原因是(　　　　)。

90. 安息香的辅酶合成实验中必须用新蒸的苯甲醛，其原因是(　　　　)。

91. 反应溶液 pH 是安息香的辅酶合成实验成败的关键点。如 pH 下降，可酌加 NaOH 用量，且严格控制加热温度。pH 较低时，因(　　　　)，产率较低。pH 较高时，碱性太强，苯甲醛分子间可能发生(　　　　)反应，降低了产率。因此最佳的 pH 应为(　　　　)。

92. 制备二苯乙二酮时，产品二苯乙二酮容易结成大块，包进杂质，因此在初始冷却结晶时，应(　　　　)。

93. 二苯乙二酮的重结晶可采用(　　　　)作为溶剂，使用量不宜过多，防止(　　　　)。

94. 从茶叶中提取咖啡因实验中，升华过程中要控制好温度。温度太低，不利影响是(　　　　)。

95. 采用碱溶酸沉法提取芸香苷的实验中，加入硼砂的作用是(　　　　)。

96. 柱色谱分离胡萝卜素实验中，黄色物质是(　　　　)色素，红色物质是(　　　　)色素。

97. 从黄连中提取黄连素实验中，由于黄连素是一种生物碱，在水中的溶解度(　　　　)。但当加入醋酸后，生物碱就转化成(　　　　)，溶解度变(　　　　)，便于富集和提高提取率。

98. 采用脂肪提取器从花生仁中提取油脂，花生仁应用滤纸包严实，防止(　　　　)；滤纸包大小要合适，既能(　　　　)，又能(　　　　)，且其高度不能超出(　　　　)的高度。

99. 从柑橘皮中提取果胶，需用温水浸泡柑橘皮对其进行预处理，其目的是(　　　　)，另外，在酸提取阶段，要控制好 pH，pH 不能太低，否则会导致(　　　　)。

100. 利用红外光谱法可以测定反应动力学，例如，利用 C═C 双键的吸收峰的降低程度来测定聚合反应进行的程度，此吸收峰出现在(　　　　)cm^{-1}。

参考文献

[1]赵建庄，田孟魁．有机化学[M]．北京：高等教育出版社，2003.

[2]孙燕，王磊．有机化学实验[M]．杭州：浙江大学出版社，2013.

[3]刘峥，丁国华，杨世军．有机化学实验绿色化教程[M]．北京：冶金工业出版社，2010.

[4]李霁良．微型半微型有机化学实验[M]．北京：高等教育出版社，2003.

[5]张敏，陈杰，黄培刚，等．有机化学实验[M]．上海：上海大学出版社，2012.

[6]曹健，郭玲香．有机化学实验[M]．2版．南京：南京大学出版社，2012.

[7]兰州大学，复旦大学化学系有机化学教研室．有机化学实验[M]．2版．北京：高等教育出版社，1994.

[8]丁长江．有机化学实验[M]．北京：科学出版社，2006.

[9]方宾．化学实验．上册[M]．北京：高等教育出版社，2003.

[10]黄志斌，唐亚文．高等学校化学化工实验室安全教程[M]．南京：南京大学出版社，2015.

[11]刘湘，刘士荣．有机化学实验[M]．3版．北京：化学工业出版社，2020.

[12]徐娟娟，王有娣．有机化学实验[M]．成都：四川大学出版社，2018.